Kooperative Forschung

Electronic Business

Herausgegeben von Christine Strauss

Band 6

PETER LANG
Frankfurt am Main · Berlin · Bern · Bruxelles · New York · Oxford · Wien

Andreas Mladenow / Karl Anton Fröschl

Kooperative Forschung

Eine intermediäre Perspektive IKT-gestützter Koordinationsmodelle für den universitären Wissens- und Technologietransfer

PETER LANG
Internationaler Verlag der Wissenschaften

Bibliografische Information der Deutschen Nationalbibliothek
Die Deutsche Nationalbibliothek verzeichnet diese Publikation in der Deutschen Nationalbibliografie; detaillierte bibliografische Daten sind im Internet über http://dnb.d-nb.de abrufbar.

Gedruckt mit Unterstützung des Bundesministeriums für Wissenschaft und Forschung in Wien.

Umschlaggestaltung:
Olaf Glöckler, Atelier Platen, Friedberg

Gedruckt auf alterungsbeständigem, säurefreiem Papier.

ISSN 1868-646X
ISBN 978-3-631-61325-2

www.peterlang.de

Für alle an Kooperation Interessierten;
im Besonderen für Pavla, Andreas, Michaela und Dominik

und für alle Pragmatischen,
die etwas ‚wahr' nennen,
wenn es sich bewährt

Geleitwort

Nicht nur in den „Wissensfabriken" – Universitäten und anderen Forschungsstätten – sondern bei allen Akteuren in der ökonomischen Arena ist Wissen mittlerweile zum Produktionsfaktor avanciert. Diese auf breiter Basis übernommene wirtschaftswissenschaftliche Perspektive beurteilt den Wert des Wissens zumeist nach dem (mikro)ökonomischen Potential. Dabei geht es um Wissen in unterschiedlichen Ausformungen und – letztlich – um die evolutorische Basis für Innovation(en).

Die Autoren stellen zu Beginn ihres – wie sie ihn selbst nennen – „konstruktiven Ansatzes" das Verhältnis von Wissen und Kapital zur Diskussion und gehen der Frage nach, welche Bedingungen es zu schaffen gilt, um eine Lockerung – oder gar Loslösung – des Wissens von individuellen, wirtschaftlich orientierten Nutzenkalkülen bewirken zu können und zu kollektiven Nutzenkalkülen hinzuführen. Zu diesem Zweck reflektieren sie die Unterschiede in der akademischen und unternehmerischen Wissenskultur, sowie die ökonomische Funktion und Logik von Wissen. Um zielgerichtet Strategien für Forschungskooperationen entwickeln und Wissenstransfer ermöglichen zu können, bedarf es der Kenntnis der Motive der Akteure zur Interaktion und zur Kooperation; unterschiedliches Vorverständnis, divergierende Blickwinkel und *community*-spezifische Sozialisationen stellen Barrieren und Hindernisse dar, die kooperativer Wissensgenerierung und daraus entstehenden Innovationen im Wege stehen.

Hinzu kommt eine allen Forschungsdisziplinen inhärente zunehmende Vertiefung und Spezialisierung der Wissensfelder, eine Entwicklung, die letztlich zu Nischenforschung führt. Diese hochgradige Spezialisierung bedingt einen großen Bedarf an Interdisziplinarität und Koordination bestimmter Handlungsmuster aus unterschiedlichen Wissenskulturen. Die Koordinationsaufgaben unterliegen stark variierenden, situativ bedingten Veränderungen. Die Koordination der zumeist inhomogenen Gruppen von Akteuren mit oftmals konfligierenden Interessen zählt zu den zentralen Aufgaben einer idealerweise institutionalisierten Intermediation. Die Vermeidung und Bewältigung von Konflikten an den inhaltlichen und sozialen Schnittstellen zählt zu den Kernkompetenzen eines solchen Intermediärs, über den es den Akteuren besser gelingen soll, etablierte, fachspezifische Praktiken und Überzeugungen wechselseitig anzuerkennen, zu integrieren und stabile Beziehungsstrukturen einzurichten. Ein Intermediär wird also nicht nur Transaktionskosten senken, Machtstrukturen ausgleichen und akademische und wirtschaftliche Wissenskulturen miteinander verknüpfen, sondern Beziehungskapital im Sinne einer Vertrauensunterstützung und -bildung einbringen; durch seine Expertise und Erfahrung kann er Risiken und Chancen auf dem Weg von der Wissensgenerierung zur -verwertung erkennen und als Reaktion Angebot und Nachfrage entsprechend adaptieren.

Obwohl die elektronischen Medien, d.h. das Internet, in der Argumentation der Autoren eine eher randständige Betrachtung erfahren, so bilden sie doch ein wesentliches Fundament der konzipierten Rolle der Intermediation als Medium nicht nur der Wissensflüsse selbst, sondern als entscheidende Instrumente der Interaktion und damit Gestaltungs- und Handlungsmittel zur Intermediation; der indirekte Effekt der digitalen Medien auf die sozio-ökonomischen Verhältnisse im Großen – es sei hier beispielhaft lediglich an das im Gefolge der Adoption des *World Wide Web* (erneut) entfachte enorme Interesse an Fragen der sozialen Netzwerke verwiesen – kann als evident vorausgesetzt werden.

Die Entwicklung der Konzeption der Intermediation als Koordinationsmodell der kooperativen Forschung zwischen akademischen und unternehmerischen Parteien nimmt mehr oder weniger explizit Bezug auf Überlegungen der Neuen Institutionenökonomik als theoretische Basis. Unter Anknüpfung an realistische Randbedingungen greift der Entwurf damit eine vor allem für die Universitäten in der Definition ihrer (wissens-)gesellschaftlichen Rolle gestaltungsrelevante Thematik in der Absicht auf, kreative Erkenntnisarbeit bestmöglich mit ökonomischen Wertvorstellungen der Postmoderne zu verbinden. Der Ansatz steht damit ohne Zweifel nicht im Zentrum des *mainstreams* betriebswirtschaftlicher Überlegungen zur Optimierung der Wissensnutzung, bietet aber gerade deshalb eine lesenswerte Ergänzung zur aktuellen Diskussion über Innovation und Wissensmanagement.

Ao. Univ.-Prof. Dr. Christine Strauss
Betriebswirtschaftliches Zentrum
Universität Wien

Motto

Advances in research on the political economy of science and technology policy, and contributions to the sociology of scientific knowledge and our understanding of the social shaping of technologies, have attracted increasing notice in recent years, raising critical questions about the social desirability of the directions in which scientific and technological research and development are channeled in modern societies.

AGHION, DAVID und FORAY (2009)

Vorwort

Die wachsende Bedeutung wissenschaftlichen Wissens als Grundlage von Innovation und Wettbewerb ist keineswegs ein rezentes Phänomen; allerdings gewinnen Fragen des Wissenszugangs und der Wissensproduktion als zentrale Charakteristika der „wissensbasierten" Ökonomie an Schärfe. Gleichzeitig ergeben sich im Gefolge des New Public Management für maßgebliche Wissensproduzenten wie die Universitäten deutlich veränderte Bedingungen, die – schlicht gesprochen – bei sinkender inhaltlicher Gestaltungsfreiheit eine stärker an wirtschaftsrelevante Wissensrückflüsse gekoppelte „autonome" Geschäftsbesorgung mit sich bringen; die akademische Wissensproduktion wird dabei mehr und mehr aus dem Blickwinkel strategischer Investition und effizienter Prozesse gesehen. Grundsätzlich ist freilich nichts gegen die Vorstellung einzuwenden, dass die akademische Forschung *nützliches* Wissen hervorbringt, solange dies aus dem Vorverständnis heraus erfolgt, dass dadurch der kreative Radius des Erkenntnisgewinns nicht kurzfristigen gesellschaftlichen Interessen geopfert wird und Formen des Wissenstransfers so institutionalisiert sind, dass risikoreiche, wenig etablierte und auf Sicht keine Kapitalrentabilität versprechenden Theorien und Forschungsansätze nicht aufgrund eindimensionaler „Erfolgsindikatoren" marginalisiert werden. Immerhin sind die Institutionen der akademischen Wissensproduktion ihrer Natur nach *keine* Unternehmen, sondern folgen aus gutem Grund (wissens-)kulturellen Eigengesetzlichkeiten.

In Anerkennung der gesellschaftlichen Wissensbedarfe einer postindustriellen Informationsgesellschaft wird auf den folgenden Seiten der Frage nachgegangen, wie eine gedeihliche Koppelung akademischer und unternehmerischer Wissenskulturen in ihrer wesenhaften Unterschiedlichkeit pragmatisch so erzielbar ist, dass unbeschadet des in der Sache liegenden Grundkonflikts ein angemessener Interessensausgleich resultiert. Es geht also im Kern darum, *kooperative* Ansätze zu finden, die dem Notwendigen und Unvermeidlichen Rechnung tragen, ohne den involvierten Wissenskulturen und Verhaltensprämissen Gewalt anzutun. Etablierte Instrumente des Wissenstransfers bleiben dabei aus der Diskussion weitgehend ausgeklammert, da sie keine spezifischen Beiträge zu jener Kooperationsperspektive leisten, die als entwickelbares Potential zur Überwindung inhärenter Interessensgegensätze gesellschaftlicher Wissensansprüche nachfolgend propagiert und favorisiert wird. Es soll damit keineswegs behauptet sein, der „Stein der Weisen" für den akademischen Wissenstransfer in die *wirtschaftliche* Praxis wäre nun gefunden; ein konstruktiver Ansatz ist allerdings dabei schon intendiert.

Die nachfolgenden Überlegungen entspringen dem Engagement des einen Autors (KAF) in der kooperativen Forschung im Rahmen der wissenschaftlichen Koordination eines industriellen Kompetenzzentrums (2002–2007), das gründliche Einblicke in die Gemengelage an Interessen und Kulturen akademischen und unternehmerischen Zuschnitts gewährte. Mit all seinen Wechselfällen in der Programmplanung und Inszenierung kooperativer Initiativen bot sich ein lehrreiches praktisches Fallbeispiel für alle Reize und Widrigkeiten des Technologietransfers, vor allem hinsichtlich der unterschiedlichen Erwartungen (zeitlich wie inhaltlich), Prioritäten und Praktiken zwischen Wissenschaft und Industrie. Die Zeit nach 2007 war geprägt von Versuchen, diese Erfahrungen aus einer Universität heraus auf Grundlage des inzwischen deutlich veränderten Organisationsrechts (UG 2002) der österr. Universitäten hinsichtlich der Entwicklung der Einwerbung sogenannter *Drittmittel* fruchtbar zu machen. Auch aus diesem Zusammenhang waren tiefe Einblicke in die „innere Verfasstheit" einer typischen Wissenskultur aus dem Transferblickwinkel zu gewinnen. Schließlich bildete die Einbettung der Thematik in den Fachbereich „eBusiness" am Betriebswirtschaftlichen Zentrum der Universität Wien jenen akademischen Resonanzboden, aus dem heraus die Arbeitskonstellation entstand, in der die diesen Text prägenden Überlegungen ihre Gestalt angenommen haben.

Wie bei allen wissenschaftlichen Werken haben mehr als nur die auf dem Buchumschlag genannten Personen ihren maßgeblichen Anteil; in diesem Fall sind dies die Fachkolleginnen und Fachkollegen aus dem Wiener Kompetenzzentrum EC3, der Universität Wien, der Technischen Universität Wien sowie der Wirtschaftsuniversität Wien, die namentlich alle anzuführen den gegebenen Rahmen sprengen würde. Wohlwollend soll an dieser Stelle aber die Möglichkeit erwähnt werden, viele wertvolle Einsichten in die Innovationsförderungspraxis am Wiener Zentrum für Innovation und Technologie sowie jener der Wiener Wirtschaftskammer gesammelt haben zu dürfen, die in den angestellten Überlegungen ihren sichtbaren Niederschlag gefunden haben. Allen Beteiligten, darunter vor allem auch den Interviewpartnern, Plattformen und Informanten, die auf unser Anliegen bereitwillig eingegangen sind, sei für ihre Offenheit und Mitteilsamkeit großer Dank ausgesprochen.

Jedenfalls bei den Autoren bleibt die Verantwortung für alle Irrtümer, Fehler und Illusionen, die dem Text anhaften; nichtsdestotrotz soll der Hoffnung Ausdruck verliehen werden, dass ein anregender Diskussionsbeitrag zu einer ohne Zweifel noch an Brisanz gewinnenden Thematik entstanden ist, der Entscheidungsträgern und „Wissenspraktikern" im Forschungsmanagement als Quelle der Inspiration dienen möge.

Inhaltsverzeichnis

Abbildungsverzeichnis

Tabellenverzeichnis

Alle geschlechtsspezifischen Bezeichnungen sind im nachfolgenden Text in *maskuliner* Form angeführt, nicht zuletzt im Sinne einer historischen Kontinuität in Bezug auf zitierte Passagen. In jedem Fall verstehen sich diese Bezeichnungen als *strikt geschlechtsneutral.*

Einleitung

‚Wissen' hat sich zu einem geradezu magischen Begriff – mit einer recht eindrucksvollen Geschichte[1] – zur Beschreibung fortgeschrittener Industriegesellschaften entwickelt. Während sich SOKRATES nur seines Nichtwissens gewiss war, sein Schüler PLATON Verstandesgewissheit, Vernunfteinsicht, Wahrscheinlichkeit und Glauben damit verband, sei Wissen selbst, so formulierte Francis BACON einst, Macht. Mit dieser Macht (über die Natur) ist seit der Aufklärung stets auch die utilitaristische Idee eines Herrschaftsmittels verknüpft: Wissen im Hinblick auf einen Zweck; wenn es schon nicht im Dienst der Wahrheit steht, ist das nützliche Wissen wenigstens Vehikel des Fortschritts.[2]

Seit jeher ist Wissen ein unvermeidlicher Begleiter sozialer Praxis, aber erst mit der zunehmenden Arbeitsteiligkeit erfolgte eine Spezialisierung und Abtrennung wissensgenerativer von den übrigen sozialen Praktiken, die ihrerseits eine zunehmende „Wissensbedürftigkeit" aufweisen, nicht zuletzt infolge wettbewerbsgetriebener Ziele der Kapitalakkumulation. Zentren der arbeitsteiligen Wissensproduktion sind auf der einen Seite Forschungsstätten zur Hervorbringung öffentlichen, frei zugänglichen Wissens, auf der anderen Seite betriebliche Forschungs- und Entwicklungsabteilungen, deren Rolle sich aus unternehmerischen Interessen (d.h. Gewinnabsicht) ableitet und die – zumindest über weite Strecken – eine private Kontrolle der Wissensaneignung und -nutzung verfolgen. Gesellschaftlich erwächst der Nutzen von Wissen aus seiner Zirkulation, d.h. aus positiven Externalitäten; in den postindustriellen Wissens- bzw. Netzwerkgesellschaften[3] strebt vor allem das privatisierte Kapital privilegierte Zugänge auch zu mit öffentlichen Mitteln – vor allem an Universitäten und staatlich finanzierten Forschungseinrichtungen – generiertem Wissen an, jedenfalls insoweit es in absehbarer Weise Wertschöpfungsbeiträge zu leisten verspricht: ein solcher *Wissenstransfer* steht im Dienst der Entwicklung „innovativer" Produkte, Dienstleistungen und Produktionsprozesse. *Innovation* bezieht sich also auf eine Inverkehrsetzung neuen Wissens oder doch zumindest eine Nutzung oder Kombination von Wissen in neuartiger Form oder Konfiguration: die schwer imitierbare Neuheit schafft jene temporären Monopole, die sich den nivellierenden Wirkungen („Gleichgewichtstendenzen") des effizienten Marktes entgegenstellen und die Erzielung von Renten erlauben; diese lassen sich (in Grenzen) auch als Prämien für das eingegangene unternehmerische Risiko interpretieren.[4]

Trotz seiner schweren Kontrollierbarkeit und grundsätzlich allgemeinen Verfüg- und Vervielfältigbarkeit von existierendem Wissen stellt sich seine Mobilisierung als fundamentale Schwierigkeit heraus: nicht nur, dass wir mehr wissen, als wir zu sagen (oder doch zumindest teilweise zu kommunizieren) vermögen,[5] entpuppt sich die Zirkulation und vor allem die gezielte Diffusion von Wissen als nicht immer einfach. Darüber hinaus muss das innovationsgerechte, „neue" Wissen überhaupt erst einmal hervorgebracht werden, damit es die daran geknüpften Hoffnungen einlösen und die geplanten Wirkungen vollbringen kann. Die systematisierte Absicht, nützliches Wissen hervorzubringen, wird gemeinhin als „Forschung" bezeichnet.

Die Institutionalisierung der wissenschaftlichen Forschung als Movens der gesellschaftlichen Entwicklung umschreibt Rolf KREIBICH als „*WTI*-(Wissenschafts-Technologie-Industrialismus)-*Paradigma*", dessen zentrale eigene Innovation sich seines Erachtens wie folgt darstellt: „So bedeutend die einzelne Erfindung oder Theorie auch sein mag, entscheidend für den Siegeszug der wissenschaftlichen Wissensproduktion und ihrer technischen Umsetzung ist die Innovation der Methode zur Produktion und Umsetzung von Innovationen."[6] Aufbauend auf kontinentaleuropäischen – vor allem deutschen – Erfahrungen schon im 19. Jhdt. entstand – stark von den Rüstungsbemühungen der beiden Weltkriege angetrieben – jene enge Verzahnung von Wissenschaft und wissensbasierter Produktion, in der „... alle wesentlichen Grundlagen heutiger Innovationsstrukturpolitiken bereits in der Wissenschaftsindustrie bzw. im wissenschaftlich-industriell-militärischen Komplex der USA in den vierziger und fünziger Jahren [des 20. Jhdts.] ausgebildet waren. Auch wenn sich Innovationsmanagement und Technologietransfer in den letzten Jahren stark verbreitert haben und facettenreicher geworden sind, handelt es sich nicht um prinzipiell neue Ansätze."[7] In diesem, wie er es nennt, „doppelt rückgekoppelten System" des WTI-Paradigmas sind nach KREIBICH „...die Methoden der Wissensproduktion und -verwertung und die Aktivierung der Produktivkraft »Wissenschaft und Technologie« Invarianten des Industriesystems" – egal ob es sich um Markt- oder Planwirtschaften, alte oder dritte Welt, Ost oder West handelt.[8]

Eine für die Zeit nach 1945 – jedenfalls für den euro-amerikanischen Raum – prägende Konzeption der Beziehung zwischen Wissenschaft und Technologie entwarf Vannevar BUSH im ausklingenden Zweiten Weltkrieg, in seiner präsidentennahen Rolle als eine der zentralen Schlüsselpersonen zwischen akademischer Forschung und US-Militär. Sein Plädoyer für die Autonomie der Wissenschaft, verfasst im Bestreben, das hohe Budgetvolumen für Rüstungforschungsaufträge nach Kriegsende für die zivile Grundlagenforschung zu sichern, aber gleichzeitig steuernde

Einflüsse der politischen Administration möglichst zu begrenzen, postulierte ein linearisiertes Innovationsmodell, in dem Wissen, das primär an den Universitäten in Form von „Grundlagenforschung" entsteht, von dort ausgehend als *science push* in die Praxis hin zur Anwendung wandert[9]. BUSH hat mit seiner politischen Argumentation – wohl bewußt – eine ideologische Position bezogen; im Gegensatz dazu wird mittlerweile realistischer Weise eher von einem erheblich komplexeren Wechselspiel zwischen wissenschaftlichen, technischen und wirtschaftlichen Faktoren ausgegangen und die Dichotomisierung von Grundlagen- und Anwendungsforschung in seiner Tragfähigkeit und Plausibilität stark in Zweifel gezogen.

Demgegenüber dominierte in Unternehmen lange Zeit die Einstellung, dass die Innovationsprozesse möglichst nach außen abgeschottet werden sollten; vielmehr war die Prämisse für den höchsten Profit die Sicherung der Schutzrechte sowie ein Ausbau der eigenen F&E-Strukturen zum Zwecke der Schließung bestehender Wissenslücken. Ebenso wurde eine eindeutige Korrelation zwischen der Erhöhung unternehmensinterner F&E-Ausgaben und erreichbaren Marktpositionen bzw. Unternehmenswachstum unterstellt.[10] Auch diese Haltung der betrieblich internalisierten Innovation wird mittlerweile durch den ▸ *open innovation* Ansatz relativiert bzw. ergänzt; so beschränkt sich die Vertraulichkeit im Innovationsprozess heute in vielen Bereichen oft nur noch auf die Ideen, an welchen gerade gearbeitet wird. Manchmal werden sogar alle Innovationsprozesse in der Wertschöpfungskette ausgelagert. Universitäten, Fachhochschulen, Forschungsstätten, andere Bildungseinrichtungen, sowie der Kunde, mitunter sogar die Konkurrenz relativieren die Quelle der Wissensentstehung und gestalten mit unterschiedlichen Ambitionen die eigenen erfolgreichen Forschungsstrategien mit.[11] Den höchsten Unternehmensgewinn kann sich häufig der Marktpionier durch den ▸ *first mover advantage* sichern, der aber nicht unbedingt der Erste beim Patentieren sein muss; und nicht ein Mehr an Personal oder an internen F&E-Ausgaben wird notwendigerweise ein entscheidender Erfolg beigemessen, sondern der Fokussierung der eigenen Kompetenzen auf die festgelegten F&E-Kernprozesse, die den Rest externen Lösungsanbietern überlassen, während sich die betriebliche F&E mit – auf Themenbereiche spezialisierten – „communities" zusammenschließt, um durch *network innovation* selektive Kompetenzvorteile zu erlangen. Diese Spezialisierung erfolgt nicht zuletzt aufgrund der zunehmenden Produktanforderungen von der Nachfrageseite, die vor allem auch KMU bei einer größeren Produktvielfalt die Besetzung profitabler Marktnischen ermöglicht.

Vor diesem Hintergrund wird in der Produktion von neuem Wissen ein – die Forschungskooperation zwischen Wissenschaft und Praxispartnern fördernder – Paradigmenwechsel konstatiert, in welchem – scheinbar konträr zu der von BUSH postulierten Vision – die Universitäten, die Unternehmen und der Staat trotz ihrer unterschiedlicher Ziele in einem Abhängigkeitsverhältnis – bzw. einer ▸ *Triple Helix* – zueinander stehend den Erfolg der Forschungskooperation beeinflussen. Die Betrachtung des Wissens als Kapital etabliert dabei insbesonders auch die Universitäten als *ökonomische* Akteure.[12] So haben die USA mit dem BAYH-DOLE Act von 1980[13] und ihrem pragmatischeren[14] Zugang eine bis heute unerreichte Vormachtstellung bei Hochschulpartnerschaften mit der Industrie innerhalb der Triade geschaffen. Neben neueren Bemühungen in Japan, dessen Haltung eher mit jener Europas als mit der Einstellung der USA vergleichbar ist,[15] unternahm in den letzten Jahren allerdings auch die EU auf breiter Basis Anstrengungen, um in ihren Mitgliedsstaaten Rahmenbedingungen zu schaffen, welche die Interaktion zwischen Hochschulen und Unternehmen als wichtiges Instrument der Wissensentwicklung beleben,[16] technologische Weiterentwicklungen und schließlich über *market pull*-Effekte Wachstum auf den dynamisierten Märkten stimulieren und die bisher auftretenden Probleme, die im ▸ *Europäischen Paradoxon* zum Vorschein kommen, überbrücken sollen. Allenthalben – so auch in Österreich – werden gesetzliche Voraussetzungen für die Universitäten herbeigeführt, um diesen mehr Gestaltungsraum bei der – ausdrücklich anempfohlenen und durch „Anreizsysteme" unterstrichenen – Zusammenarbeit mit der Wirtschaft zu geben.[17]

Wissen hat also, nicht ohne Vorlauf, im letzten halben Jahrhundert einen Bedeutungswandel erfahren, den Jean-François LYOTARD mit der ▸ *Performativität* des Wissens umschreibt. Fragen des Wissenstransfers bzw. generell der Produktion von Wissen zwingen zu einer wiederholten Positionsbestimmung auch der Universitäten bzw. allgemein akademischer Wissenskulturen im veränderten gesellschaftlichen Kontext sowohl hinsichtlich des sich zweifellos wandelnden Selbstverständnisses als auch der wachsenden gesellschaftlichen Wissensanforderungen, denen Rechnung zu tragen ist, weil sie zunehmenden Legitimationsdruck für die Universitäten erzeugen. Vor diesem Hintergrund sind die Gestaltungsoptionen zur Bewirtschaftung der Ressource ‚Wissen' einer kritischen Prüfung zu unterziehen, wenn nicht verkürzt bestimmten einseitigen Interessenlagen der Vorzug gegeben werden soll. Wenngleich die traditionellen akademischen Vorbehalte bzgl. forcierter Wissenskommodifzierung allmählich einer vorsichtig-opportunistischen, neuen Aufgeschlossenheit gegenüber der Wirtschaft zu weichen beginnen, sind die entstehenden Partnerschaften zwischen Wissenschaft und Praxis immer noch von recht unterschiedlichen Idiosynkrasien gekennzeichnet; so hat neben den organisatorischen Strukturen die an Universitäten historisch gewachsene Kultur der Wissensallmende ein Aufkeimen der Kommerzialisierung von Forschungsergebnissen mit der Industrie bis in jüngste Zeit gehemmt, wenn nicht selten sogar scheitern lassen.

In den letzten Jahrzehnten hat sich dessenungeachtet eine rege Diskussion über Partnerschaften zwischen universitären und unternehmerischen Wissenskulturen entwickelt, der in der Folge besondere Aufmerksamkeit im Hinblick auf maßgeschneiderte Formen kooperativer Forschung zu widmen sein wird. Grundlegende innovationsökonomische Anstöße liefern u.a. FREEMAN, GRANSTRAND und GRUPP;[18] im Bereich der Wissensbildung durch Interaktionen sind es die Beiträge von TUSHMAN und O'REILLY, BABA et al und RYNES et al;[19] bei den Wissensintermediären ist vor allem YUSUF zu nennen;[20] bei den Barrieren der Wissensverbreitung SZULANSKI;[21] im Zusammenhang mit der Aufnahme- und Umsetzungsfähigkeit der Unternehmen sind es COHEN und LEVINTHAL;[22] bei der Rolle der Hochschulen YOUTIE und SHAPIRA, sowie ETZKOWITZ;[23] bei den länderbezogenen bzw. regionalen und lokalen Umweltfaktoren die Arbeiten von OWEN-SMITH et al, GULBRANDSEN und SMEDBY, sowie AUDRETSCH und KEILBACH;[24] im Bereich des Zusammenspiels von Hochschule, Industrie und weiterer Faktoren ist es auf ETZKOWITZ aufbauend ACWORTH, die jeweils wichtige Einsichten und Anknüpfungspunkte beisteuern.[25]

Die rasante Verbreitung der kommunikativen Infrastruktur des Internets in den letzten 25 Jahren eröffnet eine völlig neue Dimension der Distribution und Diffusion von Wissen: durch drastische Senkung der Zugangs- und Suchkosten netzverfügbarer Inhalte verschiebt sich der Gleichgewichtspunkt zwischen Wissensproduktion und -reproduktion deutlich zugunsten ersterer. Weiterentwicklungen in der mechanisierten Inhaltserschließung und Indizierung sorgen für eine laufende Steigerung der Effizienz der Wissenslogistik und bilden eine koordinative Plattform für sowohl Wissensmärkte (d.h., die Abstimmung von Wissensangebot und -nachfrage) als auch die Formierung von Wissensallianzen und Forschungspartnerschaften, die insbesonders natürlich auch solche zwischen Forschungs- und Unternehmenspartnern inkludieren.

Wären allerdings diese Voraussetzungen allein schon ausreichend zur Herbeiführung einer effektiven Wissensallokation, dürfte es im Grunde kein offenes Koordinationsproblem mehr geben. Demgegenüber wird aber weithin von einer volkswirtschaftlich problematischen Unternutzung wissenschaftlichen Wissens in technologiegetriebenen Erneuerungsprozessen bzw. einer mangelnden Einbeziehung verfügbarer Wissenskapazitäten in den für notwendig erachteten Strukturwandel ausgegangen. Diese „Impedanzen“ einer effizienten Selbstorganisation der Wissensallokation liegen wesentlich in zwei Dimensionen:

- *Komplexität:* Die Allokation von Wissen setzt ihrerseits Wissen (über das allozierbare Wissen) voraus, was sich in zweierlei Hinsicht hemmend auswirkt: zum einen bedarf es einer effektiven Indizierung des Wissensbestands (die auch eine Indizierung der Wissenslücken darstellt), was angesichts der Plastizität von Wissen, aber auch seiner mitunter sehr schwierigen Erschließbarkeit (Wissen ist eine Universalie, die sich der Abgrenzung und Einhegung in gefällige „Transporteinheiten“ vielfältig entzieht) eine Herausforderung bedeutet; zum anderen profitiert die allokative Aufgabe natürlich von der gezielten Schließung bestehender Wissenslücken, mit der Konsequenz auch *inverser* Wissensflüsse: wenn gewusst wird, was gewusst werden sollte, kann Ignoranz – sozusagen im Sinne einer „bedarfsgerechten“ Wissensbewirtschaftung – selektiv reduziert werden.[26]
- *Kosten:* Die Bewerkstelligung von Wissensallokation ist außerdem offensichtlich mit *Transaktionskosten* verbunden, sodass sich daher sofort die Frage stellt, welche letztlich die effiziente(re)n Formen der Koordination sind. Genauer ist es oft eine mangelnde *Abschätzbarkeit* der entstehenden Transaktionskosten, die ein Koordinationsversagen verursachen; in dieser Hinsicht sind offenbar risikobegrenzende Maßnahmen indiziert.

Diese beiden genannten Dimensionen, die einer gedeihlichen Wissensallokation im Wege stehen, gehen naturgemäß Hand in Hand; die – prohibitiven – Kosten sind letztlich eine Folge der (tatsächlichen oder vermeintlichen) Komplexität. Zielführende Ansätze sollten daher auch beide Dimensionen des Problems simultan adressieren.

Ein in Marktwirtschaften bewährter Ansatz zur Koordination der Marktteilnehmer besteht darin, die Koordinationsfunktion durch *Dritte* zu realisieren, wenn ansonsten keine zufriedenstellenden Resultate zustande kommen. Im Fall der Wissensallokation tritt somit analog die Institution eines Wissensintermediärs auf den Plan, der anhand seines Wissens *über* den „Wissensmarkt“ – also: „Meta-Wissens“ – Transaktionen ermöglicht, die auf andere Weise durch die Marktteilnehmer selbst nicht, nicht so rasch oder nicht in vergleichbarer Qualität realisiert würden. Die Institutionalisierung einer solchen Intermediation ist dabei keineswegs aus einem regulatorischen Blickwinkel zu sehen; vielmehr liegt emergentes Verhalten der Akteure selbst vor, wenn sie sich dazu entschließen, zur Verbesserung der Gesamteffizienz des Systems spezifische Koordinationsinstrumente vorzusehen.[27]

Genau dies ist der Fokus der nachfolgenden Ausführungen, der auf die Rolle von Intermediären in der Entwicklung und Abwicklung kooperativer Forschung zwischen universitären und unternehmerischen Partnern gerichtet ist, dafür die Vorbedingungen, strukturellen Besonderheiten und Erfolgsfaktoren solcher Formen der Intermediation untersucht und ein generalisiertes ▸ *Geschäftsmodell* im Lichte der verfügbaren Informations- und Kommunikationstechnologien entwirft. Die Nutzenversprechung eines Geschäftsmodells der Intermediation kooperativer Forschung bezieht sich dabei auf einen Wert „zweiter Art": die Koppelung wertschöpfender Akteure erfolgt so, dass ihre komplementären Beiträge zu einer wechselseitigen Nutzenanreicherung führen, die aber im Allgemeinen nicht kommensurabel sind, weil sie *verschiedenen* Wertsystemen – Erkenntnis und Geld, vereinfacht gesprochen – angehören, die auf direktem Weg nicht ineinander überführbar sind.[28] Infolge der Besonderheit der ökonomischen Gütereigenschaften von ‚Wissen' ist die Aufgabe der Intermediation selbst vergleichsweise komplex und setzt ein hohes Maß an Kompetenz (Prozesswissen) und Erfahrung voraus. Aus diesem Grunde greifen *technizistische* Ansätze zur Implementierung von Geschäftsmodellen der Intermediation kooperativer Forschung zu kurz; die allokative Aufgabe lässt sich nur bei umfangreicher Kenntnis wissenschaftlicher Disziplinen, forscherischer Praxis, unternehmerischer Zielvorstellungen und betriebswirtschaftlicher Randbedingungen mit Kreativität und hoher kommunikativer Kompetenz erfolgreich bewältigen. Gleichwohl bilden aber die digitalen Kommunikationsinfrastrukturen den fundamentalen Hintergrund *jeder* heutigen Form von Kooperation, sodass die Strukturbedingungen und Potentiale vor allem des Internet Grundvoraussetzung einer sinnvollen Modellentwicklung sind: ein „zeitgemäßer" Intermediär kann seine Funktion ohne Rückgriff auf elektronischen Formen der Geschäftsbesorgung wohl kaum angemessen erledigen.

In diesem Text wird ein Konzept kooperativer Wissensproduktion entworfen, das etablierte und bekannte Formen des Wissens- und Technologietransfers um einen Ansatz ergänzt, der die Verzahnung sozialer Praktiken der Erkenntnisproduktion in unterschiedlichen akademischen und unternehmerischen Wissenskulturen in den Vordergrund stellt und dabei der Intermediation die Aufgabe der Entwicklung von Beziehungskapital zuweist. Auf diese Weise, so scheint es jedenfalls, sind Kooperationen gestalt- und erreichbar, die sich durch hohe Stabilität auszeichnen und ein Bewusstsein dafür schaffen, dass die entstehende kulturelle Gemengelage prinzipiell labil geschichtet und durch konfligierende Zielvorstellungen über diskordanten Wertmaßstäben gekennzeichnet ist. Die Intermediation besteht eben darin, diese Konstellation als Konflikt produktiv zu machen und zu erhalten. Die Erörterung der Aufgabenstellung erfolgt, insoweit ein universitärer Blickwinkel eingenommen wird, allerdings vor dem Hintergrund einer gewissen Besorgtheit über die Integrität der „freien" Wissenschaft und ihrer für die Entwicklung gesellschaftlicher Alternativ- und Gegenentwürfe unverzichtbaren Spielräume, der die instrumentelle Vereinnahmung durch einen ökonomischen Primat durchaus bedrohlich gegenübersteht. Es muss aber letztlich das gesellschaftlich langfristige Interesse sein, die für die akademische Wissenskultur charakteristische Reflexivität uneingeschränkt sicherzustellen, während der Akzent in Richtung ökonomischer Wissensverwertung verschoben wird. Ohne die Idee in diesem Kontext allzu stark zu strapazieren, wird auf das Modell der Intermediation die *Hoffnung* projiziert, einem intellektuellen und methodischen Pluralismus das Wort zu reden, der eine völlige Preisgabe der Identität und Subsumtion akademischer Wissenskulturen vermeidet. Speziell hinsichtlich dieser Akzentsetzung wird, im Unterschied zur sonst mittlerweile recht reichhaltigen Literatur über Wissenstransfer und kooperative Formen der Forschung, intermediierten Modellen bislang eher wenig Augenmerk zuteil; ebenso verhält es sich aber auch mit den flankierenden Überlegungen betreffend IKT-gestützte Geschäftsmodelle der Intermediation bei F&E-Partnerschaften zwischen Wissenschafts- und Praxispartnern.

Die Idee wird in sechs Kapitel gegliedert schrittweise entwickelt und mündet in ein abschließendes Resumée. Kapitel 1 geht zunächst dem Zusammenhang von Wissen und wirtschaftlicher Dynamik nach, indem verschiedene Entwicklungslinien rekapituliert werden, die den seit etwa einem halben Jahrhundert laufenden postmordernen Diskurs um wissensbasierte Ökonomien kennzeichnen. Kapitel 2 thematisiert ergänzend diesen theoretischen Ansatz um bekannte Konzepte strategischer Forschungskooperationen. Dabei wird neben den Formen des Austausches auch ein mögliches Wissensmanagementkonzept zwischen Universitäten und Unternehmen skizziert, in dem auf die Wissensentstehung durch Interaktionen der beiden, die Wissensintermediäre, die Barrieren, sowie die Aufnahme- und Umsetzungsfähigkeit des Unternehmens eingegangen wird. Danach werden in Kapitel 3 die sich wandelnden Rollen der Universitäten, der Unternehmen, der Umwelt, aber auch des Internets dargelegt. Im vierten Kapitel wird der Frage der Institutionalisierung kooperativer Forschungsformen aus dem universitären Blickwinkel nachgegangen; in diese Ausführungen fließen beispielhafte Erfahrungen aus an der Universität Wien angestellten Modell-Überlegungen ein, die ein vielschichtiges Bild der Bedingungen und Erfolgsaussichten kooperativer

Ansätze zeichnen. Kapitel 5 bildet den Kern des empirischen Teils der Analyse, der, aufbauend auf einer möglichen Taxonomie von Internet-Portalen für den Wissenstransfer, unterschiedliche Aspekte IKT -gestützter Geschäftsmodelle anhand von ausgewählten Fallbeispielen vorstellt. In Kapitel 6 schließlich wird ein Modell entwickelt, das die vorgestellten Handlungsalternativen und Gestaltungsvorschläge aus einem primär universitären Blickwinkel spiegelt und kooperative Forschung als lokalisierte Netzwerkaktivität interpretiert. Ein abschließender Ausblick versucht eine Bewertung des Diskussionsstandes. Die mehr oder weniger umfangreichen Anmerkungen und Quellennachweise sind jeweils in Kapitel-Endnoten zusammengefasst; im Anhang finden sich Definitionen von für das Thema wichtigen Begriffe, die im Text bei der jeweils ersten Erwähnung mit ‚▸' markiert sind.

ANMERKUNGEN ZUR EINLEITUNG

1 Wissen bzw. seine veränderte Rolle wird generell mit einem gesamtgesellschaftlichen Umbau nach dem Zweiten Weltkrieg in Verbindung gebracht, der sich in vielen Facetten ausdrückt. Beniger (1986) führt dazu eine umfangreiche Belegsammlung an (Tabelle 1.1, S. 4ff). Auf insbesonders die ökonomischen Zäsuren dieser Entwicklung haben Touraine (1971), Bell (1976), Toffler (1971, 1980) und insbesonders auch Drukker (1959, 1969) hingewiesen.

2 Gillespie (1990) schreibt die Kupplung von Wissen und Handeln als Charakteristikum der italienischen Renaissance zu: Wissen findet seinen Zweck im Handeln, Handeln seinen Grund im Wissen. Die hohe Reputation von Wissenschaft (bzw. Forschung) in der Gesellschaft nährt sich aus dem Glauben der Verbesserbarkeit der Welt (also einer Heilsversprechung): es sind die „praktischen Verhältnisse", die es zu verbessern gilt (und die zu Glück und Zufriedenheit führen), nicht länger die *Einsicht* in den Kosmos. Die technologisch konzipierte Utopie – siehe dazu etwa Schwendter (1994) – wird gegen das verlorene Paradies gesetzt, woraus sich u.a. der „charismatische Charakter der Wissenschaft", wie Bell (1976), S. 28f, betont, ableitet. Auch die soziale Dimension spielt dabei eine wichtige Rolle, wie z.B. Zilsel (1976) herausarbeitet. Nicht alle sehen den aufklärerischen Fortschritt so rosarot; vgl. z.B. Illich (1978).

3 Vgl. UNESCO (2005) und Castells (2000) zu Wissens- bzw. Netzwerkgesellschaft.

4 Diesen Aspekt der Bildung bspw. von Risikogemeinschaften zur Abwicklung gewinnorientierter Unternehmungen beschreibt etwa Sloterdijk (2006), insbesonders Kap. 9.

5 Vgl. Polanyi (1962)

6 Vgl. Kreibich (1986), S. 11

7 Vgl. Kreibich (1986), S. 16

[8] Vgl. Kreibich (1986), S. 15; der Verweis auf die Planwirtschaften verdankt sich den geschichtlichen Umständen des Zitats.

[9] Vgl. Bush (1945a) und Grupp (1997), S. 17; die Hintergründe der Entwicklung beschreibt und kommentiert Stokes (1997) ziemlich ausführlich.

[10] Vgl. Acs/Audretsch (1988), S. 678ff

[11] Vgl. Kriegesmann et al (2006)

[12] Vgl. Etzkowitz (1998), S. 833

[13] Vgl. Shane (2004a), S. 127ff

[14] Posner (2003), S. 256, definiert ‚Pragmatismus' als die Übersetzung von Bedeutung in (deren) Konsequenz.

[15] Vgl. Granstrand (2000), S. 147

[16] Vgl. Yusuf (2008), S. 1171

[17] Vgl. UG (2002)

[18] Vgl. Freeman (1995), S. 5ff; Granstrand (1998), S. 465ff; Granstrand (2000), Grupp (1997)

[19] Vgl. Tushman/O'Reilly (2007), S. 769ff, Baba et al (2009), Rynes et al (2001), S. 340ff

[20] Vgl. Yusuf (2008), S. 1167ff

[21] Vgl. Szulanski (1995), S. 437 , Szulanski (1996), S. 27ff

[22] Vgl. Cohen/Levinthal (1989), S. 569ff, Cohen/Levinthal (1990), S. 128ff

[23] Vgl. Youtie/Shapira (2008), S. 1188ff, Etkowitz (2008), Etzkowitz et al (2000), S. 313ff

[24] Vgl. Owen-Smith et al (2002), S. 24ff; Gulbrandsen/Smedby (2005), S. 932ff; Audretsch/Keilbach (2008) S. 1697ff

[25] Vgl. Acworth (2008), S. 1241ff; Etzkowitz et al (2000), S. 313ff

[26] Das ist eine Umschreibung für die Ratio jeder Forschungs*planung*.

[27] Schon eine Frage des institutionellen Umfelds und damit der Regulation ist es allerdings, *ob* ein solches emergentes Verhalten ermöglicht oder ermuntert wird.

[28] Am Rande einschlägiger Tagungen und Seminare ist öfters das scherzhafte Diktum zu hören: „Forschung ist die Umwandlung von Geld in Ideen; Innovation ist die Umwandlung von Ideen in Geld." Es ist beileibe nicht einfach so, dass die resultierenden Transaktionen dem Muster „Idee gegen Geld" gehorchen; vielmehr erfordert die erfolgreiche Realisierung von Transaktionen im „Wissensgeschäft" eine beidseitige Involvierung materieller *und* immaterieller Dimensionen.

1 Die Politik des Wissens

Ehe der Frage nachgegangen werden kann, wie Wissen aus einem universitären in einen außeruniversitären Kontext überhaupt transferierbar ist, wird – im Lichte der gegenständlichen Untersuchung – der Frage nach dem Wissen selbst nachgegangen. In ökonomischer Hinsicht ist Wissen ein sehr spezifisches „Gut", das sich praktisch allerdings stark steigender Relevanz erfreut. Dieses erste Kapitel rekapituliert daher in aller Kürze das Wesen des Wissens und seiner wirtschaftlichen Rolle, wie es gemeinhin produziert und reproduziert wird und welche Probleme sich insb. aus einer Transfer-Perspektive ergeben (können).

Diese – in keiner Weise umfassende – Betrachtung des Wissens erfolgt in einem Dreischritt: zuerst wird die Frage nach den Entstehungs- und Verwendungsbedingungen von Wissen aufgeworfen [1.1], sodann wird eine (rudimentäre) ökonomische Analyse des Wissens vorgenommen [1.2] und schließlich auf die spezifischen Eigenschaften von Wissen eingegangen [1.3], die beim Versuch einer Mobilisierung bzw. De- und Rekontextualisierung von Wissen zu berücksichtigen sind.

In jedem Fall ist die Betrachtung auf – neues – wissenschaftliches *Wissen eingeschränkt, d.h. Wissen, das nach den Prinzipien der wissenschaftlichen Logik und Methodik generiert und legitimiert wird. In spezifischer Weise steht überdies Wissen* über *Wissen, also Metawissen, und dessen Verfügbarmachung im Vordergrund des Interesses.*

Im Grunde bildet das Kapitel wenig mehr als einen Rahmen für die anschließenden Überlegungen zu den Möglichkeiten konkreter Formen der Organisation von Wissenstransfer (bzw. Technologietransfer) unter Zuhilfenahme zeitgemäßer Kommunikationsmedien; trotz dieses zunächst bescheidenen Anspruchs wird ein solcher Rahmen argumentativ für unverzichtbar gehalten: der Nutzen einer grundsätzlichen Diskussion liegt primär in den Reflexionsgewinnen, die eine Absicherung gegen allzu schnelle, utilitaristisch geprägte Maßnahmen darstellen oder vielmehr überhaupt einer (in der Euphorie über das Machbare) unausgewogenen und damit längerfristig problematischen Verfahrensweise Einhalt gebieten. Schließlich erfordert das ja auch durchaus kontroversielle Thema des aktiven *universitären Wissenstransfers in die gesellschaftliche Praxis ihrerseits eine akzeptable Rechtfertigung zur Überwindung überzogen polemischer Standpunkte.*

Seit geraumer Zeit umkreist der Diskurs über das Wissen – gemeint ist dabei nahezu ausschließlich jenes positive Wissen über die Natur, wie sie dem emanzipatorischen Projekt der Aufklärung zugrundegelegt worden ist und das seither den Inhalt und die Ambition von Wissenschaft schlechthin ausmacht – die zentralen Fragen der Entwicklung der Menschheit, die vor allem im Konzept der Moderne als eine *ökonomische* Frage der Erzielung individuellen Glücks und gesellschaftlicher Wohlfahrt durch Steigerung der Effizienz des kollektiven Güterproduktions- und Verteilungssystems definiert wird.

Individuen, Firmen, Regionen und Nationen sind – um ihre Ziele zu erreichen – entscheidend davon abhängig, auf Wissen zugreifen zu können, es zu beherrschen und zu entwickeln.[1] Wissen ist, allgemeiner gesagt, die Grundlage zur Bewältigung der existentiellen Fragen und Erfordernisse des Lebens; positiv gesehen sind mangels Wissen weder individuelle Lebensentwürfe noch globale Menschheitsprobleme sinnvoll adressierbar – auch, wenn der Ursprung so mancher dieser Probleme in übertrieben optimistischen Wissensanwendungen zu orten ist und der Regress auf *technologische* Problemlösungen oft genug einer unheilvollen „Reparaturlogik" entspricht.[2] Die Moderne als Projekt der Rationalisierung und – utilitaristischen – Perfektionierung der Welt, deren erstrebte Flexibilität aus der Befreiung der Besorgung der Lebensgeschäfte (des Wirtschaftens) aus „dem dichten Gewebe ethisch bedingter Verpflichtungen"[3] hervorgeht, ergibt allerdings im Effekt eine Einebnung der permanenten Revolution in einen Strom an Innovationen,[4] der schließlich zu jener Dominanz der Ökonomie führt, die ihr eigenes „immer besseres" Funktionieren und Wachstum verabsolutiert und zu einem unhinterfragbaren Selbstzweck erhoben hat. Wissen – insofern es „nützlich" ist – wird also gebraucht; damit ergeben sich sofort Fragen der Verantwortung über das bereitzustellende Wissen, und eine solche Verantwortlichkeit bedingt wiederum die Freiheit der Entscheidung, also eine Abwägung der Interessen über die Verwendung von (knappen) Mitteln zur Wissensgenerierung, der politischen und sozialen Implikationen neuen Wissens, nicht zuletzt auch der moralischen Aspekte jedes wissenschaftlichen Tuns und seiner Alternativen.

Die Flexibilität, oder Liquidität, die Zygmunt BAUMAN beschreibt, ist dafür quasi der Erfolgsmaßstab geworden:[5] wer sich am besten der permanenten Veränderung – der „flüchtigen Moderne" – anpassen kann, realisiert die größten Anteile an Affluenz. Der Dynamismus dieser Flexibilität[6] führt jedoch zu einem paradoxen Stillstand: die *Erstarrung* in der Flüchtigkeit;[7] all dieser Veränderungsabsicht und -betulichkeit ist auf dem Weg das ursprüngliche Ziel (der Weltperfektionierung als Erlösungsmotiv) und damit jede Geschichtsphilosophie[8] abhanden gekommen – die Veränderung um ihrer selbst willen ist das implizite Ziel geworden, dessen Motor ein nachgerade unerschöpflicher Wissensstrom ist.

Auf die Rolle des Wissens als systemische *Produktivkraft* – „Die gestiegene Nachfrage nach Wissen ist Ausdruck ihrer praktischen Bedeutung.“[9] – ist bereits vielfach hingewiesen worden. Wissen wird als zentrale Ressource der postindustriellen Ökonomie verstanden;[10] „im postindustriellen und postmodernen Zeitalter wird die Wissenschaft ihre Wichtigkeit im Arsenal der Produktionskapazitäten ... ohne Zweifel noch verstärken.“[11] Mit dieser geänderten gesellschaftlichen Funktion verschiebt sich auch der epistemische Status von Wissen markant. Als Produktivkraft „... ist und wird Wissen für seinen Verkauf geschaffen ... und wird für seine Verwertung konsumiert ... in beiden Fällen, um getauscht zu werden.“[12] Wissen unterliegt offenbar einem deutlichen Wandel dadurch, dass es zu einem ökonomischen *Wert* wird; es hört jedenfalls auf, ausschließlich „... sein eigener Zweck zu sein.“ Insbesonders ist damit die Bereitstellung des „passenden“ Wissens zu einem (volks-)wirtschaftlichen Leitthema der Wissensproduktion und folglich auch zu einer zentralen Frage der Legitimation der Universitäten – Stichwort: Wissenstransfer – geworden. Obwohl es auf den ersten Blick vielleicht gar nicht danach aussieht, dass die Frage des Wissens- bzw. Technologietransfers von den Universitäten in ihr gesellschaftliches Umfeld mehr als nur eine organisatorische Frage der alltäglichen Geschäftsbesorgung darstellt, zeichnet sich die Thematik in der Tat durch weiterreichende wissenspolitische Implikationen aus, denen entsprechend hohes Augenmerk zu widmen ist.

Das gesellschaftlich nachgefragte Produktivwissen wird über die sog. *Forschung* hervorgebracht, eine Etikettierung, die ihrerseits bereits auf eine sich verändernde Wahrnehmung des Stellenwerts von Wissen und die Strategie der Legitimierung der Wissensproduzenten verweist: ‚Forschung‘ steht als systematische Form der Wissensgewinnung in einem – vielleicht nicht immer deutlich ausgesprochenen – Naheverhältnis zu einem Interesse der Verzinsung des in die Wissensgewinnung eingesetzten Kapitals; ‚Wissenschaft‘ erscheint demgegenüber als vergleichsweise unbeflecktes (aber deswegen trotzdem nicht wertfreies!) Erkenntnisinteresse.[13] Dieser Umstand wirft unvermeidlich fundamentale Fragen der Wissensgenese und ihrer Institutionen auf. Jean-François LYOTARD hat in diesem Zusammenhang auf die ▸ *Performativität* des Wissens aufmerksam gemacht und diese in Beziehung zum Kriterium der Effizienz gesetzt, mit dem kritischen Unterton, dass „... die Performativität, indem sie die Fähigkeit der Beweisbeibringung ausweitet, diejenige ausweitet, recht zu haben: Das massiv in das wissenschaftliche Wissen eingeführte technische Kriterium [der Effizienz, *Anm. d. A.*] bleibt nicht ohne Einfluss auf das Kriterium der Wahrheit."[14] Gerade die in der diskursiven Logik der Wissenschaft essentielle Beweisführung (für die Akzeptanz denotativer Aussagen) erfordert zunehmend aufwändige Mittel – oder in den Worten LYOTARDS: „Also kein Beweis, keine Verifizierung von Aussagen und keine Wahrheit ohne Geld." – mit der schon 1979 antizipierten Konsequenz: „Eine Gleichung zwischen Reichtum, Effizienz und Wahrheit zeichnet sich ab."[15]

Ohne Zweifel führen diese veränderten Umgebungsbedingungen auch und gerade für die Universitäten zur Frage nach deren identitätsverändernden Effekten – welchem Zweck dient die Wissenschaft letzten Endes? Welche Formen des Wissens sind überhaupt legitim? Welchen Wahrheiten darf und soll sich die Universität verpflichten? Besteht die Gefahr einer ungebührlichen Instrumentalisierung der Universitäten als Wissensproduzenten für ein effizienzorientiertes System der Kapitalverwertung, das dem Pluralismus der Methoden und „wissenschaftlichen Sprachspiele" insbesonders der ▸ *Postmoderne* in keiner Weise gerecht werden kann? Werden die in der Selbstbestimmung liegenden Potentiale der Kreativität (und die Beiträge zur gesellschaftlichen Identitätsbestimmung, die von ihren originellen Interpretationen ausgehen) oder, wie es Hans WEILER profaner ausdrückt: die „Autonomie in der Bestimmung von Forschungszielen",[16] von der Totalität des ökonomischen Primats unterdrückt und kurzfristigen, planbaren Interessen untergeordnet? Wer entscheidet letztlich mit welcher Verantwortung über die Regeln zur Generierung und Akzeptanz denotativer Aussagen? Einmal mehr dazu LYOTARD, der auf den Nexus von Wissen und Macht hinweist: „Wer entscheidet, was Wissen ist, und wer weiß, was es zu entscheidet gilt?"[17] Die aufgeworfenen Fragen sind also eminent *politische.*

Ganz augenscheinlich bedingt ein Verständnis von Wissen und dessen aktuelle sozio-ökonomische Funktion auch ein Verständnis der bestehenden Machtstrukturen, in mindestens dreierlei Hinsicht:[18] (i) in Hinblick auf die Dominanz bzw. die Hierarchie in der Wissensordnung (die nicht zuletzt über die Mittelzuwendungen entscheidet; siehe obige Diskussion über die „Beweismittel" und deren wahrheitskonstitutive Rolle); (ii) die wechselseitige Legitimation von Macht und Wissen – ohne Expertenwissen keine Macht, aber ohne (Nähe zur) Macht auch keine Mittel zur Wissensproduktion; sowie (iii) die Hegemonie in der (internationalen) Arbeitsteilung zur Definition und Durchsetzung bestimmter Prioritäten und methodologischer Maßstäbe. Gerade hinsichtlich des letztgenannten Punktes ist ein Machtgefälle unübersehbar, das einer Elite von Institutionen das Privileg zur „Auferlegung einer Wissensorthodoxie"[19] ermöglicht, dem die – breite – Peripherie Folge zu leisten genötigt ist. Die „Erfolge" nationaler Wissens- und Forschungspolitiken sind dementsprechend nicht selten der vorbehaltlosen Huldigung derartiger hegemonialer Dominanzen geschuldet – Erfolge um den Preis der eigenen wissenskulturellen Identität, der allerdings im Zuge einer globalen Homogenisierung im Schlepptau allgemeiner Deregulierungsprämissen mitunter gerne gezahlt zu werden scheint.

Wenn ‚Universität' nicht zuletzt als der (historisch, als veritables Erbe der Moderne) dafür prädestinierte Ort gesehen wird, die für die Gesellschaft wichtige Funktion der kritischen Reflexion zu leisten, dann muss der Institution zur Wahrnehmung dieser Aufgabe zumindest eine solche Position im System – wenn nicht gar *außerhalb* desselben – eingeräumt werden, die ihre Kritikfähigkeit von den homöostatischen Regulierungen zur Systemstabilisierung freistellt; ansonsten jede profunde Kritik und Reflexion dem Druck des inneren Konformismus des Systems erliegen muss und zu einer allenfalls propagandistischen Selbstaffirmation führt. Nicht zuletzt sind es auch die Universitäten selbst, die einen gewichtigen Part in der Definition wissenschaftlicher Diskurse, einschließlich der dafür maßgeblichen „Spielregeln", übernehmen und betreffs derer sich somit die Frage stellt, inwieweit sie von einer kapitalverwertenden Systemlogik absorbiert werden oder eben doch auch (oder prinzipiell) als kompensatorisches Korrektiv verfügbar bleiben sollen, um einen „reflexiven Überschuss" zu generieren.

Alle derartigen Fragen sind eingebettet in einen postmodernen Diskurs; dies bedeutet, dass infolge der Auflösung ideologisch verbindlicher gesellschaftlicher Narrative zugunsten disparater Partikulärsysteme und Wissenskulturen das Modell einer „Einheitswissenschaft" in einem Methoden- und Wissenspluralismus aufgegangen ist, der insbesonders – im Gefolge auch einer Globalisierung der Wissensproduktion und einer damit einhergehenden Aufwertung z.B. „indigenen Wissens"[20] – auch eine „Entmonopolisierung eines naturwissenschaftlich orientierten Wissensbegriffs"[21] mit sich bringt. Einerseits ist die veränderte Situation – vor dem Hintergrund der Wandlung im Konzept des Wissens selbst – charakterisiert durch[22] (i) einen höheren Grad an Differenzierung (der Wissensgegenstände und ihrer Kontextualisierungen) und (ii) ein größeres Maß an Kontingenz (also Bedingungsvorbehalten, an welche die Gültigkeit wissenschaftlicher Aussagen geknüpft ist); andererseits durch eine veränderte *Medialität*, die auch andere Kommunikations- und Rezeptionsstrategien als ehedem sinnvoll scheinen lassen, nicht zuletzt bedingt auch durch die steigende Diffusionsgeschwindigkeit gegenüber den traditionellen wissenschaftlichen Formen der Dissemination, der durch die institutionalisierten Legitimations- und Qualitätssicherungssysteme deutliche Schranken gesetzt sind.

LYOTARD sieht einen engen Konnex zwischen dieser epistemischen Dynamik und den neuen, digitalen Medien, den er als ▸ *Informatisierung* bezeichnet.[23] Daraus sei der Schluss zu ziehen, es „wird sich das Prinzip verstärken, nach dem die Gesellschaft nur existiert und fortschreitet, wenn die in ihr zirkulierenden Nachrichten reich an Information und leicht zu decodieren sind",[24] wobei eine Wechselwirkung zwischen Medialität einerseits und dem Erwerb, der Klassifizierung, der Verfügbarmachung und Ausbeutung der Erkenntnis[25] prognostiziert wird: „In dieser allgemeinen Transformation bleibt die Natur des Wissens nicht unbehelligt",[26] die Rolle und Wirkung des Mediums geht über die Form der Kodifikation und den Symboltransport deutlich hinaus.[27] Schärfer formuliert: „Was als Wissen fixiert werden kann, ist abhängig von den jeweiligen Medien, die zur Verfügung stehen",[28] wie die Mediengeschichte anhand verschiedener Zäsuren wie jene der Schriftlichkeit,[29] des Buchdrucks,[30] des Rundfunks und, zuletzt, der „digitalen Revolution" eindrucksvoll belegt.[31] „Medien haben [auch] ihren Anteil am Prozess der Konstruktion von Wissen",[32] wenngleich indirekt als Folge einer veränderten gesellschaftlichen Praxis,[33] die auch eine Praxis der Mediennutzung ist.

Dies trifft in besonders eminenter Weise auf die digitalen elektronischen Netzmedien zu, die in technischer Hinsicht hervorragende Möglichkeiten zur Wissensbereitstellung, Wissensverteilung und Wissensverknüpfung bieten, in Verbindung mit einem vorher unbekannten Grad an „Wissensdemokratisierung" und Selbstorganisation, die allen Netzteilnehmern eine nahezu uneingeschränkte Möglichkeit der Publikation und Diskursteilnahme eröffnet. Mit dieser radikalen Änderung der Praxis gehen aber auch tiefe epistemologische Schatten einher,[34] namentlich in Bezug auf die Akkreditierung der im Netz zirkulierenden Inhalte (d.h. die Frage der Validierung dieser Inhalte über Ausverhandlung durch annähernd äquivalent kompetente Diskursteilnehmer)[35] und die daraus für die kulturelle Praxis resultierenden Konsequenzen. Ohne einem Kulturpessimismus das Wort zu reden, muss HIMMELFARB[36] zugestimmt werden, wenn er feststellt: „Die Demokratisierung des Wissenszugangs sollte nicht verwechselt werden mit einer Demokratisierung des Wissens selbst. ... Es bedarf eines scharfen Verstands, der bereits über Wissen verfügt und in Kritikfähigkeit geübt ist um ... zwischen dem Trivialen und dem Wichtigen, dem Ephemeren und dem Beständigen, dem Wahren und dem Falschen[37] zu unterscheiden." (*eig. Übers. d. A.*) Die Segnungen des Web werden also – so die Vermutung – von den noch in der vorhypertextuellen Zeit (wissenschaftlich) sozialisierten Menschen anders aufgenommen als von den nachfolgenden Generationen, deren Literarisierung – oder sollte man vielleicht besser gleich sagen: Multimedialisierung? – bereits primär durch und über das Netz erfolgt.

Ein ganz pragmatisches Argument zur Auflösung der die Aufklärung und Moderne prägenden Idee der Einheitswissenschaft und ihrer Legitimationsmechanismen liegt also in der Dialektik der Medien selbst: das Anwachsen der Wissensbestände insb. seit dem 19. Jhdt. hat die Fragen der Wissensorganisation akzentuiert; mit dem Internet kommt allerdings erstmals ein Medium ins Spiel, das einen aussichtsreichen Umgang mit dieser Problematik verspricht; eigentlich kann man feststellen, dass der rasante Durchbruch insbesonders des Internet[38] (also die schnelle und flächendeckende Adoption vor allem in Form des sog. Www, d.h. Hypertext, seit den 1990ern) vor dem Hintergrund einer Suche nach einem effektiven Werkzeug zur Wissenorganisation zu verstehen ist, die dem digitalen Medium lange vorausgeht und sich niederschlägt etwa in den Bemühungen der Enzyklopädisten[39] bis hin zu den medientechnisch noch recht unzulänglichen Vorschlägen eines Mundaneums (Paul OTLET)[40] oder „memory extenders" (Vannevar BUSH).[41]

Die Idee eines kompetenten Umgangs mit Wissen induziert das Konzept eines *Metawissens*, einer weiteren Ebene strukturellen Wissens, also einer Wissensform sui generis. Medienanthropologisch[42] lassen sich materielle Wissenspeicher als Instrumente kollektiver Erinnerung und Identität verstehen: sie bilden eine kulturelle Voraussetzung, weil die – wachsende – Fülle der wissbaren Elemente und ihre vielfältigen Beziehungen zueinander vom Individuum gar nicht allesamt vergegenwärtigt werden können; in diesem Sinn sind Medien als „Befreiungsgeste" und Grundlage kultureller Entwicklung zu sehen. Um in dieser Hinsicht aber auch wirksam werden zu können, bedarf es entsprechender Formen der Wissenserschließung oder Indizierung,[43] wie sie vor allem die auf digitaler Symbolverarbeitung beruhenden Sprachtechnologien inzwischen sehr leistungsfähig – Stichwort: Suchfunktionalität – bereitstellen.

Trotzdem bleibt ein fundamentales Grundproblem der Wissensökonomie bestehen: das inkrementelle (d.h.: akkumulative) Wissensmodell ist nicht aufrecht zu erhalten: sobald der Aufwand zur Recherche ein „vernünftiges" Maß übersteigt, fehlen die Mittel zur ▸ *Serendipität*, weil sie in der Recherche gebunden sind, die aber wiederum unverzichtbare Voraussetzung für die epistemische Annehmbarkeit des neuen Wissens ist. Wird die Produktion des Neuen vehement eingefordert, lässt sich die umfassende Kenntnis des Wissenstandes aber praktisch gar nicht mehr voraussetzen; unter solchen Bedingungen kann ein kohärenter Wissensbestand dann nicht länger erwartet werden, es ergibt sich quasi zwangsläufig eine Fragmentierung der (gesellschaftlichen) Wissensbasis und es entstehen lokale, mehr oder weniger unverbundene Diskurse,[44] mit denen ökonomische Verluste sozusagen „systemisch" einhergehen, weil infolge der hohen Suchkosten teilweise die Wissensbeiträge vielfach neu produziert werden.[45] Ob die Wissensreproduktion günstiger ist als Retrieval, wird somit zu einer Frage der Transaktionskosten der Wissenserschließung; die digitalen Informations- und Kommunikationstechnologien sind also nicht von ungefähr eine Schlüsseltechnologie der Wissensgesellschaft und die Beherrschung von Metawissen eine zentrale Medienkompetenz.[46]

Vor dem skizzierten sozio-ökonomischen und wissenspolitischen Hintergrund und im Lichte der Effekte einer die gesamte Gesellschaft global penetrierenden Informationstechnologie stellt sich aus universitärer Sicht die Frage einer *optimistischen* Deutung eines „von unten" organisierten Wissenstransfers, nämlich: wie integriert man das etablierte universitäre Wissensproduktionssystem in das gesellschaftliche Umfeld möglichst organisch? Bieten bestimmte Formen des institutionalisierten Wissenstransfers Alternativen oder doch jedenfalls gangbare Supplemente zu traditionellen Disseminationskanälen (wie insbesonders wissenschaftliche Publikationen mit ihren spezifischen Selektions- und Validierungsmechanismen) für ein breites Spektrum an Wissensformen? Zumindest im Prinzip scheint es, dass aktive Transferbemühungen sich als *strategische* Instrumente – z.B. in Form bestimmter Medienstrategien – betrachten lassen, die der Universität operative Spielräume der Vergesellschaftung neuen Wissens eröffnen, indem eigens darauf angelegte Verflechtungen mit extramuralen Akteuren in epistemischen und epistemisch-pragmatischen Milieus zur (Rück-) Gewinnung einer möglichst auch inhaltlichen Autonomie stimuliert werden. Dies heißt die strukturelle Verpflichtung zur ökonomischen Effizienz – wie sie in Österreich (in einer durchaus autoritären Gebärde mit Verweis auf die Prinzipien des New Public Management[47]) mit dem Universitätsgesetz 2002 für die Universitäten legistische Norm geworden ist – konstruktiv aufzugreifen und das Unvermeidliche in positiver Weise für seine eigenen Ziele zu nutzen.

In diesem Text wird im Hinblick auf die disparaten epistemischen Kulturen der akademischen und der kommerzialisierten Forschung (die sich sowohl in der universitären als auch in der außeruniversitären Hemisphäre ihrerseits noch vielgestaltig ausdifferenzieren) und insbesonders unter Berücksichtigung spezifischer (mittel-) europäischer Kontextbedingungen eine *konfliktbewusste Inszenierung* der Begegnung dieser Wissenskulturen als Methode der Wahl vorgeschlagen und argumentiert: die produktive Auflösung der natürlichen Antagonismen der inner- und außeruniversitären Kooperationspartner setzt entsprechend institutionalisierte Formen der *Intermediation* voraus. Es ist die Rolle solcher Intermediäre, als „Projektionsfläche" die unterschiedlichen Interessen und Nutzenvorstellungen der Akteure aufzunehmen und deren inhärent disparate Sprachspiele und epistemische Kulturen in konvergente Interaktionen bzw. ggf. sogar auf Dauer angelegte Kooperationen umzusetzen. Wie später noch im Detail ausgeführt wird, begründet sich die Präferenz für eine durch Intermediäre inszenierte Institutionalisierung kooperativer Forschung aus der Erfahrung, dass (i) Universitäten von Unternehmen als eine ihrer wichtigsten Wissensquellen gesehen werden[48] und diese Rolle weiter an Bedeutung gewinnen wird,[49] (ii) unter den verschiedenen Formen sog. ▸ *University-Industry-Linkage (UIL)*[50] Forschungskooperationen aus einer Reihe von Gründen von besonderem Interesse sind[51] und, nicht zuletzt, (iii) die Universitäten auch als geographisch-regionale Stützpunkte von Innovationssystemen eine wesentliche Funktion wahrnehmen können.[52]

Das universitäre Eigeninteresse an einer solchen, notwendig auf neutralem Terrain organisierten Intermediation liegt schließlich auch in der Frage der *governance of science*:[53] durch legitimativen Rückbezug der Wissensproduktion über solche „regionalen" kooperativen Verschränkungen, die sich nach inneren Gesichtspunkten in lokalen Diskursen[54] organisieren, bilden diese in der Tendenz einen lokal-demokratisierenden Gegenpol insbesonders zum zentralistischen System der bürokratischen Forschungssteuerung mit deren immanent kapital- bzw. standortgetriebenen Logiken der Zielformulierung und Mittelzuweisung über zentrale Verteilungsstrukturen auf nationaler und europäischer Ebene. Den Intermediären fällt damit auch die eminent politische Aufgabe zu, Fragen der Wissensallokation in Bezug auf einen Interessensausgleich sowohl zwischen den Kooperationsparteien (z.B. hinsichtlich der Exklusivitäts-, Nutzungs- und Publikationsrechte) als auch innergesellschaftlich an entscheidender Stelle mitzubestimmen.

1.1 Wissenskulturen

„Kulturen sind Formen des Wissens";[55] so gesehen ist der Begriff der ‚Wissenskultur' ein Pleonasmus oder, so wie er im Folgenden primär verstanden sein will, bezieht er sich auf Formen des Metawissens und des – rationalisierten – Umgangs mit Wissen. Diese Perspektive ist eine Konsequenz der entstandenen Diversität des Wissens bzw. der Nebenläufigkeit verschiedener Wissensformen: es muss bzw. kann auch gar nicht jede Art von (wissenschaftlichem) Wissen in ein einziges universelles System gebracht werden – so wie das im Sinne der Einheitswissenschaft (und des Enzyklopädismus) bis jedenfalls weit in das 19. Jhdt. hinein vertreten wurde. Dieser Pluralismus ist aber eher rezent, in gewisser Weise Folge einer erstaunlich expansiven Entwicklung der letzten rund hundert Jahre, einmündend in eine Proliferation diverser Paradigmata[56] und akzentuiert durch eine auch Wissens-*Globalisierung* (d.h. zunehmende Ungleichverteilung bei gleichzeitigem Überfluss), gekennzeichnet einerseits durch eine „epistemic violence",[57] in der andererseits aber auch nicht mehr nur hegemoniale abendländische Gesichtspunkte vertreten sind. Als Ergebnis kann mit den Worten Hans WEILERs eine „weitgehende Desintegration der epistemologischen Tradition" konstatiert werden.[58]

Wie auch immer, ein Diskurs über das Wissen ist unvermeidlich ein *kultureller* Diskurs. Allerdings, mehr noch als ‚Wissen', ist ‚Kultur' ein sehr weitläufiger Terminus, sodass im Folgenden dem Vorschlag von THROSBY[59] gefolgt wird, unter ‚Kultur' entweder ein anthropologisches Konzept oder aber eine „funktionale Orientierung" zu verstehen: in dem einen Fall umschreibt das Konzept ein Set von Einstellungen, Überzeugungen, Sitten, Gebräuchen, Werten und Praktiken, die in Summe die Identität einer (soziologischen) Gruppe ausmachen[60] und sich durch unterschiedliche Symbolik, Texte, Sprache, Artefakte, orale und literale Traditionen usw. zum Ausdruck bringen; im anderen Fall bezieht sich der Begriff auf ein bestimmtes (beobachtbares) Verhalten und dessen Hervorbringungen „in Bezug auf intellektuelle, moralische und künstlerische Aspekte des menschlichen Lebens" (*Übers. d. A.*), zu denen ohne Zweifel auch die Produktion von Wissen zu rechnen ist.[61] Die genannten kulturproduktiven Verhaltensweisen, oder Handlungsformen, lassen sich nach THROSBY weiter wie folgt charakterisieren:

- die Aktivitäten bedingen eine Form von *Kreativität*,
- sie beziehen sich auf Erzeugung und Kommunikation *symbolischer* Bedeutungsinhalte und
- das Ergebnis verkörpert, jedenfalls als Möglichkeit, eine Art *geistigen Eigentums* (also die ausschließende Verfügbarkeit über die symbolische Hervorbringung durch ihre Zurechnung zu einem schöpfenden Individuum).[62]

Diese beiden Sichtweisen von ‚Kultur' sind natürlich keineswegs überschneidungsfrei; nach der neueren Wissenschaftssoziologie verweben sich beide zu einer sozio-kulturellen *Praxis*, die neben den Dimensionen der Rationalität der Aussagekonstruktion und des dabei stattfindenden Wettbewerbs der Akteure untereinander zudem in ein Netzwerk der „erweiterten Übersetzung" eingebettet sind, innerhalb dessen sowohl die Inhalte als auch die Kontexte wissenschaftlicher Aussagen stufenweise rekonfiguiert werden.[63] Diese Prozess-Perspektive öffnet den Blick auf die nicht zuletzt *soziale* Konstruktion des Wissens über den Weg der Ausverhandlung von Repräsentationen, Beobachtungs- und Validierungsmethoden sowie von Sprachkonventionen, aus denen die „Realität“ im Rahmen etablierter Stabilisierungslogiken als Konsens kollektiv entwickelter Wahrnehmungs- und Abstimmungsprozeduren und daraus abgeleiteter begrifflicher Einteilungen hervorgeht.[64]

Die Analyse von THROSBY (deren Fokus allerdings auf der artistischen Kulturproduktion liegt) weist die kulturelle Produktion – im Sinne eines Kulturmaterialismus – als genuin ökonomische Aktivität aus, die sich nahtlos in das methodologische Gerüst der ökonomischen Theorie einfügt.[65] Unbestritten bleibt aber, dass jede Kulturproduktion insbesonders auch unter den jeweiligen politischen und wirtschaftlichen Gegebenheiten ihrer Zeit zu sehen ist, und dies bedeutet im europäisch-nordamerikanischen Kulturkreis letztlich: auf der Basis des etablierten Individualismus-Paradigmas[66] – als einer partikulären kulturellen Ausprägung menschlicher Sozialisierung – die Produktion, Zirkulation und Konsumtion kultureller Güter (d.h. auch: des Wissens) unter den Prämissen eigennütziger, prinzipiell rationaler Akteure in Marktbeziehungen (d.h.: in Form von Transaktionen unter Gleichgewichtsbedingungen) zu betrachten, auch und gerade eingedenk eines überhaupt nur *kollektiv* denkbaren Kulturkonzepts. Es ist aber schon davon auszugehen, dass – mehr noch als in anderen ökonomischen Diskursen – das natürliche Wechselspiel zwischen individueller Verhaltensorientierung und kollektiver Ressource der Kulturökonomie eine ganz spezifische Stellung zuweist und dass jeweils beide Sichtweisen in die Form der Ausgestaltung kultureller Transaktionen einbezogen werden müssen.

Für den engeren Bereich der Wissensökonomie hat insbesonders LYOTARD die Performativität (s.o.) als markantes Charakteristikum des postmodernen Wissens hervorgehoben. Eine solche Betonung verweist auf die *Geschichte* des Wissens, in deren Verlauf dem Wissen sehr unterschiedliche gesellschaftliche Rollen zugedacht waren. Dieses Spektrum reicht von einer engen Verschränkung von Erkenntnis und Praxis (im utilitaristischen Ansatz etwa eines Francis BACONs) bis hin zur systematisierten Trennung von „reiner“ Erkenntnis und „profaner“ Kenntnisnutzung, wie sie vielleicht am ausgeprägtesten im Modell der deutschen Universitäten und Technischen Hochschulen im Verlauf des 19. Jhdt. zu finden ist.[67]

Diese Wissensgeschichte bildet allerdings die evolutionäre Grundlage des akademischen Selbstverständnisses und ist somit unverzichtbarer Bestandteil wissensökonomischer Überlegungen. Dies betrifft vor allem die seit dem 2. Weltkrieg geläufige Unterscheidung zwischen einerseits einer sog. Grundlagenforschung und andererseits einer anwendungsbezogenen Forschung,[68] eine Kategorisierung, die ihrerseits Produkt einer historischen Konstellation ist[69] und verdeutlicht, welche Bedeutung kultureller Kontext für Fragen der ökonomischen Allokation haben kann: das gesamte institutionelle System der Nachkriegsforschung orientiert sich letztlich an nichtwissenschaftlichen Glaubensbekenntnissen.[70]

Man kann also ausgehen vom institutionellen Faktum einer gewissen Spannung zwischen zwei historisch verankerten Wissenskulturen, welche nachfolgend einfach und idealisiert als ‚akademische' bzw. ‚unternehmerische' (oder ‚entrepreneuriale') bezeichnet sind, die – wiederum erheblich vereinfachend gesehen – mit den inneruniversitären (einschließlich der „staatsnahen") und den außeruniversitären (insbesonders industriellen) Forschungseinrichtungen assoziiert werden können: die akademische Wissenskultur repräsentiert die Sphäre des „zwecklosen" wissenschaftlichen Erkenntnisgewinns, die unternehmerische Wissenskultur hingegen jene der „wirtschaftlichen" Erkenntnisnutzung im Sinne von Innovation. Im Anschluss an THROSBY gilt auch, dass die akademische Kultur kollektivierend ist und im Prinzip öffentliche Güter produziert, wohingegen die unternehmerische privatisierend und appropriativ ist (also bezogen auf einen sanktionierbaren Ausschluss von Verfügungsgewalt über akkumuliertes Kapital), mit entsprechenden Unterschieden auch in den Anreizsystemen (meritokratisch vs. gewinnorientiert). Die Wissensexternalitäten sind letztlich auch das Argument für eine kommunale Subventionierung der Wissensproduktion,[71] jedenfalls soweit mangels unmittelbar erkennbarer Wissensverwertungen über den Markt kein Anreiz (Kapitalverzinsung) für entsprechende Investitionen gegeben ist.

Nicht zuletzt aufgrund der evidenten empirischen Widersprüche einer solchen Konzeption der Forschungsorganisation, die ein *lineares* Modell der Wissenstransformation – wie es Vannevar BUSH explizit[72] formuliert hat – von der (natur-) wissenschaftlichen Erkenntnis und deren Übersetzung in Lösungsbeiträge zu praktischen Anwendungsproblemen und schließlich die Umsetzung in konkrete Verfahren und Produkte unweigerlich mit sich bringt, schlägt STOKES zur Überwindung des „Paradoxons"— dass nämlich Erkenntnisanspruch und Anwendbarkeit wissenschaftlicher Erkenntnis einander mitnichten ausschließen – eine Modifikation der institutionellen Forschungsorganisation vor: die Dichotomie von Grundlagen- zur Anwendungsforschung, wie sie das lineare BUSH-Modell impliziert,[73] wird ersetzt durch eine Position der strikten Ablehnung eines solchen Antagonismus.[74] In den Vordergrund rückt stattdessen eine produktive Interaktion zwischen Forschungsinteresse, Fragestellung und Lösungsbeitrag, der STOKES das Etikett „use-inspired basic research" zuweist.[75] Eine solche Konzeption trägt insbesonders auch den vielfältigen intra- und interdisziplinären sowie intertemporalen Wechselwirkungen Rechnung, wie sie sich nicht zuletzt aus neuen wissenschaftlichen Fragestellungen ergeben, die sich vorangehenden wissenschaftlichen Grundlagenerkenntnissen oder auch Anwendungsproblemen verdanken.[76]

Die These lautet also: mit der allgemeinen Verwissenschaftlichung (des Lebens, des Wirtschaftens) wird praktisch jede Form von Wissenschaft potentiell *angewandt* (im doppelten Wortsinn); damit hebt sich aber letztlich die hinsichtlich der epistemischen Orientierung von Wissenschaft (Grundlage vs. Anwendung) getroffene Unterscheidung mehr und mehr auf, um einem als ▸ *mode 2* bezeichneten Konzept Platz zu machen: „Es wird die Tendenz behauptet, dass Wissenschaft sich unter dem Druck einer steigenden Wissensnachfrage von Öffentlichkeit, Politik und Wirtschaft zunehmend auf problemorientierte Forschung hin entwickelt, und deren Projekte würden nicht nur stärker auf die praktischen Interessen von Öffentlichkeit, Politik und Wirtschaft bezogen, sondern von diesen auch häufiger mitkontrolliert." Und weiter: „Da praktische Problembezüge der Forschung in der Regel nicht von den Spezialprogrammen einer einzigen Wissenschaftsdisziplin bearbeitet werden können, wird überdies angenommen, dass die Disziplinenstruktur der Wissenschaft durch neuere Entwicklungen zunehmend von interdisziplinären Forschungsverbünden überformt würde und dass die bislang akademische Wissensorganisation durch die damit einhergehende Rekombination und Kontextuierungen des Wissens verflüssigt würde."[77] Wie dem auch sei, diese Beobachtungen sind weitere Indizien dafür, dass generell ein wachsender Koordinationsbedarf zu erwarten ist, der auch traditionelle wissenskulturelle Grenzen überschreitet.

In STOKES' Perspektive legitimiert sich die Grundlagenforschung und das öffentliche Interesse an dieser gerade darin, dass sie sich in ihren Erkenntnisabsichten – wenn auch ggf. in recht abstrakter oder indirekter Form – auf gesellschaftlich relevante Probleme bezieht,[78] während die Argumente zur Dotierung einer „unorientierten" Grundlagenforschung nach dem Ende des Kalten Krieges (also in einer veränderten geo-politischen Situation) und vor dem Hintergrund der Globalisierung (also in einer Welt liberalisierter Kapitalströme, die auch die Mobilität des Wissens inkludiert, das solcherart hinsichtlich der Kontrollierbarkeit seiner Verwertung zunehmend problematisch wird) stark an Überzeugungskraft verloren haben. Demgegenüber argumentiert STOKES, dass durch die ‚use-inspired basic research' (i) eben jenes Wissen generiert wird, das sich der potentiellen Anwendungen schon bewusst ist und damit (ii) gar nicht erst für einen „Transfer" in Anwendungskontexte aufbereitet werden muss, sondern vielmehr Erkenntnis- und Anwendungsinteresse von vornherein koinzidieren. Letztlich scheint diese Konzeption also vollständig in der Perspektive des performativen Wissens aufzugehen.

Der innerakademische Disput über die Verteilung der Prioritäten zwischen Grundlagen- und Anwendungsforschung ist demgegenüber mehr als eine Frage danach zu verstehen, inwieweit inhaltliche und methodische Gestaltungsspielräume durch institutionelle Bedingungen eingeengt sind; insoferne genießen die der Grundlagenforschung zurechenbaren Teile der Wissenschaft das *soziale* Privileg einer vielleicht stärkeren Ergebnisoffenheit bzw. schwächeren Verpflichtung bei einer (unmittelbaren) Ergebnisverwertbarkeit, sie können sich aber sonst für Dominanzansprüche auf keine höhere Instanz berufen. Es ist ja zudem auch keineswegs so, dass an den Universitäten *nur* eine akademische Wissenskultur (also mit dezidiertem Fokus auf Grundlagenforschung) beheimatet wäre; ganz im Gegenteil – da sich die Begrifflichkeit selbst als brüchig erweist, ist eine solche Attribuierung an sich schon gehaltlos. Im Sinne von STOKES und seinem zweifellos validen Befund entspricht daher die mitunter aufkeimende universitätspolitische Debatte darüber, ob eher Grundlagen- oder Anwendungsforschung in den Vordergrund gerückt werden soll, einer Stellvertreterdiskussion, die am Punkt vorbeigeht, indem sie sich an althergebrachten, im Geist Vannevar BUSH folgenden legistischen Klassifikationen der Forschungstypologie[79] orientiert; das Festhalten an solchen Einteilungen kann allerdings eine Hypothek für die Entwicklung einer zeitgemäßen wissenspolitischen Position der Universitäten darstellen.

Entkleidet man die wissenspolitischen Interessen der akademischen Eliten von den spezifischen Bedingungen um 1945 (der Aufrechterhaltung der hohen Mitteldotierungen vor allem für die Grundlagenforschung bei gleichzeitiger Beschneidung staatlicher Einflussnahme und Kontrolle), ergibt sich ein weit klarerer Blick auf die seit langem schon bestehende Wechselwirkung von wissenschaftlichem Wissen und gesellschaftlichen Bedürfnissen. An die Stelle eines Technologie- bzw. Wissenstransfers von der Grundlagenforschung hinüber zum Anwendungskontext, wie er im BUSH-Konzept formuliert ist, tritt das Modell einer *bidirektional* zwischen diesen beiden Hemisphären vermittelnden Schnittstelle. Die resultierende Struktur ist in Abb. 1-1 skizziert; die erkenntnisgetrieben akademischen und die verwertungsgetrieben unternehmerischen Wissenskulturen werden vor einem gemeinsamen gesellschaftlichen Wissensbedarf, der die globalen Wissensziele explizit oder implizit definiert, gekoppelt.

Dieses Modell betont die *Koproduktion* relevanten gesellschaftlichen Wissens in Überwindung einer verkürzenden Marktmetaphorik von Angebot und Nachfrage und rückt an die Stelle des Wissens- bzw. Techno-

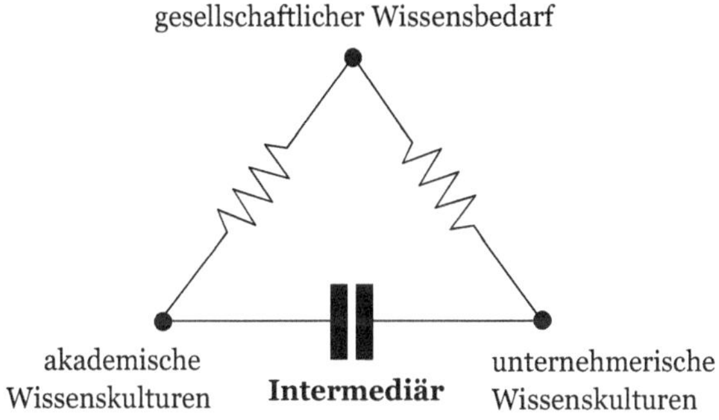

Abbildung 1-1: Intermediär-gekoppelte Wissenskulturen

logietransfers den Fokus auf Formen der kooperativen Forschung. Der Perspektive eines Ausgleichsmodells – das Wissensdifferential zwischen Wissensproduzenten (Quelle) auf der einen und Wissensnachfrager (Senke) auf der anderen Seite – wird das *katalytische* Modell der kooperativen Wissensentwicklung gegenübergestellt: beiden gemeinsam bleibt die Funktion eines koordinativen Intermediärs, der sowohl eine Abstimmung über die inhaltliche als auch und insbesonders über die institutionelle Struktur von Kooperationen so herbeiführt, dass beide involvierte Wissenskulturen ihre je eigenen Stärken und Nutzen zur Geltung bringen bzw. realisieren können.

Die skizzierte Rolle der Intermediäre zwischen diesen beiden stilisierten Wissenskulturen, der in den folgenden Kapiteln dieses Buchs die hauptsächliche Aufmerksamkeit gewidmet wird, ist auf einer dezentralen Ebene angesiedelt. Während einerseits die gesamtgesellschaftlichen Wissensziele und Wissensbedarfe in – staatlich gesehen – zentralisierten politischen Prozessen ausverhandelt und auf diese Weise nicht nur von den verschiedenen Wissenskulturen beeinflusst werden, sondern diese umgekehrt auch – besonders in Form mittel- und längerfristiger Forschungsprogrammatiken – im Großen determiniert werden, operieren die Intermediäre in solchen zentral fixierten Gesamtrahmen eingebettet und nach „lokalen" Gesichtspunkten im Sinne einer optimierenden Allokation gesteuert. Unbeschadet des regulativen Rahmens werden so, vor dem oben schon skizzierten Hintergrund einer progressiven Fragmentierung des Wissens, wesentliche Effizienzpotentiale über die dezentrale Allokation – ganz im Sinne etwa von Hayeks wirtschaftsliberaler Koordination[80] – durch Ausnutzung partikulären Wissens der einzelnen Akteure gehoben.

Von einem pragmatischen Standpunkt aus gesehen ist der zentrale Rahmen natürlich von eminenter Bedeutung gerade auch für die dezentrale Allokation: insbesonders ein zentraler Fokus auf ‚use-inspired basic research', wie von STOKES betont, schafft die günstigen Voraussetzungen,[81] Akteure dezentral in beidseits vorteilhafte Wissenskoppelungen zu koordinieren; damit wird sozusagen erst einmal der Boden für eine fruchtbare Intermediation aufbereitet. Klar ist auch, dass es Wissensformen und -bedarfe einer grundsätzlich öffentlichen Natur gibt, die nicht auf dem Wege dezentraler Koordination bedienbar sind (dies betrifft die im weitesten Sinn „kritische" Wissenschaft, vor allem insofern sie ideologische Gegenpositionen zum jeweiligen „Mainstream" vertritt); in solchen Fällen[82] muss die Wissensproduktion naturgemäß als öffentliche Aufgabe gesehen und alimentiert werden und bleiben: dies ist hinsichtlich der Logik des New Public Management, in der insbesonders den Universitäten de facto nur die Wissens*reproduktion* als Leistung abgegolten und bei der qualifizierten Forschung zunehmend auf die „kompetitiv einzuwerbenden" ▸ *Drittmittel* verwiesen wird, in seinen Konsequenzen (bzw. einer allenfalls davon ausgehenden „strukturellen Gewalt") deutlich hervorzuheben.

Eine Stärke der Koppelung akademischer und unternehmerischer Wissenskulturen über intermediäre Strukturen, wie in Abb. 1-2 dargestellt, liegt in der potentiellen Nutzung der *gesamten* Bandbreite an Koordinationsformen der Akteure aus beiden Hemisphären. Dies betrifft einerseits den organisatorischen Rahmen, der von einfachen Formen des Wissenstransfers (bei weitgehend kommodifizierten Wissensinhalten wie Patenten und dgl.) bis hin zur Bildung von Allianzen reichen kann, andererseits eine Offenheit gegenüber einem breiten Spektrum an inner-akademischen Wissenskulturen,[83] die sich in nur sehr unterschiedlicher Weise in Forschungskooperationen integrieren lassen.

In einem groben Überblick lassen sich, wie in Abb. 1-2 dargestellt, die Interaktionsformen der Wissens- bzw. Forschungsintermediation zwischen akademischen und unternehmerischen Wissenskulturen in drei Quadranten einer zweidimensionalen Kategorisierung aufspalten, deren eine sich auf die zeitliche Koordination der Wissensproduktion unter den (zwei oder mehreren) Kooperationsparteien und die andere sich auf die inhaltliche Weise der Involvierung der Kooperationsparteien bezieht.

Die synchrone Interaktion bedeutet dabei eine kooperative Form der Wissensproduktion, wobei die symmetrische Interaktion den eigentlich koproduktiven Ansatz repräsentiert; in der asymmetrischen Kooperation besteht eine grundsätzliche Produzenten/Konsumenten-Relation in dem

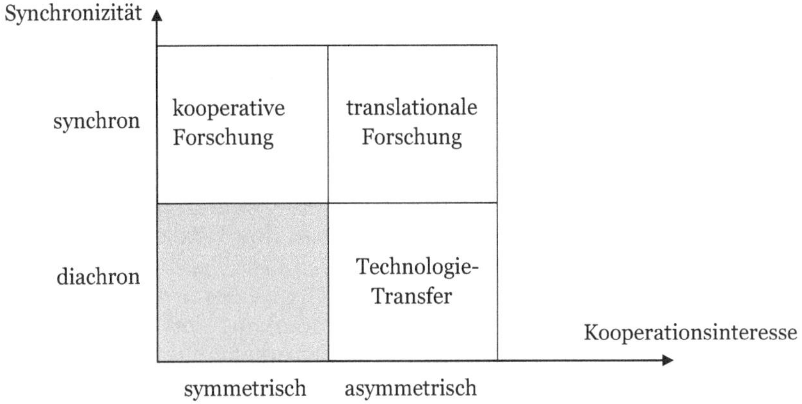

Abbildung 1-2: Interaktionsformen der Forschungskooperation

Sinn, dass die produktiven und konsumtiven Rollen viel deutlicher ausgeprägt sind und somit zumindest eine dominante Flussrichtung des Wissens besteht. Im diachronen Fall geht die Wissensproduktion dem Transfer voraus und impliziert einen „handelsfähigen" Wissensinhalt z.B. in Form von Verfügungsrechten;[84] dies ist also der Fall des „Wissensmarktes", wobei auch hier natürlich Mitwirkungspflichten des Wissenserwerbers bei der Wissensproduktion (analog zu einem Werkvertrag, der ja ebenfalls im Allgemeinen die Beistellung relevanter Ausgangsinformation zur sachgerechten Werkerstellung voraussetzt) keineswegs kategorisch ausgeschlossen sind. Umgekehrt implizieren symmetrische Formen der Wissensproduktion ein kohärentes – und damit in der Regel auch längerfristiges – Kooperationsinteresse, das durch die Einbringung komplementärer Ressourcen in die Kooperation bestimmt und durch ein zu mehr oder weniger gleichen Teilen getragenes Forschungsrisiko gekennzeichnet ist.

Die Analyse der gesellschaftlich relevanten Wissenskulturen legt also, nicht zuletzt im Sinne einer bestmöglichen Bewahrung und Stärkung der Tugenden jeder dieser Wissenskulturen, eine Form der dezentralen Intermediation zu ihrer effizienten (Ent-)Koppelung nahe. Im Mindesten muss diese Intermediation die innerwissenschaftlichen ebenso wie die verwertungsspezifischen Kontingenzen verstehen und in Deckung bringen. Damit stellt sich die Aufgabe der Wissensproduktion im Wechselspiel von Universität und Gesellschaft als eine Frage der praktischen Realisierung dieser intermediären Schnittstelle bzw. Bidirektionalität. In der konkreten Umsetzung sind dazu allerdings Vorschläge gefragt, die nicht von vornherein im Widerspruch zu den herrschenden Gegebenheiten und Auffassungen stehen; es braucht also einen kreativen Ansatz, der sich letztlich durch seine eigene Erfolgsdynamik selbst zu stabilisieren fähig sein muss.[85]

1.2 Ökonomische Logik und Funktion des Wissens

Die Folge der wachsenden wettbewerblichen Relevanz von Wissen im Innovationssystem ist eine stärkere Verschränkung von Forschung und Innovation; konkreter: die wirtschaftliche Inverkehrbringung wissensbasierter Produkte einschließlich deren vorgängiger Erzeugungs- und Distributionsprozesse. Die Forschung wird zur Grundlage der Entwicklung temporärer Alleinstellungen, das der wissenschaftlichen Forschung entspringende Wissen als Produktionsfaktor zu einer zentralen gesellschaftlichen „Ressource" und, als Einsatz zur Erzielung einer Rendite, auch zu „Kapital". Das Konzept des Wissenskapitals als eines (gesellschaftlichen) Vermögens, soziale Prozesse zu organisieren – d.h., Wert zu produzieren – rückt die Wissensproduktion ins Zentrum einer ▸ *Wissensökonomie*, die sich mit den spezifischen Funktionen des Wissens und seiner Hervorbringung bzw. Reproduktion sowie den Formen der Wissensakkumulation und des Transfers auseinandersetzt und nach prinzipiellen Erklärungen und Mechanismen sucht. Im Lichte der Verfügbarkeit von Wissen als entscheidendem Wettbewerbsfaktor im gesamtwirtschaftlichen Produktionsprozess stellt sich die Frage, wie das Gut „Wissen" am besten bewirtschaftet werden soll bzw. ob das überhaupt möglich, sinnvoll und notwendig ist. Folgt man der Auffassung, es gebe aufgrund der spezifischen Eigenschaften von Wissen als ökonomisches Gut sui generis allokative Defizite, wird einer außermarktlichen Intervention das Wort zu reden sein, um bestimmte gesellschaftliche Ziele erreichen zu können. In diesem Sinne ist FORAY zuzustimmen, wenn er als die Aufgabe der Wissensökonomie "... [to] develop a framework in order to devise and compare socio-economic institutions that can be relied upon to create and exploit knowledge in a efficient manner" verstanden wissen will.[86]

Insofern also Wissen als wichtiger Produktionsfaktor in den Wettbewerb eingeht, wird der Zugang zu dieser Ressource ein wesentlicher wirtschaftlicher Erfolgsfaktor[87] über Renten, die „... [resultieren] aus höherer Innovationskraft und Lernfähigkeit von Unternehmen, Eigenschaften, die schwer imitierbar und austauschbar sind."[88] Im Unterschied zur Wissensproduktion als Unternehmen eigener Art bildet die Wissensbereitstellung *im* Unternehmen (bspw. als innerbetriebliche F&E-Abteilung)

lediglich eine Vorleistung für das Kerngeschäft als Mittel zum Zweck des marktgängigen Leistungstausches mit Blick auf einen entsprechenden „return on investment." Dementsprechend unterliegt die Entscheidung über die Wissensbereitstellung auch dem unternehmerischen Kalkül einer make/buy-Entscheidung, die natürlich unter den besonderen Bedingungen der Gütereigenschaften von Wissen getroffen werden muss. Jedoch, „... in einer Zeit, in der sich Wissen rasch vermehrt, stellt ein soziales Netz, das Wissen absorbiert, kreiert, speichert, transformiert, kauft, verkauft und kommuniziert, die zentrale Domäne dar," womit Unternehmen zunehmend „in eine Bündnissphäre verstrickt" sind,[89] die insbesonders auch Bündnisse mit Akteuren der akademischen Wissenskultur umfasst.

Die nachfolgende Analyse geht, in aller Kürze, von den eigentümlichen Besonderheiten des Wissens als ökonomischer Kategorie aus – Kreativität und Serendipität als Bedingungsfaktoren seiner Entstehung, der Charakter des Wissens als genuin öffentliches Gut mit positiven Externalitäten, die Schwierigkeiten der Kommodifizierung von Wissen zu tauschbaren Objekten – und betrachtet dabei Wissenskapital als eine Unterklasse kulturellen Kapitals.[90]

In konventionellen Kategorien gedacht gibt es für Wissen, so wie für andere Güter auch, Orte der Entstehung (Angebot) und der Verwendung (Nachfrage). Aus dieser Perspektive vollzieht sich der Wissensübergang von der Quelle zur Senke, vom Produzenten zum Konsumenten, über wirtschaftliche Transaktionen. Der Wissensproduzent tritt dabei als spezialisierter Agent im Sinne einer gesellschaftlichen Arbeitsteiligkeit auf, der sein Wissen in Form von handelbarer Ware zum Kauf anbietet und deren Preis sich auf einem Wissensmarkt nach den Regeln von Angebot und Nachfrage bildet. Mit anderen Worten, die Wissensproduktion erscheint hier als Unternehmen, das auf einem Faktormarkt auftritt, begleitet von der typischen Schwierigkeit der Beurteilung der Angebotsqualität durch die Nachfrageseite: würde man über das Wissen zur Beurteilung des fehlenden Wissens verfügen, wäre letztlich gar kein Wissensbedarf gegeben. Die Überwindung solcher Informationsasymmetrien setzt bekanntlich entweder eine hohe Reputation des Anbieters oder aber einen Intermediär, der diese Angebotsqualität zu verbürgen in der Lage ist, voraus, um Marktversagen zu vermeiden.[91]

Wie die bisherige Argumentation bereits zu zeigen versucht hat (und nachfolgend noch weiter vertiefend ausgeführt wird), bietet der Markt in Bezug auf Wissen sehr oft überhaupt nicht die ideale Schnittstelle zur Diffusion und Allokation ökonomisch relevanten Wissens; stattdessen bieten sich Modelle der *kooperativen* Forschung als Formen der Produktion von Wissen an. In diesem Fall liegt aber eine komplementäre Form der Arbeitsteiligkeit auf der Beschaffungsseite vor: insofern steht nicht der Wissensmarkt im Mittelpunkt der Betrachtung, sondern die Frage einer wirksamen Vergemeinschaftung der Akteure, deren Wissenskulturen wie bereits dargestellt auf zum Teil nachgerade antagonistischen Wert-Motiven beruhen:

- in der akademischen Wissenskultur mit ihrer Betonung ideeller Werte, d.h. einer „selbstgenügsamen" Produktion von Wissen, auf der Grundlage intrinsischer Wissensmotive, verbunden mit der Zuweisung sozialer Reputation über ein eigenes meritokratisches Anreizsystem für die Protagonisten;[92]
- in der unternehmerischen Wissenskultur mit einer funktionellen Bewertung von Wissen als Einsatz zur Erreichung bestimmter Wettbewerbspositionen und Kapitelverzinsungen (also de facto ausschließlich extrinsischer Wissensmotive).

Das Konzept einer kollaborativen Wissensentwicklung impliziert also eine gemeinsame Anstrengung von in verschiedener Hinsicht – d.h. sowohl in den Zielen als auch in der Wahl der Mittel – gegensätzlichen Partnern und in der Folge ein beträchtliches Konfliktpotential. Die Intermediation ist vor diesem Hintergrund daher weniger eine Institution zur Erzielung effizienteren (Wissens-)Tausches, sondern vielmehr eine zur Implementierung der kooperativen Wissensproduktion bzw., in anderen Worten, zur Schaffung und Entwicklung von *Beziehungskapital* als Basis für die Erzielung von ideellem Wert (d.h., Wissen): die Intermediation betrifft eine Koppelung der antagonistischen Wissenskulturen so, dass diese in ihren inneren epistemischen Logiken und sozialen Stabilisierungssystemen möglichst ohne Interferenz gedeihen. In diesem Sinn implementiert der Intermediär den „Kondensator" in Abb. 1-2: die Schöpfung sozialen Werts steht im Dienst der Generierung relationaler Renten,[93] die erzielt werden durch „... spezifische Investitionen in zwischenbetriebliche Aktivitäten und der Bündelung von Ressourcen der kooperierenden Unternehmen, mit dem Ziel unnachahmliche Ressourcenkombinationen und somit Wettbewerbsvorteile zu ermöglichen."[94] Dieser Ansatz lässt sich sinngemäß unmittelbar auf die kooperative Forschung übertragen, allerdings eben im Hinblick auf die spezifischen Probleme der Steuerung bzw. der Kompatibilität der Organisation zur Nutzung komplementärer Ressourcen.[95] Der Wissens-Intermediär ist somit ein „desinteressierter" ökonomischer Akteur zur Realisierung relationaler Renten zwischen dafür prädestinierten Parteien, basierend auf (i) eigenem Beziehungskapital und (ii) operativem Wissen bzw. Erfahrung in der Verpartnerung der Akteure und dem Prozess der Mediation. Die initiierten und begleiteten Forschungskooperationen selbst stellen eine

Form von *Sozialkapital* als Voraussetzung zur Entwicklung von Wissenskapital dar;[96] die Vernetzung schafft ökonomischen Wert insbesonders durch Erhöhung der potentiellen Nutzbarkeit von bereits in die Partnerschaften eingebrachtem (komplementärem) Wissen.

Im Zusammenhang mit der Rolle der Intermediäre zur Etablierung kooperativer Forschung zwischen akademischen und unternehmerischen Partnern erhebt sich als entscheidende Frage der Konfliktauflösung, wie die disparaten Erwartungen, Bedingungen und Erfolgskriterien in einen stimmigen koordinativen Rahmen gebracht werden können. Dabei kann mit einigem Gewinn auf kultur-ökonomische Überlegungen zurückgegriffen werden; diesen ist der folgende Unterabschnitt 1.2.1 gewidmet. Die Wissensgenese im engeren Sinn als individuelle kognitive Leistung einzelner Forscherpersönlichkeiten ist in einen solchen kultur-ökonomischen Kontext eingebettet; aus diesem Grunde versucht Unterabschnitt 1.2.2, die Randbedingungen wissenschaftlicher Kreativität nachzuzeichnen und einen Bezug zum kulturellen Umfeld herzustellen, wie es – in der konkreten Perspektive – durch den Rahmen der Intermediation für die kooperative Forschung aufbereitet wird.

1.2.1 Eine kurze Analyse von Wert

Jedes ökonomische Handeln ist zwangsläufig Ausfluss kultureller Werte; gleichzeitig hat jedes ökonomische Handeln auch eine kulturelle Signifikanz: es gibt – im doppelten Wortsinn – keine wertfreie Ökonomie. In Vermeidung einer langen Diskussion über die „wahre Natur" von Wert – die sehr rasch in eine Abhandlung über die Grundlagen der abendländischen Philosophie einmünden würde – erfolgt an dieser Stelle vorab, unter Verzicht auf die Dimension des „moralischen Werts" eine Beschränkung auf die Dimension des „physischen Werts"; ‚Wert' bezieht sich somit wesentlich und ganz bewusst mit einem utilitaristischen Unterton auf die Verfügbarkeit einer bewerteten Sache im Sinne einer über deren lediglich Vorhandensein hinausgehenden Disponibilität für eine bestimmte Absicht. Folglich ergibt sich der Wert einer Sache aus einer Abwägung ihrer Brauchbarkeit als Mittel zu einem definierten (aber keineswegs immer demselben) Zweck; genauer: der *relative* Wert ist ein Effekt der alternativen Verwendbarkeit einer Sache (die dadurch zu einer Ressource wird). Verwendbarkeit setzt Verfügbarkeit voraus, was die Bedeutung von Eigentum und daran geknüpfte Verfügungsrechte hervorhebt; die Alternativen wiederum verweisen auf ein ökonomisches Entscheidungsproblem: die Allokation begrenzter Mittel gemäß bestimmter Präferenzen der gegebenen Wahlmöglichkeiten. Diese Wahlmöglichkeiten sind kollektiv konditioniert; nicht zuletzt deswegen ist auch Wert immer sozial konstruiert und als Ergebnis von Abstimmungs- und Verhandlungsvorgängen (die durchaus auch implizit – durch eine „unsichtbare Hand" – stattfinden) prinzipiell dynamisch.

Aufbauend auf die kultur-ökonomische Analyse von THROSBY lässt sich ‚Wert' verallgemeinert so definieren, dass sich die Diskrepanzen zwischen den in die Forschungskooperationen einzubindenden antagonistischen Wissenskulturen als *Differentiale* unterschiedliche Wert-Komponenten ausdrücken und so verhandelbar machen lassen. Gleichgewichte zwischen den gekoppelten Akteuren unterschiedlicher Wissenskulturen setzen, nach dieser Auffassung, ein entsprechend differenziertes Wertkonzept voraus. THROSBY schlägt vor,[97] die beiden Dimensionen des ökonomischen und des kulturellen Werts auseinanderzuhalten; damit wird eine grundsätzliche Divergenz zwischen materiellem und immateriellem Wert sichtbar, wobei diese angesprochene Divergenz aus der Inkommensurabilität der Dimensionen folgt: die immaterielle Dimension ist im Grunde nicht in Tauschwert konvertierbar bzw. entzieht sich, damit korrespondierend, außer unter Anwendung normativer Sanktionen jeder privaten Aneignung. Nun ist Wissensproduktion zweifellos auch eine Produktion kultureller Werte; das Kardinalproblem kooperativer Forschung kann daher konzeptualisiert werden als inhärenter *Konflikt* dieser unterschiedlichen Wert-Kategorien (und: der Konflikt muss auf irgendeine Art produktiv aufgelöst werden, wenn die Kooperation gelingen soll).

Die dargestellte Dichotomie ökonomischen vs. kulturellen Werts bildet einen fruchtbaren Ansatzpunkt;[98] gleichwohl wird hier aber eine modifizierte Perspektive vorgeschlagen: Ökonomie ist fraglos ein Teil der Kultur, der ökonomische Wert daher auch ein inhärent kultureller Wert, zumindest hinsichtlich seiner Hervorbringung. Umgekehrt lässt sich Wert in der Analyse idealtypisch jedoch in (zumindest) drei inkommensurable Komponenten aufspalten:

- einen *Verkehrswert*, worauf sich die marktwirtschaftlichen Theorien des Tausches und der Nutzenteilung gemeinhin begründen;
- einen *ideellen* Wert, der sich in einer symbolischen bzw. ästhetischen Weise artikuliert und der von der Tauschbarkeit an sich völlig unabhängig ist, sowie
- einen *sozialen* Wert, der ein kollektives Potential repräsentiert und somit Ausdruck einer interpersonellen Verfassung oder Organisation ist.[99]

Im Unterschied zur traditionellen ökonomischen Analyse, die sich allein auf den Tauschwert bezieht und dabei annimmt, dass z.B. auch ideelle

Werte sich in den Tauschpreisen (jedenfalls im Marktgleichgewicht) ausdrücken, ist – in diesem Punkt THROSBY folgend – Wert immer mehrdimensional konzipiert; praktisch liegen also stets Kombinationen dieser Wert-Dimensionen vor, deren Gewichtungsanteile von Fall zu Fall variieren.[100] Nicht-materielle Werte repräsentieren ebenso wie Tauschwerte durchaus auch Nutzwerte, hingegen – insoweit sie nicht kommodifizierbar sind – keine Verkehrswerte; insbesonders Sozialbeziehungen sind nicht kommodifizierbar, da sie immer „persönlich" eingelöst werden müssen. Im Wissen ist es gerade die oben erörterte Performativität, die seinen Nutzwert ergibt, auch und gerade, wenn Wissen in Personen gebunden ist und sich in einem „Vermögen" artikuliert, das als ‚Kompetenz' bezeichnet wird.[101]

In der wissensbasierten Produktion und, mehr noch, in der Produktion von Wissen selbst, ist der ideelle Anteil (z.B. Design, Funktionalität, Planung und Management von Komplexität usw.) der Faktoreinsätze an der Produktion vergleichsweise hoch und zunehmend; aber auch soziale Ressourcen – Stichwort: relationale Renten – gewinnen an Gewicht. Vom Standpunkt der Intermediation liegt die Betonung naturgemäß auf der Dimension sozialer Werte, die im Dienst der kooperativen Generierung ideeller Werte (d.h., von Wissen) entwickelt werden. Analog zu den anderen Wert-Dimensionen kann auch eine *Akkumulation* von sozialem Wert erfolgen; neben das physische, fiskalische und intellektuelle tritt also auch ein soziales Kapital,[102] das in Form von Beziehungskapital zum zentralen Einsatz der Intermediation in der kooperativen Forschung wird: die Rente des Beziehungskapitals liegt in Umfang und Qualität der damit erzielten und vollzogen Kooperationen.

Im Sinne der vorgenommenen Analyse des Werts stellen sich alle an der kooperativen Forschung beteiligten Akteure – Unternehmen, Universitäten und Forschungseinrichtungen, Intermediäre – als kapitalakkumulativ dar, jedoch bezogen auf *verschiedene* Komponenten von (kulturellem) Wert. Kooperationen lassen sich daher als pareto-effiziente wertmultiple Lösungen im kombinatorischen Raum möglicher Koppelungen interpretieren, die aufzufinden Aufgabe und Rolle des Intermediärs ist. Als ökonomischer Akteur für sich ist der Intermediär aus Gründen der Subsistenz, aber im Allgemeinen auch aus Gründen seines eigenen Interesses an der Kapitalisierung von Sozialwert (d.h. der Entwicklung des ihm zur Verfügung stehenden Beziehungskapitals) notwendig ebenfalls Bestandteil solcher pareto-optimalen Lösungen.

Allein mit der Einsicht, dass die pivotale Konfliktstellung der kooperativen Forschung nunmehr zurückgeführt werden kann auf die Erzielung pareto-optimaler Konfigurationen zur Koppelung akademischer und unternehmerischer Wissenskulturen, ist noch nicht allzu viel gewonnen, solange daraus keine Übersetzung in konkrete Maßnahmen und Verfahrensvorschläge ableitbar ist. Dennoch liegt ein wichtiges Moment darin zu sehen, dass von vornherein inkommensurable Ziele angestrebt werden, die also nicht gegeneinander aufgerechnet werden können; stattdessen muss ein Abgleich gegen die jeweils partnereigenen Anspruchsniveaus als Entscheidungskriterium herangezogen werden, der gleichzeitig die unteilbaren Gemeinschaftsressourcen in Anschlag bringt, die als relationale Renten allseits (aber nicht unbedingt zu gleichen Teilen oder in gleicher Vorteilhaftigkeit für alle Beteiligten nutzbar) anfallen.

1.2.2 Wissen, Forschung, Ingenium

Jedenfalls auf den ersten Blick hat es den Anschein, als würde Wissen eine dem Individuum geschuldete kreative Leistung sein;[103] den „Arbeitsbedingungen" der einzelnen Forscherpersönlichkeit müsste daher erhebliches Gewicht in der Art und Weise der Wissensproduktion zukommen. In der gegenwärtigen Diskussion zumindest der universitären Forschung kann davon ausgegangen werden, dass – unbeschadet der sich laufend vollziehenden Anpassungen des Rollenbilds der „kreativen Klasse"[104] – die Schöpfung als kreativer Akt des Individuums konzeptualisiert wird. Wissen entsteht freilich nicht nur im kreativen Akt,[105] aber gerade in der Forschung produziert der kreative Akt (kognitives) Wissen – man könnte vielleicht sagen: Forschung manifestiert sich in jener Form kreativer Akte, die genau die Intention des Hervorbringens neuen wissenschaftlichen Wissens auszeichnet; der Erfolg des Forschens ist ein Erfolg der kreativen Anstrengung oder, neutraler, der kreativen Umstände.[106] In diesem Sinn ist die Wissensproduktion als Forschung durchaus mit der Kunstproduktion vergleichbar – sie generiert symbolische Kulturobjektivierungen,[107] indem sie materielle und immaterielle Güter hervorbringt, die generell mit dem/den Schöpfenden in Verbindung gesetzt werden.

Wissenschaft wird – durchaus im Unterschied zu früheren Epochen – mittlerweile professionell als *Beruf* ausgeübt. Max WEBER hat schon 1917 dazu festgestellt, dass Wissenschaft „... ein fachlich betriebener Beruf im Dienst der Selbstbesinnung und der Erkenntnis tatsächlicher Zusammenhänge" sei, der zudem versuchen müsse, den „Forderungen des Tages" gerecht zu werden.[108] Dies impliziert vor allem zweierlei; zum Einen ein Eingeständnis, dass die Wahlfreiheit der Zielsetzungen in der aufgeklärten Wissenschaft letztlich eine Illusion ist und die wissenschaftliche Forschung immer schon auch gesellschaftliche Arbeit (im Dienst von Rationalisierungs- und Intellektualisierungsprozessen) darstellt, und zum Anderen, dass die Tätigkeiten des Wissenschaftsbetriebs zunehmend unter den Einfluss einer „Kultur der Rechenschaftslegung" geraten: diese „... gesteht der Gesellschaft – vertreten durch vielerlei Akteure, Anwender, Nutzer – Praktiken der Einmischung zu, die den Kern dessen berühren, was erforscht werden soll und wie."[109]

Der „professionelle" Zugang zur forschenden Berufspraxis führt zu einer ökonomischen Kalkülisierung der schöpferischen Tätigkeit, wie sie THROSBY in der Idee eines „rationalen" Modells der Kreativität ausformuliert:[110] wenn schon davon ausgegangen wird, dass sich die schöpferische Aktivität in einem ökonomischen Raum vollzieht, muss konsequent auch den Akteuren ökonomisches Verhalten zugebilligt werden oder, wie THROSBY schreibt: „... it might be expected that economic as well as cultural influences will affect the way creative ideas are formed and rendered."[111] Dies läuft darauf hinaus, den Akteuren rationalistisches Verhalten zu unterstellen, indem sie über einer individuellen Nutzenfunktion zur Hervorbringung materieller bzw. immaterieller Güter (d.h., Werte; siehe vorigen Unterabschnitt) über begrenzten Ressourcen – vor allem: produktiver *Zeit* – eine Strategie der Nutzenoptimierung fahren, bewusst oder nicht. Die Präferenzen sind in diesem Modell als Mischungen der Produktion immaterieller (kultureller bzw. wissenschaftlicher) und materieller Werte (d.h.: Ware) zu sehen, die individuell variieren und vor dem zeitgenössischen kulturellen Kontext gebildet werden. Die Einbeziehung ökonomischer Variablen (Gewinnabsicht) in das Modell erlaubt also eine Berücksichtigung sowohl intrinsischer als auch extrinsischer Motive der Produktion, die das Verhalten eines schöpferischen Agenten erklären.

Wird anwendungsorientierte Forschung als Form der Wissensproduktion betrachtet, die sich primär an der Nachfrage nach neuem Wissen oder nach wissenschaftlicher Legitimierung technischer Verfahren orientiert, dann eröffnet diese augenscheinlich viel bessere Möglichkeiten zur Optimierung außerwissenschaftlicher Nutzenziele als eine „asketisch" theoretisch-abstrahierende Wissensproduktion mit ihrem Fokus auf die Erzielung von Konsensleistungen als inhärent öffentlichem Gut: die innerwissenschaftlichen Nutzenziele sind durch eine eher „unelastische" materielle Ertragsfunktion gekennzeichnet, die allenfalls Subsistenz – aus öffentlichen Mitteln alimentiert – gewährt. Als anderen Extremfall ergibt sich Wissenschaft „als Geschäft", wie es sich im Expertentum verkörpert, das (verfügbares oder auftragsbezogen generiertes) Wissen für die Legitimierung politischer Positionen[112] als Einsatz zur individuellen Einkommenserzielung verwendet.

Das rationalistische Modell der marginalistischen Kreativökonomie, wie es THROSBY entwirft, versucht eine Verbindung zwischen der Einzelsicht und der gesellschaftlichen Perspektive herzustellen und trägt insofern der Pluralität der Verhaltensweisen der Akteure Rechnung: die Forderung an die einzelne Forscherpersönlichkeit, ihre Nutzenpräferenz „passend" zurechtzulegen, realisiert sich über dem von STOKES beschriebenen Spektrum von erkenntnis- bis anwendungsorientierter Wissenschaft. Allerdings versucht STOKES, diesen Spannungsbogen dadurch individuell auflösbar zu machen, dass er – exemplifiziert am Protagonisten *PASTEUR* – als Hybrid die „use-inspired basic research" propagiert; eine solche Chimäre würde freilich den kreativen Akteur der Mühe der Präferenzformulierung völlig entheben. Die offensichtliche Schwierigkeit dieses Konzepts resultiert aus der (unauflösbaren?) Frage nach dem Abstraktionsniveau des angepeilten Nutzens; EINSTEINS Beiträge zum physikalischen Weltbild der Moderne haben zweifellos nicht nur beträchtliche innerwissenschaftliche Auswirkungen gezeitigt,[113] obwohl in EINSTEINS „Nutzenpräferenz" vermutlich alles Gewicht auf der Produktion *nur* immaterieller Werte (der speziellen und allgemeinen Relativitätstheorie) gelegen hat. Dies spiegelt das grundlegende methodische Problem, dass der individuelle Nutzen einer kulturproduktiven Tätigkeit de facto von der *kollektiven* Bewertung des Produkts abhängt und insofern nicht leicht antizipierbar ist. Für EINSTEIN, so darf vermutet werden, lag das Motiv (bzw. der Nutzen) seiner Überlegungen in der Überwindung eines die Disziplin lähmenden Dissens in der Erklärung physikalischer Phänomene infolge neuerer empirischer Evidenz. Zu herrschenden Auffassungen und Denkstilen alternative kreative Entwürfe können in ihrer Wertbestimmung grundsätzlich immer nur auf introspektive Quellen zurückgreifen; von intellektueller Selbstbefriedigung des Akteurs abgesehen ist überhaupt kein Nutzenmotiv sinnvoll angebbar, das über die Hoffnung auf eine nachgelagerte Wertschätzung der Schöpfung durch die Gemeinschaft hinausgeht.[114]

Praktisch – und auch darauf weist THROSBY hin[115] – ergibt sich die individuelle Nutzenpräferenz aus einer *Mischung* professioneller Tätigkeiten, die ihrerseits jeweils unterschiedliche Positionen des Nutzenspektrums betreffen; ein kreativer Akteur teilt seine Ressourcen (insbesonders: produktive Zeit) i.A. auf ein Portfolio an Tätigkeiten auf, die unterschiedliche Verhältnisse von materieller und immaterieller Produktion aufweisen, z.B. eine Kombination aus akademischer Laborforschung und beauftragter Gutachter-Tätigkeit. Damit tritt die fundamentalistische Unterscheidung zwischen inner- oder außerwissenschaftlichen Orientierungen auf der Ebene des einzelnen Akteurs eher in den Hintergrund, akzentuiert aber gleichzeitig die Frage des Einflusses des institutionellen Umfelds auf die individuellen Entscheidungen über die Ressourcenallokation der Akteure. Die ökonomischen Effekte dürften dabei keineswegs eindeutig sein; bei einer sehr innerwissenschaftlich motivierten Forscherpersönlichkeit ist etwa bei einer relativ steigenden Ertragsquote anwendungsbezogener Aktivitäten mit einer *Abnahme* solcher Engagements zu rechnen, da der (Zeit-) Einsatz zur Erwirtschaftung der materiellen Subsistenz verkleinert werden kann, um den individuellen Gesamtnutzen mit seiner dominant erkenntnisproduktiven Komponente zu erhöhen. Dedizierte „Grundlagenforschung" (wenn sie so genannt sein soll) zeichnet sich in diesem Sinne genau dadurch aus, dass sie bei ihrer Nutzenpräferenz möglichst keine Konzessionen an die Subsistenzerhaltung machen möchte: Forschung als kreativer Akt soll dann maximal unbeeinflusst bleiben von solchen ökonomischen Faktoren, die nicht unmittelbar mit der Produktion immaterieller Werte zu tun haben.[116]

Versuche einer rational-ökonomischen Erklärung „kreativen Verhaltens" lassen sich durchaus kritisch hinterfragen; die Reduktion des Optimierungsmodells auf eine individuelle Nutzenfunktion mit gewichteten additiven Komponenten aus materiellen und immateriellen Wertbeiträgen der Produktion mag einen heuristischen Erklärungsgehalt aufweisen, leidet aber am typischen Manko neoklassischer Modelle, dass die Nutzenpräferenzen exogen bestimmt sind. Zudem ist Kreativität kein so einfach disponibler Produktionsfaktor – man kann rational *oder* kreativ sein (und es kann rational sein, kreativ zu sein!), der Imperativ „sei kreativ!" ist aber paradox. Bestenfalls kann ein „kreatives Milieu" geschaffen werden, das es den Akteuren erlaubt, die für sie „interessanten" Probleme aufzugreifen und in Muße zu verfolgen, worin sich die subjektiv wahrgenommene „innere Notwendigkeit" der Befassung mit einem Thema ausdrückt, die letztlich auch zur emotionalen Befriedigung führt, ohne die das erforderliche Niveau an Leidenschaft für die Sache längerfristig nicht aufrecht erhalten werden kann. Diese Sicht der Dinge unterstreicht die Rolle des Individuums im kreativen Prozess und favorisiert das Konzept einer am besten sich selbst überlassen bleibenden Kreativität,[117] bettet diese aber in eine (Wissens-)Kultur – also einen sozial determinierten Kontext – ein, die weitgehend umgrenzt, was das Individuum auf welche Weise kreativ zu leisten imstande ist.[118]

Damit wird dem Umstand Rechnung getragen, dass Kreativität ein de facto unbewusster und prinzipiell unbeobachtbarer neuro-psychophysischer simultan-rekombinativer Prozess der Interferenz von (durchaus bewusst aus dem kulturellen Kontext aufgenommenen) mentalen Repräsentationen ist, der sich in einer „kognitiven Gleichgewichtslage" stabilisiert und somit in Form einer kulturellen Äußerung artikulierbar wird.[119] In ihren besten Momenten manifestiert sich individuelle Kreativität als ▸ *Serendipität*, die Merton als „the discovery through chance by a theoretically prepared mind of valid findings which were not sought for"[120] beschreibt. Man könnte auch sagen, Kreativität hat immer den gewissen „unorthodoxen Moment" (oder besteht aus diesem), der einen neuen Aspekt in Verkehr bringt, wenn auch mit ganz unterschiedlichen Zielrichtungen, z.B. in sehr deduktiven bzw. kontrollorientiert-epistemischen Wissenskulturen – die auf relativ wenigen wesentlichen Prämissen formalisierte Argumentationen aufbauen und dabei akkumulativ und synthetisch vorgehen – mehr die Auflösung fundamentaler Probleme oder Widersprüche eines Diskurses betreffend, in anderen z.B. hermeneutischen Diskursen dagegen Alternativinterpretationen oder „Gegenentwürfe" bereitstellend.

Die Individualität der kreativen Leistung liefert ein weiteres Stichwort zu einer kritischen Betrachtung von Modellen ökonomischer Rationalität der Wissensproduktion. Die Wissensökonomie greift, in Analogie zu physischem Kapital, in der Produktion auf *Humankapital* zurück: diese Bezeichnung umschreibt die in Personen gebundenen – oder „verkörperten" – kognitiven ebenso wie die unartikulierbaren, für den produktiven Prozess mobilisierbaren Fähigkeiten.[121] Um zur Entfaltung zu kommen, setzt dieses „Humankapital" und insbesonders deren kreative Kapazität eine willentliche Mobilisierung durch die Person voraus, was in ökonomischer Hinsicht notwendig eine Selbst-Verwertung des Individuums impliziert: mit dem „Sich-selbst-Einbringen" in die Produktion durch Verinnerlichung der Verwertungslogik begreift sich das Individuum als sein eigener Kapitaleinsatz und tritt somit zu sich selbst in ein Vermarktungsverhältnis.[122] In der Tat lässt sich empirisch herausarbeiten,[123] dass kreative Individuen durch ein äußerst aufgabenbezogenes Verhalten charakterisiert sind, dem extrinsische (oder „Ego"-) Faktoren wie Reputation oder Belohnung gegenüberstehen. Die strukturellen Parallelen zwischen wissensökonomischer Wertschöpfung und wissensproduktiver akademischer Forschung sind offensichtlich.

Darüberhinaus besteht für die Forschung auch noch eine weitere, moralische Dimension der Verpflichtung der „Welt" gegenüber – sie ist es, auf die Max WEBER (1917) in seiner Anspielung auf die „Forderungen des Tages" (siehe oben) verweist und die den Nexus auch zur kooperativen Forschung herstellt: die Bereitschaft der Forschenden, sich der Probleme der außerwissenschaftlichen Welt anzunehmen und konstruktive Beiträge zu aktuellen gesellschaftlichen Problemen zu liefern. An diesem Punkt kreuzt sich die gesellschaftliche Verantwortung mit der oben angeführten „Kultur der Rechenschaftslegung": die den Institutionen der Wissensproduktion auferlegten Rechenschaftsobliegenheiten werden im Innenverhältnis auf die einzelnen Forscherpersonen überbunden und verquicken sich dort mit den innerwissenschaftlichen Reputationssystemen, die – zumindest im Ideal – nach meritokratischen Gesichtspunkten organisiert sind. Die verschiedenen gesellschaftlichen Subsysteme von Wissenschaft und Wirtschaft mit ihren jeweiligen internen Codierungen der sozialen Ausverhandlung[124] (zur Gewährleistung der Autonomie und Abgeschlossenheit dieser Subsysteme) werden auf diesem Weg hegemonial dem Primat ökonomischer Rationalität unterworfen und damit genau jener auch intern legitimierte Wettbewerbsdruck hervorgebracht, der eine externe Steuerung auch der akademischen Wissenskultur nach primär außerwissenschaftlichen Gesichtspunkten ermöglicht.

Über die angesprochene Kultur der Rechenschaftslegung, die sich naturgemäß auch und besonders über die Wissenskoppelungen der kooperativen Forschung erstreckt, erfolgt also eine mehr oder weniger ausgeprägte Einflussnahme auf die Allokation der wissensproduktiven Ressourcen der Einzelakteure (über alle institutionellen Hierarchie-Ebenen hinweg) – weil Forschung Mittel braucht, hängt die Form ihrer Alimentierung immer auch von den verfügbaren Quellen ab und über diese sickert die nach rationalistischen Gesichtspunkten organisierte Kapitalverwertung in die akademische Wissenskultur ein und transformiert diese: es werden zwar im Prinzip immer noch die „Erkenntnisgewinne" optimiert, aber unter den geänderten Randbedingungen der ökonomischen Basis, die eine Anpassung der Gewichtung in der Nutzenfunktion zwischen ihren materiellen und immateriellen Komponenten erforderlich macht – es sei denn, der in die kooperative Forschung zwischengeschaltete Intermediär vollbringt das Kunststück, den (akademischen) Pelz zu waschen, ohne ihn dabei nass zu machen.

1.3 Wissenslogistik

Damit der Intermediär in der kooperativen Forschung seine Rolle überhaupt wahrnehmen kann, bedarf es zweier wesentlicher Voraussetzungen: einerseits der *Fundstellen* von und andererseits der *Transportmittel* für Wissen. Technisch-funktionell betrachtet orchestriert ein Intermediär verschiedene Wissensressourcen zu konkreten Kooperationen und choreographiert diese nicht selten über deren gesamte Bestandsdauer; in diesem Sinn kann die Intermediation der kooperativen Forschung als Disposition von Interventionen über einer „Matrix" aus wissensproduktiven Ressourcen (d.h.: Orten der Forschung) und auf diese Ressourcen abgestimmten Mobilisierungsstrategien interpretiert werden. Die Intermediation betrifft dabei in aller Regel mehrere organisatorische Ebenen; wenngleich die Koppelung der Akteure – und damit jene der Wissenskulturen, mit denen gleichzeitig auch mehr oder weniger spezifische Koordinationspräferenzen einhergehen – formal auf Ebene der Institutionen erfolgt, so vollzieht sich die Kooperation letztlich praktisch über Interaktionen auf der Ebene einzelner Personen, in denen sich die soziale Praxis der Kooperation manifestiert.

Mit der wachsenden Relevanz von Wissen als produktivem Faktor geht generell eine Institutionalisierung der Bewirtschaftung der Ressource Wissen einher; in der traditionellen Logik des Managements sind Beschaffungsvorgänge betroffen, die unter der Bezeichnung ‚Wissensmanagement' zusammengefasst werden.[125] Infolge der Dezentralisierung der Wissensquellen und der Fülle des Wissensangebots steht das Wissensmanagement aus unternehmerischer Sicht zunehmend vor der Aufgabe, Wissen zu tragbaren Transaktionskosten von jenseits der eigenen Organisationsgrenzen zu absorbieren. Diese Transaktionskosten sind von der spezifischen Natur des Wissens und seiner (im Allgemeinen geringen) Beweglichkeit gekennzeichnet; die wissensintensive Produktion muss daher nach effizienten Wegen des Wissenserwerbs suchen, die auch tiefgreifende Veränderungen in den Wertschöpfungsstrukturen nach sich ziehen können. In der kooperativen Forschung, die eine Zusammenführung akademischer und unternehmerischer Wissenskulturen beabsichtigt, bezieht sich dieses Wissensmanagement auf Funktionen des Übergangs von vornehmlich öffentlichem in privates Wissen – es sei denn, die in die Kooperationen eingebundenen Unternehmen befleißigen sich ihrerseits einer „offenen" Wissenspolitik[126] – oder doch jedenfalls in eine eigennützige Verfügungssphäre; diese Asymmetrie kennzeichnet in jedem Fall die spezifischen Bedingungen der intermediären Rolle.

Die beiden nachfolgenden Unterabschnitte sind dementsprechend den elementaren „Matrix"-Bausteinen der Intermediation gewidmet; zunächst werden die Wissensorte aus Unternehmenssicht im Hinblick auf die Frage der Außengrenzen eines Unternehmens betrachtet und danach der Frage nachgegangen, wie ein Intermediär bestimmte soziale Relationen, die solche Außengrenzen von Unternehmen übergreifen, gestalten und moderieren kann.

1.3.1 Wissenslokalisierung

Wissen entsteht und residiert an völlig unterschiedlichen Orten; die Eigengesetzlichkeiten der Produktion von Wissen führen denn auch immer schon zu einer Absonderung der Orte der Wissensproduktion von den sonstigen Orten von Produktion. Dadurch (erst) ergibt sich eine Entkoppelung der Orte der Wissenentstehung und der Wissensnutzung. Nicht zu übersehen ist allerdings, dass das meiste produktionsrelevante Wissen die längste Zeit direkt im Verwendungszusammenhang entstanden ist und entsteht; dies wird gemeinhin als „learning-by-doing" bezeichnet. Gerade auch Unternehmen sind Orte einer endogenen Wissensentwicklung, die zu meist schwer imitierbarem Wissen auf vor allem betrieblich-organisatorischer Ebene (d.h. in den Kompetenzen) führt.[127] Die Wissenschaft konnte, jedenfalls in ihrer frühen, formativen Zeit eher wenig zur Verbesserung der Produktion oder der Entstehung innovativer Lösungen beigetragen;[128] mittlerweile ist dies aber anders zu sehen.

Aus wirtschaftlicher Sicht ist auch nicht immer nur wissenschaftliches Wissen von Interesse (eher im Gegenteil), obwohl dessen Relevanz wettbewerbsbedingt steigt, wofür sich im Wesentlichen folgende Gründe anführen lassen:[129]

- eine wissenschaftlich fundierte Methodik reduziert den Aufwand empirischer Suchprozesse durch eine theoriegeleitete Einschränkung von Suchfeldern und führt damit zu effizienterer Entdekkung und Innovation;[130]
- ein wissenschaftlicher Ansatz verhilft im Allgemeinen auch zu einer besseren Steuerung der Produktentwicklung und der Produktionsprozesse, z.B. eine bessere Qualitätsvorhersage über Simulationen und dergleichen;
- wissenschaftliche Forschung ermöglicht oft eine raschere Reaktion auf Marktsignale und das Entstehen neuer Bedürfnisse;[131]
- nicht zuletzt, auch wenn dies nicht der Regelfall ist, liefern wissenschaftliche Erkenntnisse einen Ausgangspunkt für völlig neue Produkte oder Produktionsprozesse, d.h. *radikale* Innovationen.

In epistemischer Hinsicht gilt auch die entgegengesetzte Argumentation, dass nämlich wissenschaftlich fundiertes und legitimiertes Wissen ökonomisch umso werthaltiger ist, als es effektive Beiträge zu diesen unternehmerischen Zielsetzungen leisten kann.

Die nachstehenden Überlegungen beziehen sich dessen ungeachtet in sehr allgemeiner Weise auf die verschiedenen Lokalisierungen von Wissen, da die getroffenen Einteilungen in allen Wissenskulturen in gleicher Weise, wenn auch mit teilweise unterschiedlicher Funktion zum Vorschein kommen.

Vereinfacht tritt Wissen in drei kategoriell unterschiedlichen Konfigurationen auf, nämlich (i) in „Köpfen", d.h. als *personales* und somit nicht notwendig artikulier- und kommunizierbares Wissen; (ii) in *sozialen Praktiken*, d.h. als Fähigkeit von Organisationen oder Gruppenstrukturen individueller Akteure, bestimmte Ziele sachgerecht durch ihre Handlungsmöglichkeiten zu verfolgen; sowie (iii) *Artefakte*, d.h. Sachen materieller oder immaterieller Natur, in denen Wissen „kristallisiert" eingeschrieben und auf diese Weise verfügbar gemacht ist.

Wissenshaltige Artefakte lassen sich weiter untergliedern in einerseits *apparative* und andererseits *informationelle* Artefakte. Wissen ist in unterschiedlicher Weise immaterieller Bestandteil von Instrumenten und Apparaturen, was unter anderem dadurch ersichtlich ist, dass es sich – wenngleich meist nicht ohne Schwierigkeiten – durch Reversionstechnik rekuperieren lässt. Die Komplexität des in Apparaturen eingeschriebenen Wissens zieht ein *Design* (der Nutzungsschnittstelle) nach sich, welches die Aufgabe hat, das Artefakt effektiv in die Nutzungskontexte zu integrieren.[132] Offensichtlicher ist der Wissensgehalt immaterieller Artefakte wie etwa Entwürfe, Planzeichnungen, Handbücher, Patente oder auch Software, wobei letztere eine ambivalente Position zwischen apparativem und informationellem Artefakt einnimmt, wie sich unter anderem an der Frage nach der Patentierbarkeit von Software zeigt: als apparativer Bestandteil (im Sinne „computerimplementierter Erfindungen“) wird Patentierbarkeit von Software eher bejaht, ansonsten sind nach herrschender Auffassung nur allgemeine Schutzrechte geistigen Eigentums (d.h. das Urheberrecht) anwendbar.

Soweit (kognitives) Wissen nicht von vornherein symbolisch codiert in Erscheinung tritt, wie dies insbesonders für die wissenschaftliche Publikationstätigkeit gilt, ist eine Kodifikation in informationelle Artefakte erforderlich, um solches Wissen sichtbar (bzw.: tangibel) zu machen; eine Fixierung des Wissens ist darüber hinaus in jedem Fall Voraussetzung für die Wissensreproduktion. Diese kann, nach FORAY,[133] auf drei Wegen erfolgen: (i) über direkte *Interaktion* in einem Lehrer/Schüler-Kontext aufgrund einer engen Rückkoppelung von Aktion und Reaktion; (ii) über die Form der *Demonstration*, d.h. eine Form der Faksimile vorbildhaften Handelns, das zur Nachahmung angeboten wird, sowie (iii) über explizite *Kodifikate*, also kognitive Verschriftlichungen der Wissensinhalte. Die relative Stellung dieser Wissensreproduktionsformen zueinander wird in Abb. 1-3 veranschaulicht. Nicht von ungefähr kommt der interaktiven Reproduktion eine zentrale Position zu; sie steht einerseits in der oralen Tradition kultureller Reproduktion generell und erlaubt auch einen „Medienmix“ durch Einbeziehung kodifizierter und demonstrativer Elemente. Den Kodifikaten kommt allerdings insofern ein dramatischer Bedeutungsgewinn zu, als durch die wachsenden Möglichkeiten der formalen, rechnergestützten Symbolverarbeitung die Kodifizierung „... provides a spatial device to screen and classify information, opening new opportunitites for the modeling or representation of knowledge, a condition for rapid knowledge production and accumulation.“[134] Die relative Frugalität computergerechter Kodifikate wird kompensiert durch die Leistungsfähigkeit der algebraischen Maschinerie zur Rekombination und formalen Transformation des Wissens auf der Grundlage flexibler Repräsentati-

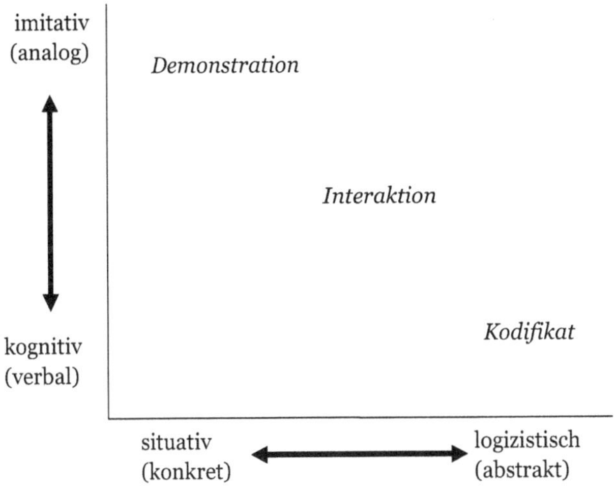

Abbildung 1-3: Spektrum der Wissensproduktion

onsformalismen.[135] Diese Vorteile habe naturgemäß ihren Preis; zum Einen zieht die Kodifikation einen beträchtlichen Aufwand nach sich, zum Anderen führt sie zu einer nicht immer erwünschten Offenlegung spezifischer Kenntnisse („Betriebsgeheimnisse"), die bspw. sogar einer Patentierung im Wege stehen können.[136]

Im Unterschied zu personell gebundenem oder kodifiziertem Wissen ist das in soziale Praktiken eingewobene Wissen, in der Begrifflichkeit von BADARACCO, „verankertes" Wissen,[137] weil es sich von der sozialen Struktur de facto nicht abtrennen lässt: „Verankertes Wissen residiert ... in speziellen Beziehungen zwischen Einzelpersonen und Gruppen sowie in ganz bestimmten Normen, Einstellungen, Informationsflüssen und Entscheidungsprozessen, die ihr Verhalten zueinander regeln." Daraus ergibt sich auch, dass Firmen „... Hochburgen verankerten Wissens" sind. Und weiter: „Eine Firma ist die Verkörperung von Wissen; sie kann sich Kenntnisse aneignen, in Erinnerung behalten und Dinge wissen, von denen keine der ihr angehörenden Mitarbeiter oder Teams etwas wissen."[138] Firmen reproduzieren ihr Wissen vor allem über tradierte Prozesse und Praktiken[139] und, institutionell gesehen,[140] bestehen Unternehmen als integre soziale Einheiten nicht zuletzt deshalb, weil sie auf diese Weise Formen der Kooperation – auch natürlich unter Einbeziehung von Personen und Artefakten – effizient als „Unternehmenskultur" realisieren, die als epistemische Praxis so in die Organisation eingewoben ist, dass die Transaktionskosten der Wissensnutzung vergleichsweise gering gehalten werden. Mutatis mutandis gilt dies auch auf Ebene einzelner Teams innerhalb einer Unternehmensorganisation; auch hier kann festgestellt werden: „Ein Großteil des Wissens, das in Teams verankert ist, kann nur von seinen Mitgliedern erkannt werden, und häufig weiß keiner von ihnen all das, was das Team weiß." Dies setzt vor allem einer Kodifikation enge Grenzen: jede formalisierte Erfassung solcher sozialen Praktiken bringt im Zuge der Rationalisierung institutionalisierter Handlungsmuster auch eine unvermeidliche Rigidität mit sich, die letztlich sogar in eine fatale Reduktion der Flexibilität und Adaptivität einer Organisation münden kann.

Der über weite Strecken soziale Charakter von Wissen und seine damit verbunden schwierige Disponibilität machen Unternehmen zu „informationsverarbeitenden Systemen",[141] die ihr eigenes Wissen produzieren und reproduzieren und somit immer auch eine je eigene Wissenskultur hervorbringen. Infolge zunehmender Arbeitsteiligkeit und Wissensabhängigkeit werden die Organisationen intern jedoch immer ausdifferenzierter; dies führt wiederum zu steigender Komplexität der Kommunikation und Koordination bzw., mit anderen Worten, zu steigenden Transaktionskosten der Wissensbewirtschaftung. Eine unternehmerische Gegenstrategie besteht in einer Öffnung der Organisationen gegenüber externem Wissen, wofür sich in der Hauptsache drei Argumente anführen lassen:[142]

- eine globale, aber auch stark fragmentierte Wissensbasis, die schnell wächst, sich über eine breite Palette unterschiedlicher Wissensproduzenten erstreckt und in ihrer Wachstumsdynamik auch für große Unternehmen eine vollständige Internalisierung der Wissensentwicklung aus Zeit-, Kosten- und Entwertungsgründen (kurze „Halbwertszeiten") ökonomisch verunmöglicht;
- eine zunehmende Verfügbarkeit höchst *mobilen* spezialisierten Wissens (in Form von „Köpfen" und – insbesonders immateriellen – Kodifikaten), das für die Beschaffung in Betracht kommt, aber dafür auch mit Kosten der Entdeckung und vor allem auch der Absorption verbunden ist; sowie
- die Erlangung von Zugang zu „verankertem" Wissen, der in zeitlicher Hinsicht, aber auch in Bezug auf die Vermeidung von Doppelforschung am ehesten über Formen der *Kooperation* mit externen Partnern erreichbar ist, wobei jedoch auch hier mehr oder wenige ausgeprägte Anforderungen an die Absorptionsfähigkeit des Unternehmens bestehen und ein stabiles Arrangement der Arbeitsteiligkeit erforderlich wird.[143]

Eine dieser Kooperationsformen betrifft die Vernetzung mit akademischen Wissenskulturen und führt zum Hauptgegenstand der hier betrachteten *Wissenskoppelungen* zur Erlangung und Schaffung von Wissen mit insbesonders universitären Wissensproduzenten zurück. Eine Voraussetzung für die Operationalisierung einer solchen Vernetzung bildet das Verständnis von Unternehmen als ihrerseits aus einem Netz von Kompetenzen bestehend:[144] eine Unternehmensorganisation strukturiert sich solcherart in dichtere und weniger dichte Beziehungszonen mit jeweils nicht immer scharf umrissenen und jedenfalls überbrückbaren Außengrenzen; Management wird damit primär zu einer Aufgabe permanenter Grenzziehungen, gerade auch im Hinblick auf die Durchlässigkeit von Wissensflüssen und die Interaktion mit externen Partnern.

1.3.2 Wissensmobilisierung

Ganz unabhängig von den typologischen Ausprägungen zu koppelnder Wissenskulturen setzt die intentionale Gestaltung von Beziehungen zwischen unterschiedlichen Akteuren zunächst eine Konzeption sozialer Prozesse voraus, die sich vorteilhaft mit der transaktionalen Natur der gestellten Aufgabe – also der Wissenskoppelung in kooperativen Formen der Forschung – verbinden lässt. Bildhaft gesprochen kann auf diese Weise die Intermediation als auf soziale Relationen bezogene (Folge oder Menge von) Interventionen aufgefasst werden, die gleichzeitig sowohl organisationelle als auch (wissens-)kulturelle Grenzen überbrücken. Die prinzipielle Verschiedenheit der zu koppelnden Wissenskulturen bildet dabei den *konstitutiven* Rahmen der vorgeschlagenen Intermediation. In begrifflicher Hinsicht bietet sich der relationale Ansatz zur Deutung sozialer Prozesse nach TILLY an, der – ähnlich wie auch BADARACCO; siehe Unterabschnitt 1.3.1 – Organisationen als „well-bounded clusters of social ties" definiert.[145] In der Relationalität der Akteure erklären sich deren Verhalten und Identität über die charakteristischen Ausprägungen der sozialen Interaktionen zwischen ihnen; dispositive ebenso wie systemische Deutungsansätze treten demgegenüber in den Hintergrund.

Vorab sei festgehalten, dass die Mobilisierung personalisierten oder kodifzierten Wissens für sich genommen, cum grano salis, keine spezifische Herausforderung darstellt; insbesonders insoweit sich der kulturelle Wert (siehe Unterabschnitt 1.2.1) effektiv den handelbaren Artefakten einschreiben lässt, ist ein marktweiser Transfer (d.h., ein Besitzübergang oder ein dingliches Nutzungsrecht) technisch wie praktisch unmittelbar möglich. Analoges lässt sich für den Arbeitsmarkt in Bezug auf die Mobilität von *human ressources* konstatieren. Wie schon oben angemerkt, kann derart mobilisiertes Wissen über Tauschmärkte gehandelt werden; die Koordinationsaufgabe entspricht dann einer Maklerfunktion, insoferne Angebot und Nachfrage nicht von alleine zueinander finden. Jedenfalls senken die digitale Koordination über das Internet und insbesonders spezifische, darin eingebettete elektronische Marktplätze[146] die Abstimmungskosten enorm und decken ein breites Spektrum an Transaktionsformen von Kontaktbörsen kooperationswilliger Partner über konkrete Wissensinhalte bis hin zu „Problemlösungsauktionen" ab.[147]

Eine Konsequenz der inhärenten Mobilität von Kodifikaten liegt in der Präferenz der Politik des Wissens-/Technologietransfers, eine möglichst umfassende Objektivierung von Wissen zu erzielen.[148] Diese Ambition wird entschieden befördert durch die dank der digitalen Informations- und Kommunikationstechnologien (d.h., insbesonders Internet) stark sinkenden Grenzkosten der Reproduktion und der Distribution, die eine massive Zunahme der Wissensexternalitäten begünstigen.[149] In vielen Fällen sind aber wohl die Wissensformen vermischt: das zeigt sich vor allem in Bezug auf den Wissenserwerb bzw. der Absorbierbarkeit von Wissen: selbst die Aneignung expliziter Teile an Wissen – der Erwerb eines Patents, das Studium der Forschungsliteratur, die Anstellung von Experten – kann mehr oder weniger folgenlos bleiben, wenn eine Integration dieses an sich mobilen Wissens in die interne Praxis misslingt.

Einen Grenzfall in dieser Hinsicht stellen sog. *spin off*-Unternehmen bzw. Ausgründungen aus dem Forschungskontext im Sinne einer *entrepreneurial science* dar, in denen die komplexen Mischungen aus kognitiven, kodierten oder kodierbarem Wissen mitsamt der wissensgenerativen Praxis in Form eines Unternehmens rekontextualisiert wird, mit dem Effekt, dass „... die Einbettung von Forschung in ökonomische Deutungshorizonte die Handlungsmöglichkeiten von Forscher/innen nicht nur einschränkt oder gar negiert, sondern auch eine Erweiterung des wissenschaftlichen Handlungsrahmens mit sich bringen kann."[150] Spin offs lassen sich als unilaterale Hinwendungen von Forschungseinrichtungen zu spezifischen Wissensmärkten interpretieren, d.h. die Initiative zu solchen Ausgründungen geht definitionsgemäß von der unternehmerischen Ambition der Akteure aus dem Forschungskontext aus. Durch die innere Koppelung wissensgenerativer und wissensverwertender Praktiken wird bewusst eine Form der Kooperation internalisiert, die eine explizite Integration der unterschiedlichen wissenskulturellen Identitäten erübrigt, vor allem über den Persönlichkeitstypus des „Wissenschaftsunternehmers" wie ihn STOKES am Beispiel von Louis PASTEUR paradigmatisch fixiert (vgl. dazu Abschnitt 1.1). Eine in institutioneller Hinsicht derartige „kompakte" Art der Wissensmobilisierung lässt sich allerdings nicht unabhängig von konkreten Forschungskontexten bzw. wissenschaftlichen Disziplinen sowie bestimmten Wissensformen (z.B. Wissen, dessen Validierung erweiterte Empiriezugänge erfordert, die das akademische Milieu selbst nicht bieten kann) implementieren. Die Beziehungen der Ausgründungen zu ihren Quellinstitutionen lassen sich außerdem nach Kriterien der Gründungsgenese typisieren, an denen auch die Analysen über Wirkungen auf die epistemischen Praktiken in den betroffenen Fachdisziplinen, aber auch Rückwirkungen auf die Quellinstitutionen der Ausgründungen selbst anknüpfen.[151] In vielen Fällen, d.h. wenn die Ausgründungen nicht speziell mit dem Ziel einer Verselbständigung bzw. Kommerzialisierung oder aus Motiven der Strukturbereinigung o.ä. erfolgen, bleiben spin off-Unternehmen eng mit ihren Quellinstitutionen in wechselseitiger Befruchtung verbunden.

Ausgründungen als Mittel zur Mobilisierung impliziter, sozial gebundener Komponenten wissenschaftlichen Wissens markieren eine „Auswärtsorientierung" von Forschungseinrichtungen; vom Standpunkt der Wissens*einbindung* in eine wissensnutzende Organisation ist diese Orientierung für sich genommen nicht hilfreich. Insofern die Wissensabsorption die integrativen Kapazitäten einer Organisation sprengt, kommen Ansätze der Intermediation ins Spiel. Als soziales „Spiel" betrachtet, bedeutet im gegenständlichen Kontext Intermediation die Kunst der Koppelung akademischer und unternehmerischer Wissenskulturen mit der Zielsetzung, die Unterordnung des einen unter das andere Selbstverständnis zu vermeiden; vielmehr muss sich das Bestreben (der Intermediation) danach richten, über den bestehenden intrakultrurellen Identitäten eine gemeinsame überbrückende, d.h. interkulturelle Kooperationsidentität zu entwerfen und zur Entfaltung zu bringen.

Charles TILLY folgend geht diese Koppelungsabsicht von einer dauerhaften Ungleichheit aus: um ihre je eigene Spezifizität zu realisieren, stabilisieren sich die Wissenskulturen nach ziel- und aufgabenbezogenen Kriterien, aus denen sich auch ihre Identitäten schöpfen; zur Identitätsbildung gehören insbesonders kategorische Differenzen, durch die sich Abgrenzungen ausdrücken und sozial sichtbar machen lassen: „where they are applied, paired, unequal categories do crucial organizational work, producing marked and durable differences in access to valued resources."[152] Während es in der soziologischen oder politikwissenschaftlichen Diskussion vor allem Unterscheidungsmerkmale wie Ethnizität, Geschlecht, Bildungsniveau usw. sind, durch die solche kategorischen Differenzen artikuliert werden, bezieht sich der kritische Unterschied in der Koppelung der Wissenskulturen auf ihre antagonistischen epistemischen Ausrichtungen (vgl. Abschnitt 1.1) und die damit verbundenen Unterschiede der Gewichtung in den Komponenten der Schöpfung kultureller Werte (vgl. Unterabschnitt 1.2.1).

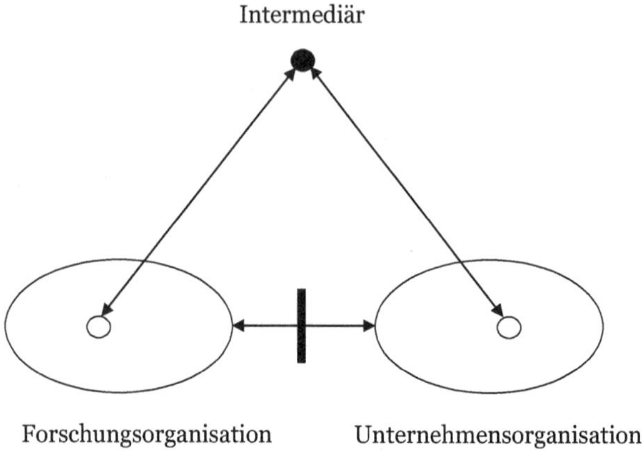

Abbildung 1-4: Relationale Struktur der Forschungsintermediation

In einem operationalen Sinn drückt sich die Koppelung von Akteuren unterschiedlicher Wissenskulturen in einem gemeinsamen Wertschöpfungskontext durch die Entwicklung sozialer Beziehungen zwischen den Organisationen dieser Akteure aus. TILLY entwirft zur Charakterisierung von Beziehungsstrukturen eine Symbolik, die – beschränkt auf die Zwekke der gegenständlichen Argumentation – als Grundelemente neben der Paarung (von Personen oder auch Organisationen) auch die Triade (als wechselseitige Paarung dreier Akteure) sowie auch das Konstrukt der Organisation selbst enthält; letztere ist definiert als „well-bounded set of ties in which at least one site has the right to establish ties across the boundary that bind members of internalities."[153] Paarungen, die sich – implizit – über bestehende, durch Gruppenidentitäten manifestierte kategorielle Differenzen ausdrücken, werden zusätzlich durch einen kurzen Balken zur Markierung der „Abgrenzung" zwischen diesen Identitäten symbolisiert.[154]

Unter Verwendung dieser Symbolik zur Kennzeichnung elementarer sozialer Konfigurationen lässt sich das propagierte Modell der wissenskulturellen Intermediation nunmehr wie in Abb. 1-4 dargestellt visualisieren: die beiden (im bilateralen, dem wohl allgemeinen Regelfall) zu koppelnden Organisationen treten über den Intermediär in Verbindung. Die Darstellung hebt zudem hervor, dass die Organisationen im Allgemeinen nicht in ihrer Gesamtheit gekoppelt werden, sondern durch dafür bestimmte, berechtigte oder prädestinierte Organe – in der Literatur werden diese zumeist als *gatekeeper* bezeichnet[155] – vertreten werden.

Innerhalb dieser auf diese Weise recht plakativ repräsentierten Situation besteht die Aufgabe der Intermediation natürlich vor allem darin, über formale Koppelungen der Parteien hinaus jene inhaltlich produktiven Vernetzungen zwischen Akteuren beider (bzw. ggf. auch mehrere involvierter) Organisationen anzubahnen, die letztlich im Sinne der kooperativen Wissensgenerierung und -anwendung gefordert sind.

In der Institutionalisierung von Forschungskooperationen sind dynamisch verschiedene Trajektorien und Realisierungen denkbar, die fallabhängig zu beurteilen sind. Abb. 1-5 zeigt dazu zwei prototypische Varianten; die linke Konfiguration (5a) entspricht einer Koppelung interner (Forschungs-) Abteilungen der involvierten Organisationen, die letztlich zumeist nur indirekt über den Intermediär gekoppelt sind, während Konfiguration (5b) den Fall einer ausgegliederten gemeinsamen „Kooperationsorganisation" veranschaulicht. Begrifflich entspricht dies einer Differenzierung zwischen

- *unmittelbaren* Wissenskoppelungen unter Einflechtung kooperativer Relationen direkt in die Beziehungsgeflechte der beteiligten Kooperationspartner bzw.
- *mittelbaren* Wissenskoppelungen über eine eigene Kooperationsorganisation (im Sinne selbständiger Einrichtungen wie joint ventures, Kompetenzzentren, etc.);

wobei letztere Variante natürlich in der Umsetzung infolge der Anzahl und Struktur der resultierenden Schnittstellen erheblich aufwendiger ist.

In beiden Szenarien sind überdies unterschiedliche Phasenübergänge vorstellbar; insbesonders kann – immer idealtypisch gesehen – zwischen einer *einschwingenden* und einer *begleitenden* Intermediation unterschieden werden und die Intermediation kann dabei eine *initiative* oder eine *konsultative* Rolle einnehmen, je nachdem, von welcher Seite die Impulse ausgehen. So ist also bspw. vorstellbar, dass ein Intermediär aufgrund seiner Situationskenntnis die Wissenskoppelung zwischen zwei Organisationen aktiv anbahnt (d.h. er ist initiativ), diese Kooperation aber nur in der Einschwingphase – sozusagen in der Rolle eines Inkubators – begleitet und sich wieder ausklinkt, nachdem sich eine tragfähige Kooperationskultur zwischen den gekoppelten Partnern eingespielt hat.

Einem Intermediär von Forschungskooperationen steht eine Reihe von Interventionsmöglichkeiten für seine Geschäftsbesorgung zur Verfügung, die sich – wiederum auf ein von TILLY vorgeschlagenes Konzept berufend[156] – in Form stereotypisierter *Skripte* charakterisieren lassen. Intermediation bedeutet also operativ die Inszenierung bestimmter Skripte

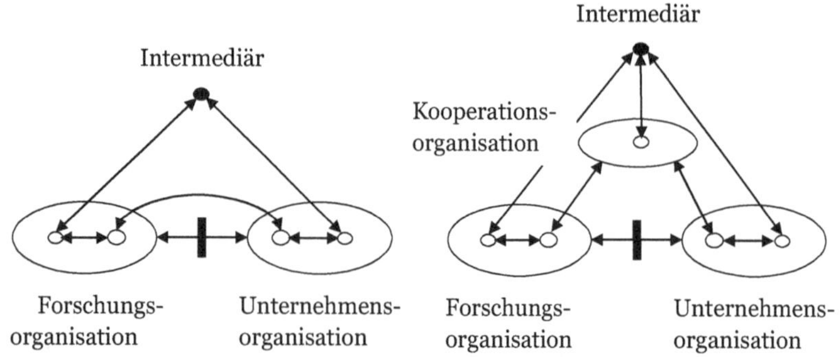

Abbildung 1-5: a) Unmittelbare und b) mittelbare Wissenskopplung

von auf Wissensübergänge und generative Wissenspraktiken bezogenen Interaktionen zwischen den kooperierenden Partnern, die sich, allgemein gesprochen, auf Elemente folgenden Handlungsrepertoires beziehen:

- die Einbringung *komplementärer* Ressourcen;[157]
- die Entwicklung *gemeinsamer* Ressourcen, darunter insb. (i) Vertrauen[158] und (ii) gemeinsame („shared“, d.h. kulturübergreifende) Repräsentationen,[159] die speziell auch die Auflösung konfligierender Wertvorstellungen und -prioritäten betreffen; sowie – vor allem –
- die *gemeinsame* Entwicklung wissenskultureller Praktiken.

Der letztgenannte Interventionsbereich zieht sein Potential spezifisch aus *synchronen* Kooperationsmodi (vgl. Abb. 1-3 in Abschnitt 1.1), die auf eine breite Palette verfügbarer Interaktionsformen zurückgreifen und Elemente wie schnelle Rückkoppelung, nuancierte und in der Unmittelbarkeit der persönlichen Kommunikation vertrauenswürdige Information, Koreferenz, Räumlichkeit der Referenz und dergleichen mehr umfassen.[160] Ökonomisch liegen die Effekte der Intermediation in Form relationaler Renten generell in der Senkung der Transaktionskosten, da diese in letzter Konsequenz aus der Reduktion sozialer Komplexität resultiert (z.B. Ersatz von vertraglichen Regelungen durch Vertrauen, Vorwissen über die Fähigkeiten und Präferenzen des Partners, usw.).

In der zeitlichen Dimension kann die Arbeit des Intermediärs in der kooperativen Forschung unter Bezugnahme auf die Struktur der Interaktionen und den erreichten Grad an gemeinsamem Wissen über den

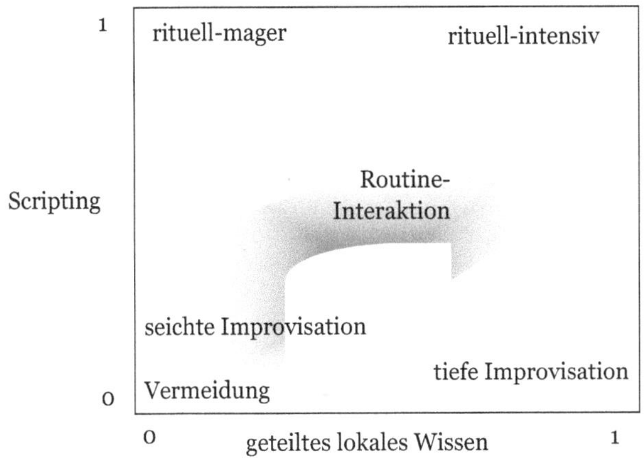

Abbildung 1-6: Interaktionsdynamik von Wissenskooperationen[161]

Kooperationsbereich der Partner wie in Abb. 1-6 dargestellt veranschaulicht werden: eine erfolgreiche Intermediation führt vom „Ursprung" des Systems, der quasi den Zustand vor Aufnahme der Kooperation bezeichnet, über „seichte" Improvisation zu einer Menge routinisierter Skripte, die den Partnern über gemeinsam entwickelte Repräsentationen und Praktiken eine sachgerechte und zielorientierte Zusammenarbeit ermöglicht. Demgegenüber sind „tiefe" Improvisationen erst nach langer Dauer intensiver Zusammenarbeit erreichbar und lassen sich daher kaum in interkulturellen Kooperationen inszenieren; „rituell-intensive" Interaktionen kommen in Anbetracht der Unwägbarkeiten der Wissensproduktion und Kreativität der Wissensnutzung in Forschungskontext generell nicht in Frage. Mit wachsender Dauer, d.h. letztlich auch: erfolgsabhängig, lukrieren die Kooperationspartner zumeist wachsende relationale Renten; es ergeben sich allerdings auch Gefahren eines „spillover lock-in" dadurch, dass sich gewisse Praktiken verfestigen, sich der Spielraum für adaptive Variationen von Interaktionen einengt und gemeinsame Repräsentation und Identitäten allmählich so fixiert sind, dass die Kooperation ihren Sachzielen nicht mehr gerecht werden kann. Auch in dieser Hinsicht ist die Intermediation – vor allem in begleitender Form – gefordert.

ANMERKUNGEN ZU KAPITEL 1

[1] Vgl. Dolfsma et al (2008), S. 1657
[2] Vgl. insb. Beck (1986); polemisch könnte man in der modernen Forschung die gezielte Hervorbringung von (Folge-) Problemen und somit von Folgeforschung sehen: die neuen Probleme sind die Lösungen der alten.
[3] Vgl. Bauman (2003 [2000]), S. 10. Der „dionysischen" Dimension von schöpferischer Zerstörung und zerstörendem Schöpfen geht Harvey (1990) in seiner Analyse der Postmoderne auf profunde Weise nach. Siehe auch Anmerkung 118
[4] Zum Konzept des *Fortschritts* siehe etwa Salvadori (2008 [2006]). Walter Benjamin (1982), S. 592, hat eine Fundierung des Fortschritts in der Katastrophe vorgeschlagen.
[5] Vgl. etwa Metcalfe (1998). Eine interessante These zur inhärenten Beschleunigungslogik der ökonomischen Innovation offeriert Carter (1994): Kräfte der Veränderung – „agents of change" – trachten danach, sich in Verwendung zu halten (vgl. dazu auch Anmerkung 2). Siehe dazu auch die Diskussion in Foray (2006), Kapitel 2, S. 39f
[6] Wie er sich u.a. im Futurismus des frühen 20. Jhdt. bereits künstlerisch ankündigt; vgl. Ohff (1973), insb. S. 11ff. Vgl. auch Harvey (1990), S. 33f
[7] Vgl. Bauman (2003), S. 11
[8] Vgl. Fukuyama (1989); weiterführend auch sein „The End of history and the Last Man" (1992) sowie auch „Our Posthuman Future" (2002).
[9] Neidhardt et al (2008), S. 19
[10] Siehe dazu u.a. Stehr (2001), Castells (2000/01), aber auch Reich (1991).
[11] Lyotard (1999), S. 25; der Bericht ist ursprünglich 1979 erschienen.
[12] Dieses und das folgende Zitat vgl. Lyotard (1999), S. 24
[13] Wissenschaft operiert nicht in einem weltanschaulichen Vakuum. Der Computerwissenschaftler Joseph Weizenbaum sagte einmal in einem Interview: „Wo es nicht juckt, kratzt man nicht." (Film „Weizenbaum: Rebel at Work" von Peter Haas und Silvia Holzinger, 80 Min., ilmarefilm, 2006). Aus der grundsätzlich nicht abschließbaren Menge denkmöglicher Forschungsfragen und Analysethemen muss zu jeder Zeit eine konkrete Auswahl getroffen werden; die Notwendigkeit solcher Wahlentscheidungen (bei begrenzten Ressourcen) definiert Wissenschaft letztlich als eine immanent *ökonomische* Angelegenheit. Die Auswahl der Fragen, die schließlich einer näheren Betrachtung unterzogen werden, d.h. denen wissenschaftliche „Relevanz" zugeschrieben wird, bestimmt sich durch einerseits Ideologie und andererseits „innere Notwendigkeit"; während erstere eine Frage der Weltanschauung der beteiligten Wissenschaftler ist, bezieht sich letztere auf wissenschaftliche Traditionen; siehe dazu insb. auch Kuhns (1970 [1962]) Begriff des Paradigmas bzw. einer daraus resultierenden Pfadabhängigkeit. Hier wird allerdings die Auffassung vertreten, dass die Logik der Entwicklung wissenschaftlicher Diskurse eher *ex post* konstruiert ist: es wären i.d.R. wohl auch andere, retrospektiv gleichermaßen „zwingende" oder plausible Entwicklungen möglich gewesen, die sich – aus welchen Gründen auch immer – aber eben nicht realisiert haben.
[14] Vgl. Lyotard (1999), S. 136

[15] Vgl. Lyotard (1999), S. 131; und weiter (S. 135): „Man kauft keine Gelehrten, Techniker und Apparate, um die Wahrheit zu erfahren, sondern um die Macht zu erweitern."

[16] Vgl. Weiler (2002), Abschnitt 4

[17] Vgl. Lyotard (1999), S. 35. Die soziologischen Einflussfaktoren auf das Wahrheitskriterium sind allgegenwärtig, aber innerwissenschaftlich tabuisiert. Ein Beispiel im Sinne Lyotards benennt Collins (1985) in seiner Studie zu Gravitationswellenforschung. Felt et al (1995), S. 132f, bemerken dazu: „Die Gründe, die WissenschaftlerInnen dazu bewegen, einem Experiment Glauben zu schenken, sind weder rein rational noch rein »wissenschaftlich«. Dagegen kann eine lange Liste von sozialen Erklärungsfaktoren angeführt werden, die letztendlich darüber entscheiden, ob eine Tatsache als wahr eingeschätzt wird oder nicht. Dazu zählen unter anderem: das Vertrauen in die Fähigkeiten der WissenschaftlerInnen, die Persönlichkeit der ExperimentatorInnen, die Darstellungsform der wissenschaftlichen Erkenntnisse oder das Prestige der Universität oder der Nationalität." Siehe dazu auch Schmutzer (1994); insb. Abschnitt 4.1. In einem wissenschaftshistorischen Kontext geht der Frage der sozialen Wahrheitskonstruktion Shapin (1994) nach.

[18] Vgl. Weiler (2002) und auch Foucault (1973 [1969])

[19] Weiler (2002), Abschnitt 2.3

[20] Zum Begriff vgl. Nandy (2000). Wenn man Wissenschaft betreiben möchte, ohne nicht schon vorab ein bestimmtes Verständnis von Wissenschaft apodiktisch zu postulieren (was einem wissenschaftlichen Imperialismus gleichkommt), dann muss das „Feld" offen gehalten werden für ein erheblich breiteres Spektrum an Denkstilen über den kartesischen Reduktionismus und aufgeklärte Naturphilosophie hinaus. Die Frage ist also: sollen die Universitäten Tempel nur einer bestimmten Ideologie – alimentiert lediglich, um dieser die Waffen zur besseren Durchsetzbarkeit der eigenen Interessen und Überlegenheitsansprüche zu liefern – oder doch eine offene Akademie zur Diskussion vielfältiger Lebens- und Welterfahrung sein? Als ein – recht zentrales – Beispiel: „Die abendländische Vorstellung von der Person als einem fest umrissenen, einzigartigen, mehr oder weniger integrierten motivationalen und kognitiven Universum, einem dynamischen Zentrum des Bewußtseins, Fühlens, Urteilens und Handelns, das als unterscheidbares Ganzes organisiert ist und sich sowohl von anderen solchen Ganzheiten als auch von einem sozialen und natürlichen Hintergrund abhebt, erweist sich, wie richtig sie uns auch erscheinen mag, im Kontext anderer Weltkulturen als eine recht sonderbare Idee." Vgl. Geertz (1987), S. 294.

[21] Vgl. Weiler (2002), Abschnitt 1

[22] Vgl. Weiler (2002), Abschnitt 1.1

[23] Vgl. Nora/Minc (1979) als Quelle der Begrifflichkeit.

[24] Vgl. Lyotard (1999), S. 27

[25] Vgl. Lyotard (1999), S. 21

[26] Vgl. Lyotard (1999), S. 23

[27] Notabene stünde zudem eine „Veräußerlichung des Wissens gegenüber dem Wissenden" – Lyotard (1999), S. 24 – zu erwarten, die sich in der Tat ganz offensichtlich mannigfach manifestiert.

[28] Vgl. Hartmann (2002), S. 1

[29] Vgl. Logan (1986); Ong (2002 [1982]) zeichnet den Übergang von der Oralität zur Literizität in einer seither oft zitierten Studie nach.

[30] Vgl. Eisenstein (1979)
[31] Auf den Zusammenhang zwischen gesellschaftlicher Entwicklung und den Medien der Kommunikation in einer Gesellschaft hat zuerst (d.h. in den 1940ern) der kanadische Wirtschafthistoriker Harold Innis hingewiesen, der damit zugleich auch Begründer der Medientheorie wurde. Im Unterschied zu seinen Schülern Marshall McLuhan und Eric Havelock wurde Innis vor allem im deutschsprachigen Raum erst sehr spät rezipiert. Vgl. Barck (1997)
[32] Vgl. Hartmann (2002), S. 8
[33] Vgl. etwa Woolgar (1988)
[34] Vgl. Crandall/Levich (1998), vor allem Kap. 4
[35] Die Kritik einer wissenschaftlichen Aussage legitimiert sich ihrerseits dadurch, dass sie selbst Ausgangspunkt wissenschaftlicher Kritik ist usw.usf. Diese Reziprozität konstitutiert im Grunde erst die „Gelehrtenrepublik".
[36] Vgl. Himmelfarb (1997)
[37] Ein Scherz: mit dem Aufkommen des Web gibt es *drei* aussagenlogische Wahrheitswerte: ‚wahr', ‚falsch' und ‚online'.
[38] Vgl. etwa Hafner/Lyon (2008 [1996])
[39] Vgl. etwa Collison (1964)
[40] Vgl. Otlet (1934); der belgische Philantrop und Pazifist Otlet gilt u.a. als einer der Begründer der Dokumentationswissenschaft.
[41] Vgl. Bush (1945b
[42] Vgl. Leroi-Gourhan (1995)
[43] Vgl. Hartmann (2002), S. 14f
[44] Besonders gravierend wirkt sich dies für den Bereich des Schutzes geistigen Eigentums (insbesonders Patente) aus: solche Privilegien setzen zu ihrer Legitimation eine strenge Prüfung gegenüber dem „Stand der Technik" (prior art) voraus, der jeweils zu ermitteln ist.
[45] Das war eines der Grundhemmnisse der Alchemie, die infolge ihrer „Geheimniskrämerei" zu einer steten und erkenntnissterilen Wiederholung immer derselben Erfahrungen und Irrwege führte und so eine Akkumulation des Wissens unterlief; vgl. Rossi (1999); S. 43f. Erst die Renaissance hat die Kommunikation auf eine „transparente" Sprachebene gehoben und damit die technische Grundlage inkrementellen und arbeitsteiligen Wissenszuwachses geschaffen. Sprache kann immer schon als eine „Sozialtechnik" (u.a. zur Herstellung von Konsens) gesehen werden; vgl. Schmutzer (1994), S. 19. Die fortschreitende Wissenspartikularisierung führt ohne Absicht, aber im Effekt ebenfalls zu einer Vielzahl denotativer Sprachspiele, die einander nicht oder allenfalls sehr begrenzt rezipieren. Vgl. Lyotard, op. cit., S. 119ff.
[46] Vgl. Gilster (1997)
[47] Vgl. etwa Naschold (1993)
[48] Vgl. Beise/Stahl (1999)
[49] Vgl. Yusuf (2008)
[50] Vgl. D'Este/Patel (2007)
[51] Vgl. van Rijnsoever et al. (2008)
[52] Vgl. Segarra-Blasco/Arauzo-Carod (2008)
[53] Vgl. Fuller (2000)
[54] Lyotard spricht in diesem Zusammenhang von „Metapräskriptionen"; Lyotard (1999), S. 187f

55 Vgl. Weiler (2002)
56 Vgl. etwa Feyerabend (1976)
57 Ein von Anne Hickling-Hudson (2006) geprägter Begriff, der sich – in einem Bildungskontext – auf Wissen als politisches Machtmittel im Sinne der Begünstigung bestimmter Wissensformen bezieht. Auch Zitier- und Publikationsrituale weisen in unterschiedlichem Maße derartige Elemente „struktureller Gewalt“ auf.
58 Vgl. Weiler (2002); siehe auch oben Anmerkung 22. Diese Feststellung bedeutet u.a. reflexiv, dass auch die hier angestellten Überlegungen im Rahmen einer bestimmten Wissenskultur angesiedelt sind. Ironischer Weise zerfällt die Ökonomie selbst in eine Reihe von Denktraditionen, deren jede für sich im Grunde einer eigenen Wissenskultur entspricht; vgl. etwa Söllner (1999).
59 Vgl. Throsby (2001), S. 3ff; die weitere Argumentation ist eng an diese Quelle angelehnt
60 Vgl. dazu insb. Tilly (2005)
61 Es ist allerdings bemerkenswert, dass Throsby (2001), S. 5, ganz explizit „scientific innovation“ aus dem Kanon kultureller Hervorbringungen ausnimmt, weil „... although it involves creativity and could lead to output capable of being copyrighted or patented, it is directed generally at a routine utilitarian end rather than at the communication of meaning.“ Throsby räumt aber umgekehrt auch ein: “Except insofar as basic scientific research – pure rather than applied – may be aimed at general advancement of knowledge and understanding, and as such could be seen as bearing some similarities with art.“ Hier wird dediziert eine gegenüber Throsby’s Intention viel weiter gefasste Definition bevorzugt; zur Frage der Relation zwischen ‚pure‘ und ‚applied‘ in der Forschung siehe etwas später.
62 Bzgl. naturrechtlicher Vorstellung einer solchen Zuordnung vgl. Ulmschneider (2003); bzgl. des „kreativen Akts“ vgl. Koestler (1967).
63 Vgl. vor allem Callon (1994)
64 Diese Form der „Schaffung wissenschaftlicher Tatsachen“ hat vor allem Ludwik Fleck (1980 [1935]) sehr eindrücklich beschrieben: die kulturelle Ausgangslage bestimmt bereits weitgehend, was als „Wissen“ überhaupt möglich und akzeptabel ist. Bzgl. der Rolle begrifflicher Systeme und ihrer sozialen Wirkungen siehe etwa Bowker/Leigh Star (1999).
65 Darin allerdings dem oben nachgezeichneten postmodernen Entwicklungspfad eines ökonomischen Imperialismus folgend.
66 Vgl. Arrow (1994)
67 Vielleicht schadet es nicht, an dieser Stelle auf den immensen Einfluss der dt. Forschungsorganisation hinzuweisen, den diese auf die Entwicklung der US-amerikanischen Forschungsuniversitäten genommen hat; vgl. dazu die Ausführungen von Stokes (1997), S. 38ff
68 In der englischsprachigen Welt werden die Bezeichnungen *basic research* (bzw. *pure science*) und *applied research/science* verwendet. ‚Forschung‘ wird in diesem Zusammenhang als integrales Element bzw. als pragmatische Komponente der Wissensgewinnung innerhalb der Wissenschaft oder wissenschaftlichen Technologie verstanden. Siehe dazu auch Kapitel 2.
69 Diesen Werdegang und seine historischen Konnotationen hat Donald Stokes (1997, Kap. 2) vorbildhaft aufgearbeitet; siehe aber auch Kreibich (1986), speziell Kapitel 4. Insbesonders streicht Stokes die schicksalsbestimmenden Faktoren am Ende des 2.

Weltkriegs hervor, die zur Herausbildung der – schon in der abendländischen Geistes- und Ideengeschichte und seiner antiken Tradition angelegten – Dichotomisierung von „reiner" und „angewandter" Forschung und deren institutioneller Verfestigung geführt haben. Man bräuchte sich mit dieser Thematik im Grunde gar nicht allzu lange aufzuhalten, hätte sich diese Einteilung seither nicht so manifest in den Köpfen und Institutionalisierungen niedergeschlagen.

70 Vgl. Stokes (1997), S. 9. Bei allem Verständnis für die damit zum Ausdruck kommende politische Ambition (die u.a. Vannevar Bush mit seinem Report verfolgen wollte; siehe dazu auch Anmerkung 72) hält die dichotomisierende Konzeption von reiner und angewandter Forschung einer kritischen Evaluierung keinesfalls stand. Wie Schmutzer (1994) in seiner Monographie recht beeindruckend herausarbeitet, lassen sich gesellschaftliche Probleme grundsätzlich auf zweierlei Weise lösen, nämlich (i) durch soziale Technik oder (ii) durch *Realtechnik*, wobei ‚Technik' generell weitgefasst mit „geregelten Verfahren" identifiziert wird (also auch z.B. Institutionen wie die Universität umfasst). Wissenschaft ist gesellschaftlich die Aufgabe zugewiesen, Chaos zu interpretieren, d.h. Problemen durch Definition eine Form zu geben; durch „... die Art der Definition werden Probleme zu sozialen oder zu technischen Problemen gemacht und in weiterer Folge sozialen oder technischen Lösungsansätzen zugeführt" (S. 18). Welcher Variante eine Gesellschaft den Vorzug gibt, hängt entscheidend von deren Weltbild ab; für die aufgeklärte abendländische Gesellschaft ergibt sich (S. 8): „Als Ergebnis derartiger Präferenzen muß Wissenschaft Probleme so darstellen und bearbeiten, daß sie realtechnischen Lösungen zugänglich werden", wobei: die „Tendenz, soziale Bezüge gerätetechnisch zu ‚versachlichen', d.h. konsensfähig zu machen, kreiert in individualistischen Gesellschaften Realtechnik" (S. 16). Abstrahierende Wissenschaft (und damit auch die Universität) steht im Dienst der Schaffung von gesellschaftlichem Konsens über die Entwicklung geregelter Sprache; beide wiederum sind Basis für die (Real-)Technisierung der Gesellschaft, die nun vermittels Handlungsanweisungen über technische Artefakte Kooperation ermöglicht und soziale Kohäsion herbeiführt. Letztlich wird aber erst durch die Technisierung der Wissenschaft selbst diese „anschlußfähig" an den technologischen Diskurs, also sozusagen „anwendungsoffen" (um zwei dafür weniger typische Beispiele zu nennen: Disziplinen wie Unternehmensforschung oder Informatik) – es geht am Ende auch in diesen Wissenschaften darum, *apparativ* zu beweisen, d.h. – im Unterschied zu den interpretativen Wissenschaften ohne Realtechnologie, deren „Beweise" rhetorische Figuren bleiben – über technische Artefakte Handlungsfähigkeit zu gewinnen. Und (S. 28): „Unter der Bedingung, dass sich Theorie über Artefakte als Repräsentanten von Naturgesetzen legitimiert, können beide [angewandte und theoretische Wissenschaft] allerdings kooperationsfähig werden." Schmutzer sieht die offenbarte gesellschaftliche Präferenz in Bezug auf die Universitäten durchaus kritisch (S. 18): „Ihre Technisierung stellt dann aufgrund der damit einhergehenden Festschreibungen den kürzesten Weg in ein nicht mehr bewältigbares Chaos dar, anstatt, wie erhofft, in eine bessere Zukunft."

71 Vgl. Nelson (1959)

72 In seinem im Auftrag von US-Präsident F.D. Roosevelt 1944 verfassten Bericht *Science, the Endless Frontier.*

73 Vannevar Bush spricht wörtlich davon, dass „applied research invariably drives out pure"; vgl. Bush (1945a), S. 83. Nichts könnte im Grunde falscher sein: die meiste

Grundlagenforschung, beginnend bei Boyles Experimenten mit der Vakuumpumpe (vgl. Shapin, 1984), wäre ohne apparative Infrastruktur – Inbegriff angewandter Technologie! – völlig unvorstellbar; man denke nur an die simulativen Formen der computational science (vgl. Gramelsberger, 2008) oder auch die Voraussetzung der präzisen Chronometrie zur Formulierung der Relativitätstheorie (vgl. Anmerkung 113). Das Bush-Modell kann allenfalls als Phasenmodell jeweils *einer* ganz isoliert betrachteten Einzel-Technologie interpretiert werden oder – überzeugender – soziologisch im Sinne der pauschalen Verdrängung einer Wissenskultur durch eine andere, unabhängig von der postulierten Linearität der Technologie-Entwicklung aus der Grundlagenforschung.

74 Stokes bezieht sich in seiner Argumentation u.a. auf Harvey Brooks (1967), der meint „... the terms *basic* and *applied* are, in another sense, not opposites. Work directed toward applied goals can be highly fundamental in character in that it has an important impact on the conceptual structure or outlook of a field. Moreover, the fact that research is of such a nature that it can be applied does not mean that it is not also basic.“ (Kursivstellungen im Original). Einen ähnlichen Zugang verfolgt auch Mittelstraß (1998) mit seinem „Forschungsdreieck“, das eine Unterscheidung in “reine Grundlagenforschung”, “anwendungsorientierte Grundlagenforschung” und “produktorientierte Grundlagenforschung” trifft; siehe Teil I, Kap. 4; Teil II, Kap. 4 und Teil III, Kap. 3

75 Stokes führt dazu eine Reihe sehr überzeugender Beispiele an; diese Reihe lässt sich unschwer erweitern, wie etwa anhand der Entwicklung der Informatik gezeigt werden kann. Eine konkrete Episode dieser Entwicklung stellt das Projekt *Whirlwind* in den USA dar, das im Zuge eines militärtechnischen Auftrags zur Realisierung analoger Flugsimulatoren beginnend in 1943 letztlich zu neuen digitalen Speichertechnologien (Magnetkernspeicher) und – wichtiger noch – über mehrere Zwischenstufen zum heute nicht mehr verzichtbaren Konzept des *real-time computing* geführt hat; vgl. Campbell-Kelly/Aspray (2004), Kap. 7. Whirlwind demonstriert einmal mehr die Rolle der Rüstung (d.h. des Staats) in der Technologieentwicklung.

76 Am Beispiel der Informatik etwa zeigt sich die Dialektik besonders anschaulich: als effizientes elektronisches Hilfsmittel für vorrangig militärische Berechnungsprobleme zutiefst einem Anwendungskontext verpflichtet, sind aus dem Rechnerbau und der Programmierung viele grundlegende Fragen – eigentlich eine neue wissenschaftliche Disziplin eigener Art – des maschinellen Rechnens als einer bestimmten Klasse physikalischer Prozesse ebenso wie der algebraischen Struktur digitaler Rechenvorschriften hervorgegangen. Vgl. dazu etwa Goldstine (1972). Je nach Blickwinkel kann Forschung also auch, in verschiedenen Kontexten, *gleichzeitig* angewandt und grundlegend sein.

77 Vgl. Neidhardt et al. (2008), S. 20; bemerkenswert auch die Wortwahl ‚verflüssigt‘, die unmittelbar an die Metaphorik von Zygmunt BAUMAN anschließt; siehe Anmerkung 3.

78 Aber nicht in dem Sinne, wie Polanyi (1985 [1966]) über eine Episode mit Bucharin aus 1935 zitiert: „Als ich [Polanyi] ihn danach fragte, wie es in der Sowjetunion mit dem Streben nach reiner Wissenschaft bestellt sei, sagte er, reine Wissenschaft sei ein morbides Symptom einer Klassengesellschaft; im Sozialismus werde die Idee einer um ihrer selbst willen betriebenen Wissenschaft verschwinden, denn die Interessen der Wissenschaftler würden sich dann spontan auf die anstehenden Probleme des

Fünfjahresplans richten." Weizenbaum (1976) zitiert diese Episode in seinem Buch „Computer Power and Human Reason" einleitend ebenfalls.

79 In Österreich bspw. durch die Normierungen in den §§ 26 und 27 des Universitätsgesetzes (UG) 2002 zum Ausdruck kommend; Bundesgesetz über die Organisation der Universitäten und ihre Studien (Universitätsgesetz 2002) i.d.g.F. BGBl. I Nr. 134/2008

80 Vgl. insb. Hayek (1937) und auch Hayek (1945); in letztgenannter Referenz bezieht sich Hayek auf die Rolle dezentralisierten Wissens zur Koordination der Akteure in Märkten, die seiner Ansicht nach grundsätzlich zu besseren Resulaten als eine zentralisierte Planungsinstanz führt. Eine Verknüpfung dieser Überlegungen mit innovativen Aspekten der Informationstechnologie als Koordinationsmedium findet sich unter anderem in Weber/Fröschl (2006). Siehe auch Kapitel 2.

81 Vgl. Stokes (1997), S. 107ff, der das Beispiel Japans als Beleg für seine These heranzieht; insbesonders sieht Stokes das jap. Konzept der „Vorausschau" auf erwartbare wissenschaftliche und technologische Entwicklungen als wesentlichen Erfolgsfaktor der gesellschaftlichen Forschungskoordination und seiner allokativen Effekte. De facto entspricht dieser Ansatz auch der Forschungsprogrammatik der Europäischen Union, die dann vor allem technologisch-industriellen Politikprämissen folgt.

82 Eine Analogie zur Kunstförderung liegt auf der Hand.

83 Böschen et al (2008) treffen – mit Blick auf die Einbeziehung unterschiedlicher „Nichtwissenskulturen" in forschungs- und technologiepolitische Diskurse – etwa eine Unterscheidung in (i) kontrollorientiert epistemische, (ii) komplexitätsorientierte und (iii) erfahrungsorientierte Wissenskulturen, die jeweils unterschiedliche Kooperationsbeziehungen implizieren.

84 Vgl. etwa Speser (2006)

85 Nur so ändert sich die Geschichte: was für einen Erfolg gehalten wird, gelingt auch. Dieses Problem der Geschichtlichkeit zeigt sich in der Zeitabhängigkeit des Erfolgs bestimmter Ideen stets aufs Neue: es gibt keine experimentelle Wiederholungsmöglichkeit. Im Unterschied zur neoklassischen ist die politische Ökonomie eine *ideographische* Wissenschaft. Vgl. Faßnacht (2004)

86 Foray (2006), S. 19

87 Vgl. Wernerfelt (1984)

88 Vgl. Weber (2004), S. 79; derartige Renten können nach Schumpeter (1934) auch als „Schumpeter-Renten" bezeichnet werden.

89 Vgl. Badaracco (1991), S. 26f

90 Wobei der Terminus des ‚kulturellen Kapitals' hier nicht im Sinne Bourdieus (1986) Verwendung findet.

91 Vgl. dazu etwa Akerlof (1970). Den Universitäten kommt dabei jedenfalls eine wichtige legitimatorische Funktion zu: einerseits entsteht dort anerkanntes Wissen, andererseits generieren durch die Universität gebildete Perönlichkeiten Wissen auch außerhalb derselben, z.B. in der kommerziellen Forschung. Demgemäß stellen Neidhardt et al (2008), S. 19, fest: „Auch der kommerzialisierte Wissensunternehmer kann es sich nicht leisten, als unwissenschaftlich zu gelten, will er langfristig erfolgreich sein."

92 Vgl. Merton (1942), der mit seinem "CUDOS"-Konzept als einer der Begründer der Wissenschaftssoziologie gilt. Den kompetitiven Charakter wissenschaftlicher Tätigkeit stellt demgegenüber Bourdieu (1975) in den Vordergrund, während Latour und

Woolgar (1986 [1979]) sog. ‚Glaubwürdigkeitszyklen' für das wesentliche stabilisierende Element der scientific community halten. Edge (1990) hebt hingegen die strategische Themenwahl (orientiert an den vorherrschenden Auffassung, aber doch hinreichend verschieden, um als originell wahrnehmbar zu sein) als soziales Ordnungskriterium hervor. In jedem Fall ist aber David (1998a) zuzustimmen (S. 17): „The norm of openness is incentive-compatible with a collegiate reputational reward system based upon accepted claims to priority."

93 Vgl. Dyer/Singh (1998), S. 662: relationale Renten entsprechen „... a supernormal profit jointly generated in an exchange relationship that cannot be generated by either firm in isolation and can only be created through the joint idiosyncratic contributions of the specific alliance partners."

94 Vgl. Weber (2004), S. 81; soziale Beziehungen sind de facto in ihrer Einzigartigkeit nicht reproduzierbar oder imitierbar.

95 Vgl. Dyer/Singh (1998), S. 663; Dyer und Singh sehen im Wissenstausch generell eine wesentliche Quelle relationaler Renten; dies gilt mutatis mutandis durchaus auch für wissensproduktive Partner.

96 Arrow (2000), S. 4, meint allerdings, der Begriff des Sozialkapitals sei ökonomisch nicht brauchbar, weil der gegenwärtige Einsatz nicht im Hinblick auf spätere Renten erfolge.

97 Die Argumentation folgt hier vor allem Kapitel 2 in Throsby (2001).

98 Die Parallelität zwischen dem zweidimensionalen Modell von Stokes (1997), der die Faktoren der Erkenntnisabsicht und der Anwendungsbezogenheit einander gegenüberstellt, und dem zweidimensionalen Modell von Throsby (2001) mit den Faktoren des ökonomischen und des kulturellen Werts ist auffallend: ist in der Erkenntnisorientierung der ideelle Wert dominant, so korreliert die Anwendungsorientierung mit dem Verkehrswert. Die psychologischen Implikationen dieser Inzidenz werden in Unterabschnitt 1.2.2 noch näher beleuchtet.

99 In Abgrenzung zu Prestigegütern, die durch hohen Verkehrswert Sozialprestige bzw. einen Distinktionseffekt ausdrücken („Geltungskonsum"; sog. *Veblen-Effekt*): symbolische Güter, die wegen ihres sozialen Distinktionswerts hoch geschätzt (und daher preislich teuer) sind, weisen i.A. gerade einen besonders *niedrigen* sozialen Wert auf, da sie mit einer produktiven Vergemeinschaftung nichts zu tun haben; eher schon haben öffentliche Güter einen hohen Sozialwert. Außerdem sei angemerkt, dass viele private Tauschgüter ihren Verkehrswert oft genug erst auf der Grundlage verfügbarer öffentlicher (Komplementär-) Güter entwickeln.

100 Adam Smith (o.J. [1776]) hat die Unterscheidung von Nutz- und Tauschwert hervorgehoben, sich aber in Bezug auf die Arbeitsteiligkeit auf das Konzept des Tauschwerts gestützt; dies ist auch der Fokus der neoklassischen Nutzentheorie – vgl. Söllner (1999), Kapitel IV. Throsby betont hingegen, dass Tauschwerte und immaterielle Werte keineswegs immer koinzidieren: z.B. kann ein kulturelles Objekt wie der Wiener Stephansdom – als öffentliches Gut – bar jeden Tauschwerts sein (er wird nicht gehandelt), jedoch einen beträchtlichen ideellen Wert aufweisen. Die Analyse der ideellen und sozialen Werte ist in ökonomischer Hinsicht allerdings nicht so entwickelt wie jene des Tauschwerts und der Nutzen.

101 Im Englischen drückt das Wort ‚actionable' vielleicht am besten den Kern dieses „Vermögens" aus; in diesem Sinn ist Kompetenz dann ‚actionable knowledge'; zum Konzept der Kompetenz siehe etwa Mansfield (1996). Der (ideelle) Nutzwert des Gel-

des hingegen ist seine Fähigkeit, gegen beliebige Güter tauschbar zu sein; der soziale Wert des Geldes liegt also – im Unterschied zu seinem Tauschwert – in dessen Fähigkeit, eine Gesellschaft über Tauschbeziehungen zu organisieren; Marx hat dies als den ‚Geld-Nexus' bezeichnet.

[102] Zum Begriff vgl. etwa Coleman (1988).

[103] In der abendländischen Ideengeschichte firmiert seit der Aufklärung – ganz im Sinne des methodischen Individualismus – der schöpferische Genius; vgl. etwa Etlin (1996), insbesonders S. 38f. Diese Sicht der Dinge abstrahiert freilich stark von den kulturellen Umständen, vor deren Hintergrund kreative Leistungen erbracht werden. Hier ist nicht der Ort, den historisch-gesellschaftlichen Bedingungen der Wissensproduktion im Detail nachzugehen; das haben andere – etwa Schmutzer (1994) – bereits mit großer Akribie getan.

[104] Vgl. Florida (2002)

[105] Vgl. Koestler (1967). Die individualisierte Konzeption von Kreativität betont deren mentale Zustandsabhängigkeit etwa im Sinne der *low arousal*-Theorie von Martindale (1999), die Elemente assoziativen Denkens mit defokussierter Aufmerksamkeit und einem Wechselspiel primär- und sekundärprozesshafter Aktivierungszustände – in denen eine große Anzahl mentaler Repräsentationen gleichzeitig verfügbar gehalten wird – integriert. Vgl. auch Fußnote 119. Julia Nittmann sei für diesen Hinweis gedankt.

[106] Einen guten Themeneinstieg und eine Reihe immer noch lesenswerter Referenzen zum Thema der kreativen Persönlichkeit bietet Gruber (1989); Wallace/Gruber (1989) stellt eine Anthologie von Fallstudien kreativer Persönlichkeiten (nicht nur aus der Wissenschaft) dar, Gruber (1981) zeichnet die Entwicklung von Darwins Evolutionstheorie nach. Einen anderen Zugang zur Frage nach den Quellen von Kreativität verfolgt David (1998b), der in der Vernetzung einen wesentlichen Kreativitätsfaktor sieht: „The capacity to produce scientific statements collectively while preserving a degree of diversity of opinions and arguments is thus an important feature in an open research network"; vgl. Foray (2006), S. 166. Foray (S. 167) dazu synoptisch: „Creativity then becomes an emergent property of social networks possessing certain characteristics of size and openness." Einmal mehr zeigt sich in dieser Betrachtung, dass Kreativität von einem Milieu lebt, das neben der wichtigen konsensbildenden Rolle auch abweichende Meinungen zulässt, aus denen sich dialektisch das Neue entwickeln kann.

[107] Diesen Begriff verwendet etwa Stehr (2001) in Anlehnung an Georg Simmel.

[108] Zitiert nach Nowotny (2006), S. 158; vgl. auch Weber (1995)

[109] Vgl. Nowotny (2006), S. 159. Diese Feststellungen knüpfen evident unmittelbar an den Befund von Lyotard an; siehe auch obige Anmerkungen 15 bis 17.

[110] Vgl. Throsby (2001), Kapitel 6; die Ökonomie hat sich merkwürdiger Weise des Themas bislang kaum angenommen und die Quellen der immateriellen Produktivität als exogenen Faktor betrachtet – es ist aber seit mindestens einem halben Jahrhundert offensichtlich, dass Wissensproduktion auch eine *Folge* der wirtschaftlichen Organisation ist. Eine der wenigen Ausnahmen bildet McCain (1992).

[111] Vgl. Throsby (2001), S. 94

[112] Vgl. Schelsky (1963); neben einer Reihe anderer Funktionen der Universitäten nennt Schelsky auch ihre Rolle in der Verwissenschaftlichung der gesellschaftlichen Praxis von der Auftragsforschung bis hin zur Volksbildung – ein Spektrum, das allein

schon in dieser Hinsicht von den Universitäten in ihrer gegenwärtigen Konstitution gar nicht abdeckbar ist.

113 Vgl. Miller (1989), dessen illuminierende Studie eine ganze Reihe von wichtigen Punkten betont: einmal, dass Einstein seine Überlegungen über weite Strecken auf der Grundlage von Gedankenexperimenten (also ohne experimentelle Apparatur) entwickelt hat und insofern kaum auf externe Ressourcen angewiesen war; damit in Verbindung, dass Einstein weitgehend allein und isoliert arbeitete (S. 171), dabei aber intellektuell tief in einer Kantianischen Denktradition – der *Anschauung* – beheimatet ist; schließlich die von David Hume und Ernst Mach inspirierte platonistische Überzeugung, dass die exakten Gesetze der Natur weder von empirischen noch von sinnlichen Daten induktiv abgeleitet werden können (s. 179; in diesem Zusammenhang fallen einem übrigens ähnliche Beispiele ein wie etwa jene des blinden Physikers Saunderson, der sich erfolgreich mit Fragen der Optik auseinandersetzte; vgl. Williams, 1997, S. 42) sowie die Bedeutung mentaler Repräsentationen, die bestimmte Prädispositive (wie die Absolutheit der Zeit) als explizite Faktoren in die Problemdarstellung miteinbeziehen.

114 Eine weitere Schwierigkeit, auf die hier nicht näher eingegangen wird, ist die zeitliche Variabilität kultureller Werte, auf die z.B. Csikszentmihalyi (1996), S. 29ff, hinweist. Ob man dem Vorschlag eines vom Zeitgeist abhängigen Verkehrswerts symbolischer Hervorbringungen etwas abzugewinnen vermag, ist eine Sache; die Vorhersehbarkeit der „Kursentwicklung" kreativer Schöpfungen eine andere: der Nutzen eines individuellen Schöpfers kann in seinem Kalkül sowieso nur auf den auf einen konkreten Zeitraum bezogenen (subjektiv) *erwarteten* Wert der eigenen kreativen Beiträge referenzieren.

115 Vgl. Throsby (2001), S. 101f; aber nicht er allein – Gruber (1980) etwa weist mit seinem Konzept des *network of enterprise* auf die soziale Einbettung kreativer Tätigkeit – auch in ihrer zeitlichen Dimension – hin.

116 Vgl. Lyotard (1999), S. 133, mit seinem Hinweis auf die Finanzierung „a fonds perdu", um so auf – später – verwertbares Wissen zu stoßen. Das bedeutet aber einmal mehr, dass diese Grundlagenforschung umso schwerer zu betreiben/finanzieren sein wird, je weniger sie im Hauptstrom des gesellschaftlichen Interesses verankert ist.

117 Vgl. Amabile et al (1986)

118 Es möge am Rande vielleicht noch Erwähnung finden, dass Kreativität per se nicht immer unbedingt konstruktiv orientiert sein muss; gerade auch die Zerstörung entpuppt sich oft als äußerst erfindungsreich; vgl. etwa Fromm (1974) oder Hacker (1971). Schließlich ist die *kreative Zerstörung* ambivalent, auch wenn sie in futuristischem bzw. „progressivem" Gewand auftretend eine überwiegend positive Wertung erfährt. Vgl. dazu Harvey (1990), S. 105ff, bzw. Anmerkung 3 oben sowie Metcalfe (1998).

119 Auf die vielschichtigen entwicklungs- und wissenspsychologischen Aspekte dieser Diskussion kann hier schon aus Raumgründung nicht näher eingegangen werden; siehe stellvertretend etwa Aebli (1988). Die Referenz auf das aleatorische Element („chance") der Serendipität ist aber konstitutiv für kreative Suchprozesse: wenn die Methode zum Auffinden des Gesuchten bereits vorab bekannt ist, spricht man von einem *Algorithmus*.

120 Vgl. Merton (1957), S. 12

[121] Das Konzept des Humankapitals geht u.a. auf Theodore Schultz (1963) und vor allem Gary Becker (1964) zurück.

[122] Eine kritische Sicht dieser Ökonomisierung des Individuums entwickelt André Gorz (2004) unter dem Begriff der ‚Selbstausbeutung': durch entfesselten Konkurrenzdruck werden entlohnte Arbeitnehmer „Arbeitskraftunternehmer", die für ihre Ausbildung, Weiterbildung und Subsistenz selber sorgen müssen, wodurch sich die „emanzipatorische Potenz [des Arbeitsverhältnisses], insofern es die Rechte der Arbeitgeber begrenzt und die Pflichten der Lohnabhängigen auf die Erfüllung bestimmter Aufgaben beschränkt[,]" verflüchtigt (S. 23). Gleichzeitig wird dadurch evident, dass nicht mehr die geleistete Arbeitszeit, sondern der Arbeits- bzw. (im Wissenschaftsbetrieb) Forschungs*erfolg* den ausschlaggebenden Wertschöpfungsfaktor ausmacht.

[123] Vgl. Amabile (1983)

[124] Diese offensichtlich an Luhmann (1997), insbesonders Kapitel 2, angelehnte Argumentation bezieht sich auf die nach dessen Auffassung für die funktionell ausdifferenzierten Subsysteme ‚Wirtschaft' und ‚Wissenschaft' der Gesellschaft relevanten Codes ‚Geld' (oder ‚Zahlung') bzw. ‚Wahrheit'; diese müssen speziell im Sinne der kooperativen Forschung zueinander effektiv in Beziehung gesetzt werden, z.B. eben dadurch, dass – so deutet es Lyotard jedenfalls an (vgl. Anmerkung 15) – diese beiden inkommensurablen Codes über den (politischen) Code der Macht integriert werden: so wird Wahrheit zu Geld und Geld zu Wahrheit.

[125] Das Wissensmanagement, in mancher Hinsicht ein ideologischer Kulminationspunkt der instrumentellen Vernunft, hat sich aus dem organisationssoziologischen Thema des „human ressource management" entwickelt; vgl. etwa Bruce (2006). Obwohl dies manchmal – und mitunter durchaus begründet; vgl. etwa sehr polemisch Wilson (2002) – nicht so gesehen wird, unterscheidet sich das Wissensmanagement in der Intention und im Wirkungsfeld definitiv vom vormals sehr populären Informationsmanagement: dieses fokussiert auf die Verteilung von (entscheidungsrelevanter) Information innerhalb einer Organisation, wohingegen das Wissensmanagement die Organisation der *Funktionen* der Informationsverarbeitung (also der sog. Kompetenzen) verfolgt. Foray (2006), S. 5, weist auf ein weiteres Unterscheidungsmerkmal zwischen Information und Wissen hin: das ökonomisches Problem der Information ist i.W. das des Schutzes und der Enthüllung; das des *Wissens* ist im Kern eines der Reproduktion (d.h. Lernen).

[126] Dies steht ja keineswegs im Widerspruch zu privatwirtschaftlichen Interessen; vgl. etwa Foray (2006) , S. 181ff: z.B. kann eine dezidierte „open source"-Politik über die rasche Marktpenetration einem Unternehmen ein hohes Maß an Einflußnahme auf die weitere Entwicklungsrichtung geben. Als einschlägiges Beispiel kann die open source-Strategie von IBM im Bereich des Betriebssystems Linux gesehen werden; siehe dazu etwa Tapscott/Williams (2006), S. 77ff. Zu den Erfolgsgründen und -bedingungen von open source-Software siehe Weber (2004a).

[127] Vgl. Arrow (1962); die Erzielung von Produktivitätsgewinnen dank kumulierter Erfahrung, die ansonsten keine explizite Innovationsmaßnahme voraussetzt, wird auch als „Horndhall"-Effekt bezeichnet. Inwieweit ein solcher Effekt auftritt, hängt her stark auch von der innerbetrieblichen Organisation ab; z.B. unterbindet eine stark *tayloristische* Arbeitsteiligkeit Lerneffekte in einer Organisation durch übermäßige Fragmentierung der Prozesse und Strukturen

[128] Bspw. führt Kuhn (1977), S. 141ff, einige Beispiele dafür an, wo die frühe neuzeitliche Wissenschaft oft lediglich nur noch feststellen konnte, dass die Praktiker bereits die besten Lösungen aufgefunden hatten, d.h. die Theorie ex post eine Bestätigung der Praxis lieferte. Sinngemäß argumentiert Schmutzer (1994), S. 28, „... daß sich für die so häufig gehörte These der Abhängigkeit moderner Produktion von wissenschaftlichen Forschungen kein überzeugender Nachweis ergibt." Gleichzeitig stellt Stokes (1997), S. 21, fest: „... more and more *science* has become technology derived." (Hervorhebung i.O.) Die Rolle der Verwissenschaftlichung der Produktion verläuft sektoral zweifellos sehr unterschiedlich, wie Foray (2006), Kapitel 9, nachzeichnet. Als jüngeres einschlägiges Beispiel kann die Mathematisierung des Risikomanagements im Bereich der Finanzdienstleistungen genannt werden.

[129] Die Darstellung orientiert sich vor allem an Foray (2006), S. 55

[130] D.h., wirtschaftlich, eine Senkung der Kosten oder eine Verkürzung der Zeitspanne der Innovation. In diesem Sinn gilt (ein meist Kurt Lewin zugeschriebener Ausspruch): „Nichts ist praktischer als eine gute Theorie."

[131] Vgl. Foray (2006), S. 56

[132] Norman (1988) spricht, im Gefolge von Gibson (1979), in diesem Zusammenhang von „affordance".

[133] Vgl. Foray (2006), Kapitel 4

[134] Vgl. Foray (2006), S. 79

[135] Vgl. etwa Sowa (2000). Notabene schließt diese Leistungsfähigkeit auch die Dissemination von Wissen in globalen Distributionsmedien wie dem WWW mit ein. Die Medialität vor allem der human/computer-Interaktion ermöglicht – zumindest im Prinzip – eine Verquickung von Demonstration und interaktiver Instruktion, allerdings meist unter Verzicht auf die personale Lehrer/Schüler-Kommunikation; vgl. dazu Crandall/Levich (1998), Kapitel 6.

[136] Vgl. Badaracco (1991), S. 60; die Probleme der „knowledge elicitation" sind vor allem im Bereich der Entwicklung von Expertensystemen endemisch, da die Wissensträger generell einer Wissenspreisgabe skeptisch gegenüberstehen.

[137] Vgl. Badaracco (1991); Kapitel 4

[138] Vgl. Badaracco (1991), S. 103; Badaracco bezieht sich in seiner Argumentation insbesonders auf Alchian/Demsetz (1972).

[139] Vgl. Nelson/Winter (1982), S. 99ff

[140] Vgl. Williamson (1985), vor allem die Kapitel 2 und 9

[141] Vgl. Simon (1945), S. 292

[142] Vgl. Badaracco (1991), S. 22

[143] Relevant ist in dieser Hinsicht die Besinnung auf die das Unternehmen jeweils alleinstellenden, schwer imitierbaren Ressourcen und Praktiken, die in der Literatur als „Kernkompetenzen" bezeichnet werden; vgl. Hamel/Prahalad (1990).

[144] Badaracco (1991), S. 26, definiert *„[D]as Herz einer Firma* ist ... ein dichtes Netz fest etablierter Beziehungen." (Hervorhebung i.O.)

[145] Vgl. Tilly (2005), S. 74; zum relationalen Konstrukt führt Tilly (S. 20) weiter aus: „*Transactional* accounts take interactions among social sites as their starting points, treating both events at those sites and durable characteristics of those sites as outcomes of interactions." (Hervorhebung i.O.)

[146] Die Literatur zu elektronischen Marktplätzen und die darüber ablaufende digitale Koordination der Marktteilnehmer ist inzwischen sehr umfangreich; vgl. Bakis (1998), Timmers (1998).

[147] Vgl. dazu Taxonomie der Portale in Abschnitt 5.1; sowie die Abschnitte 3.4 und 6.3.

[148] Einen aufschlussreichen Beitrag zur Geschichte und inhaltlichen Bedeutung von geistigem und dessen rechtlichem Schutz gibt Deazley (2006); im engeren Kontext von Kreativität und „digitaler Kultur" thematisiert vor allem Lessig (2004) die Frage des Urheberrechtsschutzes nicht ohne erhellende Polemik.

[149] Vgl. Foray (2006), S. 103ff

[150] Vgl. Knie et al (2008), S. 296

[151] Vgl. Knie et al (2008)

[152] Vgl. Tilly (2005), S. 73

[153] Vgl. Tilly (2005), S. 75; die elementaren sozialen Konfigurationen, die Tilly verwendet, sind in Abb. 5-1, S. 76, zusammengefasst.

[154] Obwohl Tilly nirgendwo auf Luhmann Bezug nimmt, entsprechen seine „paired categories" doch ziemlich genau den binären Codes, die Luhmann als soziale Differenzierungskriterien verschiedener gesellschaftlicher Teilsysteme bemüht. Siehe einmal mehr Luhmann (1997), vor allem Kapitel 2.

[155] Vgl. Allen (1977). Whelan et al (2010) weisen ganz zu recht darauf hin, dass durch die technologischen Veränderungen, insbesonders die digitalen Kommunikationsmedien wie das Internet, die Rolle der *gatekeeper* als betriebliches Bindeglied zu außerbetriebichen Wissensquellen eine starke Wandlung erfahren hat: gerade auch in der wissenschaftlichen Forschung mit ihren „invisible colleges" ist der Wissensaustausch zwischen den Akteuren weniger eine Frage der Herstellung der richtigen Kontakte und des Auffindens von relevantem Wissen; eher schon besteht das Problem in der Bewältigung und Filterung der Informationsfülle. Als Netzwerk-Knoten mit hoher Zentralität sind gatekeeper – Whelan et al bezeichnen sie als „Sterne" wegen ihrer starken Vernetzung vor allem in die Organisationen, denen sie angehören, hinein („internal stars") – aus dem Blickwinkel der Intermediation wichtige Schlüsselstellen: durch ihre wissenskulturellen Verankerungen sind sie ideale Multiplikatoren gemeinsamer grenzüberschreitender Identitätsentwicklung und in diesem Sinn instrumentell zur Kooperationsentwicklung und -pflege nutzbar.

[156] Vgl. Tilly (2005), S. 81f

[157] Vgl. Foray (2006), S. 98

[158] Vgl. Foray (2006), S. 99

[159] Tushman/Katz (1980) schlagen dafür den Terminus der „Kommunikationsimpedanz" vor (S. 1072): „The greater the mismatch in language and cognitive orientation, the greater the difficulties in communicating."

[160] Vgl. Olson/Olson (1993); siehe auch die tabellarische Zusammenstellung in Foray (2006), S. 102.

[161] eigene Darstellung nach Tilly (2005), S. 80

2 Strategische Forschungskooperationen

Die Sprache des Marktes dringt in alle Poren des Sozialen der Gegenwartsgesellschaft ein.[1] *Tatsächlich folgt sie einem Postulat, in dem unmittelbare Zweckmäßigkeit, rasche Verwertbarkeit oder zielführende Wissensexternalitäten als erfolgscharakterisierende Voraussetzungen angenommen werden; in dem Unternehmen – angelehnt an* DARWINS *Konzept von Mutation und Anpassung – einer „surviving of the fittest"-Prämisse nacheilen, auf die auch bei der Entscheidung, in welche Forschungsbereiche investiert werden soll, zurückgegriffen wird. Dieser Sachverhalt, dem bei der Erkundung relevanter Wege zu kooperativen Partnerschaften mit Hochschulen in den nachfolgenden Überlegungen natürlich Rechnung getragen wird, lässt aufgrund kritischer Erfahrungen*[2] *auch die Frage virulent werden, ob solche Kriterien nicht ebenso dazu führen, dass kreative gesellschaftsrelevante Lösungen der Wissenschaft eben* keine *Berücksichtigung finden, weil sie den Wert-Anforderungen der „unsichtbaren Hand" nicht genüge leisten [2.1].*

Schon die KANT*sche epistemologische Fragestellung „was kann ich wissen?" nimmt einen Begriff als Ausgangspunkt, der nicht losgelöst von sozialen Bezugssystemen, sondern stets verschränkt mit individuellen Interessen interagierender, durch Werte geprägter Personen zu bewerten ist, die sich wechselseitig – Gefühle durchlebend und innere Kämpfe austragend – Absichten der Wirtschaftlichkeit oder Motive der Sinnstiftung zuschreiben, woraus im Idealfall komplementäre F&E-Kooperationen entstehen können. Diese fördern, angestoßen von einer Aufgeschlossenheit gegenüber der Partnerperspektive, auch selbstaufklärerische Haltungen und machen so Forschungsbereiche wie die Biomedizin überhaupt erst möglich.*

Bei der Frage nach der Ausrichtung ist die Grenze zwischen wissenschaftlicher Grundlagenforschung und praxisbezogener Anwendung aber ohnehin oft nicht eindeutig [2.2], wobei die Gestaltungsoptionen der Zusammenarbeit mittlerweile eine breite Palette facettenreicher Alternativen umfassen [2.3]. Um sich diese Variantenmannigfaltigkeit offen zu halten, scheint es aber nicht zwingend notwendig, Wertekonflikte unmittelbar auszutragen; stattdessen könnten diese durch einen zentral in einem Netzwerk stehenden, über viele „weak ties" verfügenden Intermediär aufgefangen werden, der auch zur Überbrückung bestehender praktischer Hürden beitragen kann, die einer Umsetzung von Forschungsergebnissen in erfolgversprechende Marktanwendungen entgegenstehen [2.4].

2.1 Wissen als ökonomisches Dispositiv

Friedrich VON HAYEK untersuchte Wissen anhand der Bereitschaft von Unternehmen, nach bisher noch ungenutzten Möglichkeiten zu suchen, und nach ihrer Fähigkeit, sich durch Marktmechanismen zu informieren, welche Güter bzw. Dienstleistungen nachgefragt werden. In diesem Kontext hob er die Wissensbedeutung für den Wettbewerb hervor,[3] ebenso Fritz MACHLUP, der Wissen als ökonomische Ressource am Beispiel der amerikanischen Industrie beschrieb und die Zunahme von *Wissensarbeit* zu Lasten anderer Tätigkeiten voraussah.[4] Während Wissen zuvor nicht allgemein verfügbar, elitär und nur einigen Wenigen vorbehalten war, setzte vor etwa 200 Jahren eine auf Wissen basierte Ökonomie ein, in welcher der Anteil der wissensintensiven Berufe hoch ist.[5] Wie schon in Kapitel 1 betont, bezeichnet der Begriff der *Wissensgesellschaft* ein Zusammenspiel von Gesellschaft, Kultur und Wissenschaft, in dem sich Forschung zu einem konstitutiven Mechanismus von Gesellschaften entwickelt und das Wissen die Produktionsfaktoren Kapital, Land und Arbeit als Wertschöpfungsbeitrag überflügelt. Dabei steigert das systematisierte und methodisch kontrollierte Wissen die Innovationsfähigkeit von Volkswirtschaften und gilt als Faktor für dessen Produktivitätswachstum.[6] Doch stärkt es wirklich die Machtposition der Nationalstaaten im Weltsystem oder sind es nicht, die Staaten selbst, die als Verlierer gegenüber in ihrer Position gestärkten global, agierenden Konzernen dastehen könnten? VON HAYEK befand die Möglichkeit zum Wachstum der Wirtschaftsleistung eines Staates für umso höher, je extensiver seine noch ungenutzten Möglichkeiten des Wissens seien, was jedoch wiederum Evidenz dafür liefere, dass die Potentiale in der Vergangenheit durch mangelnden Wettbewerb vernachlässigt worden seien.[7]

Der Vormarsch von IKT-Technologien hat aber den Wettbewerb verändert und einen wesentlichen Anteil an der „Globalisierung“ von Wissen.[8] Er hat dazu beigetragen, dass der Terminus der *Informationsgesellschaft* entstanden ist, ein von Debatten über Technologie und Erschließungsqualität der Infrastruktur geprägter Begriff. Dabei beeinflusst die Asymmetrie der Informationen gleichermaßen das Verhalten von Firmen und Personen:[9] einerseits erleichtert das Internet in dieser Hinsicht den Informationsfluss und IT-Anwendungen verbessern die Unternehmensperformance;[10] andererseits wirft diese Entwicklung Fragen auf, wie Wissen für Forschung, Wissenschaft und Bildung in einer vernetzten Kommunikationsinfrastruktur am besten verteilt werden soll. In diesem Zusammenhang betrachtet die UNESCO die raison d´être der Informationsgesellschaften nur als eine Zwischenstufe auf dem Weg zu allumfassenderen Wissensgesellschaften.[11]

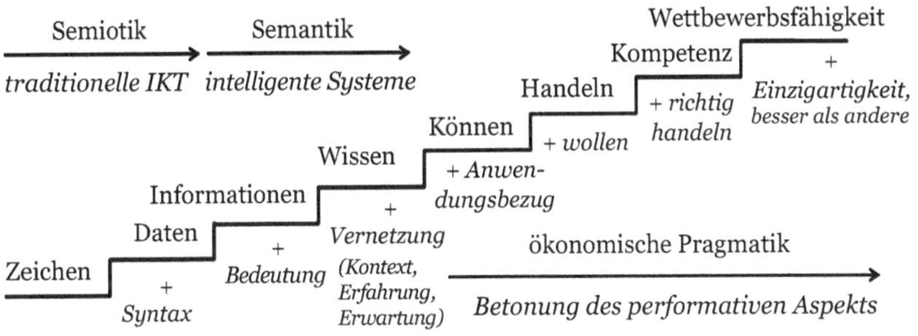

Abbildung 2-1: Performative Wissenstreppe[12]

Für die Definition bzw. Abgrenzung eines primär als *Handlungswissen* verstandenen Wissensbegriffs wird im Rahmen dieser Arbeit auf PROBST et al zurückgegriffen. Informationen sind dort für einen Empfänger interpretierbare Daten, die sich ihrerseits aus den Syntaxregeln von Zeichen zusammensetzen. Welche Informationen aus den Myriaden an Assoziationsverbindungen letztendlich ausgewählt werden, bestimmen neuronale Prozesse in der „Architektur des Gehirns" einer Person. Dabei wird durch die Vernetzung von Information ein Kontext hergestellt, der mit den früher gemachten Erfahrungen und den Erwartungen in Verbindung gebracht wird. Die Nutzung dieser Informationen in einem Handlungsumfeld wird als Wissen bezeichnet, wobei noch weitere Ebenen wie Intelligenz, Weisheit und Reflexionsfähigkeit eine Rolle spielen können. So hat bspw. NORTH auf Grundlage eines ressourcenorientieren Ansatzes in seiner in der Abb. 2-1 abgebildeten Wissenstreppe die Ebenen ‚Können' („*wissen wie*"), ‚Handeln', ‚Kompetenz' und ‚Wettbewerbsfähigkeit' hinzugefügt.[13]

2.1.1 Wissenseigenschaften

Während zuvor unterschiedliche Konzepte und ▸ *Wissensattribute nach MACHLUP* und KANT beschrieben wurden, geht die Differenzierung in explizites und implizites Wissen neben Thomas KUHN auf Michael POLANYI zurück. Ihm zufolge kann explizites Wissen niedergeschrieben und formal weitergegeben werden, während implizites Wissen intuitiv und nicht mündlich „vermittelbar" ist, so wie bspw. die Handfertigkeiten eines Werkmeisters, der sich diese über die Jahre in einem Betrieb angeeignet hat.[14] BADARACCO baut auf diesem Wissenskonzept auf, differenziert jedoch bezugnehmend auf seine Verbreitung die Attribute: verankert und wandernd.[15]

Dabei ist das sich sehr rasch verbreitende, „wandernde“ Wissen verpackt artikuliert und damit mobil, und kann aus diesem Grund von einer Einzelperson oder Organisation mit den entsprechenden Fähigkeiten leicht angeeignet werden, unter der Voraussetzung, dass man sich Zugang dazu verschafft. Es steckt in Formeln, Entwürfen, Anleitungen, Büchern, oder Maschinenteilen. Während PROBST et al argumentieren, dass Wissen auf Daten und Informationen basiert und im Gegensatz zu diesen personengebunden ist,[16] betont BADARACCO (bezugnehmend auf POLANYI, NELSON, WINTER, SIMON, ARROW, WILLIAMSON und SELZNICK), dass Organisationen zwar nicht in dem Sinn über Wissen verfügen wie Einzelpersonen, dass sie jedoch mittels formeller und informeller Beziehungen Wissen schaffen, speichern und verarbeiten können, welches sich über die Routinen, Kulturen und Arbeitsbeziehungen festsetzt bzw. in Organisationen bindet. Es kann sich nicht so einfach verbreiten wie die wandernde Ausprägung, da es in – sehr komplexen – sozialen Beziehungen enthalten und somit „verankert“ ist. Demzufolge beschreibt dieser Sachverhalt ein Wissensattribut, das nicht nur in Patenten, Formeln, Aktenschränken Computerchips und im Verstand einzelner verborgen ist, sondern in einem komplexen sozialen Beziehungsgefüge. Diese gebundene Form ist insbesondere bei *Teams* von hoher Bedeutung, weil es sich bspw. in sozialen Netzwerken von Forschungskooperationen, die es absorbieren, kreieren, speichern, transformieren, kaufen, verkaufen und kommunizieren, festsetzt. Es stellt heute die zentrale Domäne dar, die auch die zunehmende Vernetzung unserer Gesellschaft begründet, dessen Stärke eben darin besteht, dass es in einem dichten Gefüge aus sozialen, wirtschaftlichen, vertraglichen und administrativen Beziehungen verankert ist.

Vor diesem Hintergrund erscheint die Unterscheidung zwischen verankertem und wanderndem Wissen insofern geeignet, als damit die wesentlichen Charakteristika zweier unterschiedlicher Wissensarten aufgezeigt werden, die heute den Wettbewerb unter den Firmen bestimmen. Sie treten nicht in reiner respektive idealtypischer Form auf, sondern Varianten der beiden werden immer häufiger, da immer mehr Wissenschaftler, Techniker, Firmen und Universitäten die Ansammlung von kommerziell verwertbarem Wissen vergrößern. Nach BADARACCO ist die zunehmende Ausbreitung dieser beiden Attribute eine der vorrangigen Antriebskräfte, die dem derzeitigen Wettbewerb in vielen Industriezweigen eine neue Gestalt gibt, die Firmen vor neue Probleme und Gelegenheiten stellt und die Schaffung vieler innovativer Wissensbündnisse zur Folge hat.[17]

Tabelle 2-1: Attribute zur Messung von explizitem Wissen[18]

ATTRIBUT	BESCHREIBUNG
Kodifizierbarkeit	Wissen ist kodifizierbar, wenn Versand und Empfang des Wissens leicht fallen, wobei es nach Foray auf die Existenz der geeigneten Sprache und die Modellierfähigkeit ankommt.[19]
Lehrbarkeit	bestimmt das Ausmaß, mit dem man Wissen durch Training weitergeben kann.
Komplexität	Schwierigkeit der Messung von Komplexität. Zander und Kogut beschreiben es, als die Anzahl an kritischen und interaktiven Elementen, die von einer Aktivität oder Entität umfasst wird.

Wie die wandernde und verankerte treten auch die explizite und implizite Beschaffenheit nicht in reiner Form auf, sondern beinhalten in unterschiedlichem Ausmaß Anteile an dem eher impliziten (subjektiven) Erfahrungswissen („*Körper*"), simultanem Wissen („*hier und jetzt*") und analogem Wissen („*Praxis*"), sowie Anteile an dem eher expliziten (objektiven) rationalen Wissen („*Verstand*"), sequentiellen Wissen („*dort und dann*") und digitalen Wissen („*Theorie*").[20] ZANDER und KOGUT[21] untersuchen in einer empirischen Analyse, wie der Anteil der expliziten Ausprägung gemessen werden könnte und eruieren dabei die drei signifikanten Attribute *Kodifizierbarkeit, Lehrbarkeit* und *Komplexität*, wie Tab. 2-1 verdeutlicht.

Somit kann sich also Wissen auf Basis sozialer Beziehungen verankern und der persönliche Kontakt führt am ehesten dazu, dass Wissen vom Empfänger korrekt wahrgenommen wird. Doch existieren abseits des bewertbaren Transferkanals auch messbare Variablen, welche die Wissensausbreitung signifikant hemmen, etwa weil der Wille zur Offenlegung der Weitergabe fehlt. 1994 prägte VON HIPPEL den Terminus der ▸ *stickiness*, der beschreibt, welche Auswirkungen das Zurückhalten von Informationen beim Lösen innovationsbezogener Probleme für Forscher und Praktiker mit sich bringen.[22] SZULANSKI analysierte ein Jahr später den Sachverhalt, der besagt, dass sich bewährtes Anwendungswissen (*best practice*)[23] in einer Organisation nicht immer ausbreitet, sondern unter Umständen an einem Ort „hängenbleibt". Dabei stieß er in einer empirischen Analyse auf signifikante Faktoren, welche das Wissen durch die *stickiness* im negativen Sinn beeinflussen. Neben den zwei Wissens-Attributen (kausale Mehrdeutigkeit, unerprobtes Wissen) determinierte er noch sieben weitere signifikante Eigenschaften, die entweder der Quelle (Motivationsmangel, wahrgenommene Glaubwürdigkeit), dem Empfänger (Motivationsmangel beim Empfänger, Mangel an Aufnahme- und

Umsetzungsfähigkeit, Retention), oder dem Kontext (dünner Sinnzusammenhang, anstrengende Beziehung) zugerechnet werden können. In diesem Konnex wirft die *stickiness* eine Reihe von Fragen in Bezug auf Organisation der Wissensproduktion, des Produktdesigns und der Systemintegration auf.[24]

2.1.2 Wissensmanagement

Im allgegenwärtigen Primat der Ökonomie entstanden in den 1990ern unterschiedliche unternehmensbezogene Konzepte, die sich dem Kommodifizierung postulierenden Wissensthema und ihrer Steuerung als intentionelle Intervention in den Firmen widmeten. PROBST et al differenzieren in ihrem pragmatischem Wissensmanagementkonzept zwischen sechs Kernprozessen, anhand welcher wissensbezogene Probleme innerhalb eines Unternehmens erörtert bzw. bewältigt werden können. Dabei werden die Prozesse um die beiden Rahmenbausteine den Richtung gebenden *Wissenszielen* und der erfolgsmessenden *Wissensbewertung* zu einem Management-Regelkreis ergänzt. Mit der externen und der internen Transparenz über vorhandenes Wissen beschäftigt sich dabei die *Wissensidentifikation*, mit den extern zugekauften Fähigkeiten der *Wissenserwerb*, mit dem Aufbau auf vorhandenes Wissen die *Wissensentwicklung*, mit der Übermittlung an den richtigen Ort die *Wissens(ver)teilung*, mit der Sicherstellung der Anwendung die *Wissensnutzung* und mit dem Schutz vor Verlusten die *Wissensbewahrung*.[25]

NONAKA gilt mit seinem Konzept *„über die Schaffung von Wissen in Unternehmen"*, in dem mit Hilfe einer vier Stufen durchlaufenden Wissensspirale (*SECI-Prozess*) neues Wissen im Unternehmen erzeugt wird,[26] als Pionier in diesem Bereich. Dabei wird durch Erfahrung, Beobachtung oder Nachahmung implizites Wissen zunächst weitergegeben (*Sozialisation*). Eine Umwandlung von implizit nach explizit erfolgt in der zweiten Stufe (*Externalisierung*), in der in einem oft schwierigen Prozess versucht wird, implizites Wissen niederzuschreiben. Das danach in Datenbanken einer Unternehmung neu aufgezeichnete Wissen kann in einem anderen Kontext mit bereits vorhandenem, anderen Datenmaterial im Unternehmen wiederum explizit verwendet werden (*Kombination*). Durch oftmals langwieriges *learning by doing* wird diese kodifizierte Form verinnerlicht, respektive verfeinert und verbessert, was einer Umwandlung in implizites Wissen entspricht (*Internalisierung*). Durch mehrmaliges Durchlaufen dieser Spirale wird es kontinuierlich neben der epistemologischen in einer ontologischen Dimension auf Unternehmensebene[27] weitergegeben, was am Beispiel der Entwicklung der Brotbackmaschine beschrieben wird.[28]

Kritisch hinterfragt wird an diesem Modell insbesondere die nach POLANYI per definitionem nicht mögliche Externalisierung. Für dieses Unterfangen erweitert NONAKA in seiner Auslegung das implizite Wissen um eine kognitive Dimension. Während ihm zufolge das technische Element Aussagen über *know how*, Handwerk und Fähigkeiten, die einen bestimmten Kontext betreffen, macht, bezieht sich die kognitive Ebene in diesem Modell sowohl auf eine Wirklichkeitsauffassung, welche die Ist-Situation beschreibt (*what is*), als auch auf eine Zukunftsvision, die Aussagen über möglich Auftretendes widerspiegelt (*what ought to be*).[29] Als Beispiel wird angeführt, wie jap. Produktentwicklungsmanager aus der Automobilbranche sich einer figurativen Sprache bedienen, um ihre Intuitionen oder Erkenntnisse zu vermitteln. Eine Metapher, wie jene der *Automobilevolution* oder der *man maximum, machine minimum*, sowie eine stärker strukturierte Analogie, die als Zwischenschritt zwischen reiner Vorstellung und logischem Denken postuliert wird, dienen dabei als Hilfsmittel. So mündete z.B. die Vorstellung, einen billigeren und kleineren *Honda Civic* zu bauen, in einen Durchbruch zu einem neuen Konzept.[30] Andererseits kann die Entwicklung des modernen Schachcomputers als Beispiel dienen, wie zuvor in Menschen vorhandenes implizites Wissen in Datenbanken kodifizierbar gemacht worden ist. Am Beispiel der Reisebranche erklärte VON HIPPEL, wie die IT-Entwicklung dazu führte, dass durch das Abspeichern von Informationen in benutzerfreundlichen Computerdatenbanken[31] das zuvor nur in Einzelpersonen vorhandene Wissen leichter verfügbar wurde. Dass ein Niederschreiben jedoch auch heute nicht immer möglich ist, zeigt das asiatische Brettspiel GO, zu dem bislang alle Versuche gescheitert sind, ein Computerprogramm zu realisieren, welches in der Lage ist, einen starken Amateurspieler zu schlagen. Im Sinne einer feineren Trennung der Definitionen zwischen implizit und (noch) nicht kodifiziert verliert aber POLANYIs Definition von dem unspezifischen und dem individuell geprägten Ahnen des Richtigen somit nichts von seiner Bedeutung zur Beschreibung dieser Wissensattribute.

2.2 Forschungskooperationen in Innovationssystemen

Die Beherrschung und Entwicklung von Wissen bildet die Grundlage für das Entstehen einer Verfahrensregeln und Anleitungen umfassenden ▸ *Technologie*,[32] die den Ausgangspunkt für die daraus tatsächlich realisierten ▸ *Techniken* bildet. Das Wissen ist aber auch essentiell für die Erforschung und Entwicklung neuer Produkte und Dienstleistungen, die als ▸ *Innovationen* auch nicht-technische Bereiche beinhalten können. Doch während zuvor bei Ökonomen wie Adam SMITH die Bedeutung von Wissenschaft und Technologie für Wachstum und den nationalen, gesellschaftlichen Wohlstand im Fokus stand,[33] formulierte erst ▸ *Schumpeter* spezielle Eigenschaften, die sich auf neuartige Güter, Beschaffungs- und Absatzmärkte, Methoden bzw. auf organisatorische Neuerung beziehen und so einen möglichen Zusammenhang zwischen Innovationen und Wirtschaftswachstum herstellen,[34] wobei das Wort ‚Innovation' selbst dabei noch gar nicht erwähnt wird. Dieser Begriff, der ansonsten eine Bandbreite von sehr weit bis recht eng gefassten Definitionen umfasst, beinhaltet immer etwas Neues[35] und grenzt sich dadurch von der Nachahmung (▸ *Imitation*) ab. Bei ihr steht, anders als bei der zeitpunktbezogenen ▸ *Invention*, die kommerziell nutzbare Anwendbarkeit im Blickpunkt. So kann es sich bspw. um eine erfolgreiche Umsetzung einer neuen Idee, von der man sich Verbesserung gegenüber bereits Vorhandenem verspricht, handeln.[36]

2.2.1 Innovation innerhalb sozialer Systeme

In den letzten Jahren hat sich die Erkenntnis durchgesetzt, dass Innovationen und Innovationsleistungen überwiegend nicht als Produkt einzelner entstehen, sondern im Zusammenspiel verschiedener Faktoren und Akteure.[37] So beschreibt FREEMAN, dass nicht mehr die verklärte Vorstellung des einzelgängerischen Erfinders, sondern vielmehr regionale und nationale Innovationssysteme für die Entwicklung von neuem Wissen ausschlaggebend sind.[38]

Aufgrund der wachsenden Komplexität kann ein allgemeiner Trend zur Arbeitsteilung und Spezialisierung bei der Entwicklung von Innovationen festgestellt werden. Immer mehr setzt sich die große Bedeutung von Forscherteams in und außerhalb von Unternehmen in jahrelangen geplanten und durchstrukturierten Arbeiten durch. FREEMAN hebt damit im Speziellen die Bedeutung von Beziehungsnetzwerken für die Firmen hervor. Mittlerweile haben sich verschiedene, sowohl mathematisch formulierte als auch nichtformale Theorien entwickelt, die Innovationen analysieren, letztlich aber immer nur Teilaspekte[39] erklären können. Abb. 2-2 veranschaulicht überblicksartig die gängigen Theorien der *Innovationsforschung*.[40]

Nach heutigem Stand vermag dabei die Systemtheorie, viele Aspekte in Zusammenhang mit Innovationen am umfassendsten zu erklären:[41] der Erfolg betrieblicher Innovationsprozesse ist häufig auf externe Einflüsse

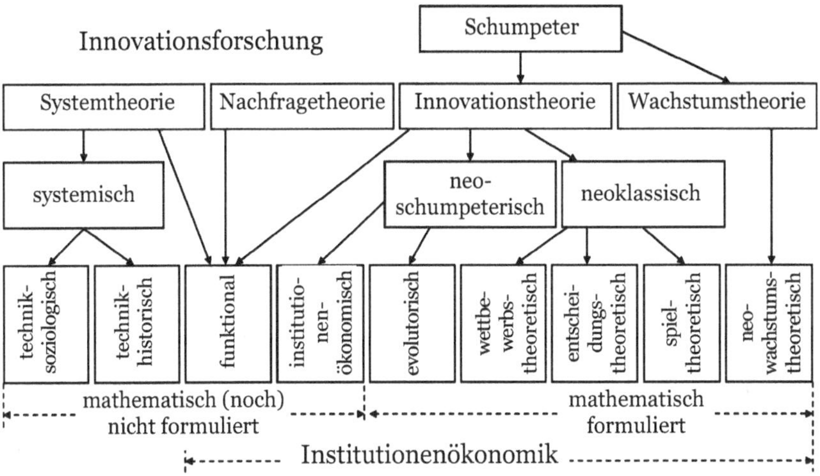

Abbildung 2-2: Innovationsforschung[42]

gegründet, und zwar in den sozialen Systemen, die der Entwicklung von Innovation Auftrieb verleihen und die eine Menge von Elementen beinhalten, zwischen denen Beziehungen bestehen, die auf einem Sinnzusammenhang von Handlungen beruhen. So kann z.B. als Ergebnis des Zusammenwirkens staatlicher Akteure und relevanter Interessensgruppen aus Wirtschaft, Wissenschaft und Technik etwas Neues entstehen.[43]

Das soziale System kann z.B. ein *Netzwerk*, ein *Cluster*, ein *New Industrial Disctricts* (NID), oder ein *Territorial Production Systems* (TPS) sein. Noch bevor Manuel CASTELLS im Jahr 2000 den Begriff der Netzwerkgesellschaft[44] prägte, hat Michael PORTER[45] den Cluster-Begriff popularisiert. Er beschrieb Cluster als Gruppen vernetzter nationaler Industrien, die sich Attribute regionaler Produktivität zu Nutze machen. Dabei können in dem in Abb. 2-3 beschriebenen „Diamantenmodell“

- die räumliche Nähe der vor- sowie nachgelagerten Wirtschaftszweige (*related and supporting industries*) und
- die Infrastruktur, die Fachkräfte und das Personal (*factor conditions*) und
- die lokale und direkte Konkurrenz (*context for firm strategy and rivalry*) und
- die Nachfrageentwicklung in dem betroffenen Gebiet (*demand conditions*) und
- die Einflussnahme des Staates und der Faktor Zufall (*government, chance*)

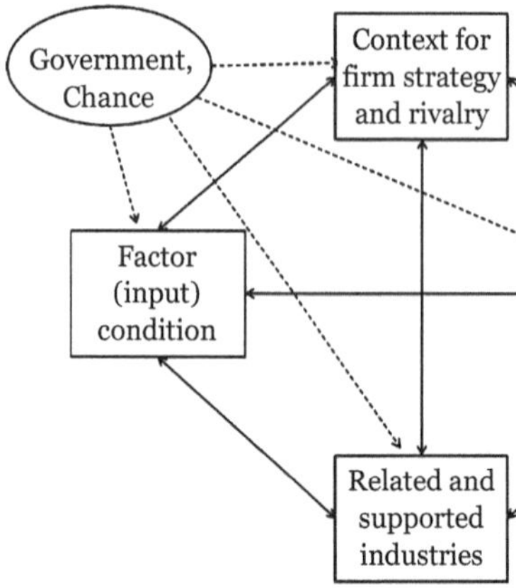

Abbildung 2-3: PORTERS „Diamond"[46]

das Entstehen von Clustern fördern, aber ebenso das Ansiedeln von Schlüsselunternehmen (*first mover*), um die sich andere Unternehmen gruppieren.[47] Als Basis für die Verbreitung von Wissen dient beim Cluster die geographische Lage und nicht die Beziehung, wie in einem Netzwerk, was auch die folgende Tab. 2-2 verdeutlicht.

Cluster-ähnliche Gemeinschaften sind die NID, sowie die TPS. NID sind wie Cluster ortsgebunden, aber auf einen ökonomischen Bereich spezialisiert. Sie können von einem Großunternehmen ausgehen wie z.B. das NID Toyota in Toyota City, oder sie können Zweigunternehmen von Multis sein wie z.B. der NID Research Triangle Park, oder aber auf staatlichen

Tabelle 2-2: Eigenschaften von Netzwerken und Clustern[48]

EIGENSCHAFTEN	NETZWERK	CLUSTER
Mitgliedschaft	beschränkt	Offen
Beziehung	konkurrenzbetont durch Kooperation	konkurrenzbetont mit Kooperation
Wertekanon	gemeinsame Wirtschaftsziele	gemeinsame Vision
Form der Interaktion	formale Partnerschaft	informelle Interaktion
Bandbreite	limitiert	groß
Basis für Wissenstransfer	Beziehung	(geographische) Lage

Einrichtungen basieren wie z.B. NID Silicon Valley. Ein TPS wird durch regional gebundene Produktionsfaktoren und das damit verbundene Beziehungsgeflecht definiert und in der Literatur vielfach synonym mit NID verwendet.[49] Tatsächlich scheint heute das Nichtvorhandensein eines Clusters und Netzwerks in einem Forschungsbereich wie bspw. der Nanotechnologie kaum mehr vorstellbar zu sein.[50]

2.2.2 Netzwerkanalyse sozialer Systeme

Mit Hilfe der Netzwerkanalyse kann gemessen werden, wie gut z.B. der Informationsfluss innerhalb sozialer Systeme funktioniert. Sie bezieht sich dabei auf Interaktionen von Individuen, nicht aber auf ihre Ausprägungen. In diesem Zusammenhang wird die Struktur von Individuen in sozialen Netzwerken zur Analyse herangezogen. Dabei erfolgt die Klassifikation von Netzwerken auf Basis von drei wesentlichen Konzepten: *Zentralität*, *Dichte* und *Verbindungen*.[51]

Bei der *Zentralität* unterscheidet FREEMAN[52] zwischen drei signifikanten Variablen. *Betweenness* beschreibt dabei die relative Häufigkeit, mit der ein Akteur zwischen der Interaktion zweier anderer Akteure liegt. Sie ist umso höher, je größer die Macht zur Koordination und Interaktion und die Verantwortung, um Kommunikationen aufzunehmen, ist. *Degree* gibt die Anzahl der mit einer bestimmten Position bzw. einem bestimmten Akteur in direktem Kontakt stehenden anderen Positionen, wobei ein überdurchschnittlicher Wert ein hohes Potential von Interaktionen wiedergibt. *Closeness* gibt Auskunft über das Potential von Unabhängigkeit und Effizienz. Hier bedeutet ein hoher Wert, dass ein Akteur frei von Beeinflussung anderer Informationen effizient weitergibt. Eine bedeutende Auswirkung auf das Verhalten und Wohlbefinden eines Akteurs liegt in der Position, in welcher er sich in einem Netzwerk befindet, wobei die *Dichte*, die sich aus dem Verhältnis der Gesamtzahl der bestehenden Beziehungen und der maximal möglichen ergibt, als meistbenutztes Konzept zur Beschreibung herangezogen wird.

Bei den *Verbindungen* kann generell zwischen einem Vorhandensein und einem Nichtvorhandensein, aber auch zwischen gerichteten und nicht gerichteten Verbindungen unterschieden werden. Einen weiteren, bei den Verbindungen relevanten Sachverhalt hat Mark GRANOVETTER festgehalten. Demnach entscheidet die Intensität der Verbindungen, ob sich in einem System ein Informationsreichtum ausbreiten kann oder nicht. GRANOVETTER formuliert in seinem Modell, wie die *Stärke der Beziehungen* zwischen den Akteuren durch Interaktionen in der Mikroebene, Auswirkungen auf die Makroebene hat.[53] Dabei entscheiden die

Häufigkeit des Kontaktes, die emotionale Intensität, die Intimität, die sich durch gegenseitiges Vertrauen und Intensität ausdrückt, und die Reziprozität, ob es sich um eine starke oder schwache Verbindung (Dyade) handelt. Bei starken Beziehungen auf Mikroebene werden die betroffenen Akteure ähnlicher, gleichen sich mit der Zeit an und sind dadurch auch besser in der Lage, implizites Wissen durch Imitation weiterzutragen. Im Falle, dass ein Akteur nun starke Beziehungen zu zwei anderen – die einander nicht kennen, wo also noch keine Verbindung besteht – unterhält, steigt die Ähnlichkeit dieser zwei untereinander an und durch einen positiv aufgebauten Druck auch die Wahrscheinlichkeit, dass die beiden anderen eine Beziehung miteinander aufbauen. Diese entstandene Verbindung erfolgt in weiterer Folge jedoch auf direktem Wege, ohne Beiziehung des ersten Akteurs. Bei schwachen Beziehungen hingegen würde eine mögliche Kontaktaufnahme der beiden ursprünglich nicht in Beziehung zueinander stehenden Akteure weiterhin über den ersten Akteur erfolgen, der aufgrund der schwachen Beziehungen weiterhin als *Brücke* (*bridge, cutpoint*) zwischen den beiden anderen fungiert, was bei starken Beziehungen nicht der Fall gewesen wäre. Die so auf Mikroebene entstandenen Brücken erzeugen in einem Netzwerk mehr kurze, sowie überhaupt mehr Beziehungspfade. Ihr Fehlen erhöht die Wahrscheinlichkeit der Isolation einzelner Akteure (*hanger*). Auf der Makroebene bedeutet dies, dass neue Informationen in einem System eine höhere Anzahl an Mitgliedern erreichen und eine größere soziale Distanz überbrücken können. Somit macht die Stärke schwacher Beziehungen die *erhöhte Informationsvielfalt* aus, die vor allem das explizite Wissen weiterträgt. Vor diesem Hintergrund schreibt GRANOVETTER:

„... I suggested that for a community to have many weak ties which bridge, there must be several distinct ways or contexts in which people may form them“.[54]

2.2.3 F&E-Aktivitäten

Am Beginn des Entstehungszyklus einer ▸ *Innovation i.w.S.* steht ▸ *Forschung und Entwicklung.* Sie gilt als die treibende Kraft im Innovationsgeschehen. Heute wird in zunehmendem Ausmaß sowohl im Inland wie auch international geforscht, vor allem aber dort, wo sich Netzwerke bilden können.[55] Vor diesem Hintergrund verwundert es nicht, dass der – seit den 1990ern insbesondere bei jungen Firmen anhaltende – F&E-Boom einen Zusammenhang zwischen Forschungsfinanzierung, Innovation und Wachstum impliziert.[56]

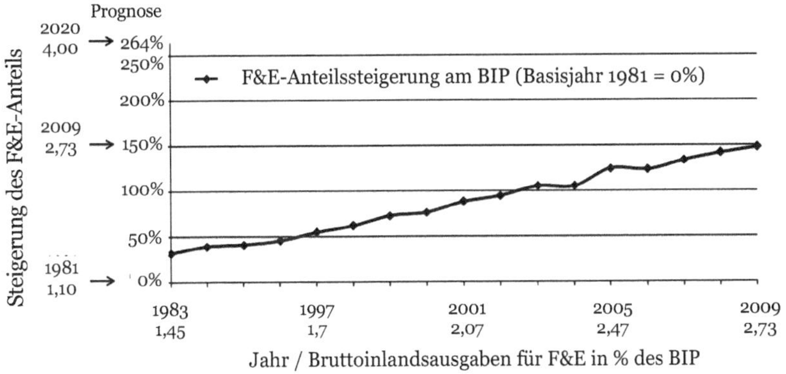

Abbildung 2-4: F&E-Entwicklung gemessen am BIP in Österreich[57]

Als Forschung und Entwicklung wird allgemein die systematische, schöpferische Arbeit zur Erweiterung des Kenntnisstandes bezeichnet.[58] Nach der Definition des nach der italienischen Ortschaft FRASCATI benannten OECD-Handbuches umfasst der Terminus F&E die auf Erkenntnisse ausgerichtete Grundlagenforschung, die praxisbezogene, angewandte Forschung sowie die experimentelle Entwicklung, wobei die Entwicklung noch feiner in Neu-, Weiter-, konstruktive Entwicklung sowie Erprobung unterteilt werden könnte.[59]

Tabelle 2-3: F&E-Aktivitäten nach dem FRASCATI-Handbuch

F&E-AKTIVITÄT	DEFINITION NACH FRASCATI
Grundlagen-forschung	ist eine experimentelle oder theoretische Anstrengung, die primär unternommen wird, um neues Wissen für ein zugrundeliegendes Phänomen oder beobachtete Sachverhalte zu erwerben, ohne dabei eine spezielle Anwendbarkeit oder Verwendung anzustreben
angewandte Forschung	ist originär ebenfalls darauf ausgerichtet, neues Wissen zu erlangen; allerdings fokussiert sie auf einen relativ konkreten Zweck bzw. auf ein spezielles Ziel, das in der Praxis erreicht werden soll
experimentelle Entwicklung	ist eine systematische, auf bereits vorhandenem Wissen aufbauende Arbeit, die darauf ausgerichtet ist, neue Materialien, Produkte oder Geräte hervorzubringen, um neue Prozesse, Systeme und Dienstleistungen zu entwickeln oder diese substantiell zu verbessern, falls sie bereits produziert oder entwickelt worden sind

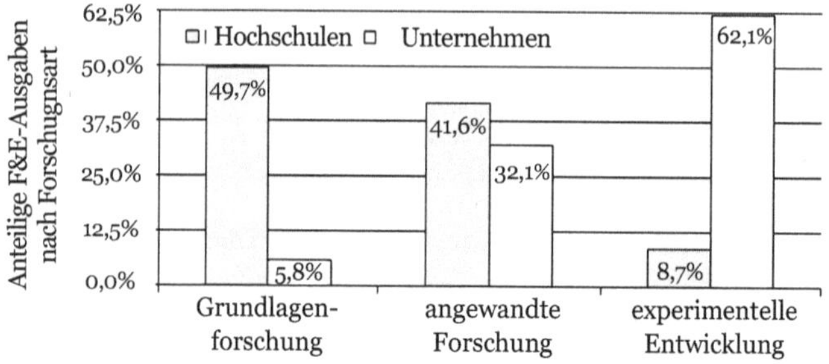

Abbildung 2-5: Ausgabenvergleich nach Forschungsart in Österreich[60]

Nicht hinzuzuzählen sind Aktivitäten der Administration, wie z.B. das Aufbringen der Mittel für die Forschung, wissenschaftliche oder technische Aktivitäten wie das Sammeln, Kodieren, Aufnehmen, Klassifizieren, Verbreiten, Übersetzten, Analysieren und Evaluieren, sofern sie nicht ausschließlich zum Zwecke der F&E-Unterstützung angestellt werden, oder andere industrielle Aktivitäten wie das Vorbereiten, Produzieren, Verbreiten von Produkten und Dienstleistungen oder das Durchführen eine Marktanalyse und auch (Aus-) Bildung mit Ausnahme des PHD-Levels und Training werden nicht hinzugerechnet.[61] Andererseits beinhaltet Forschung aber auch Erkenntnisse über den Menschen, die Kultur und die Gesellschaft sowie deren Verwendung mit dem Ziel, neue Anwendungsmöglichkeiten zu finden.[62] Diese F&E-Unterteilung ist dabei als kleinster gemeinsamer Nenner der beteiligten Forschungseinrichtungen und Unternehmen anzusehen.

Doch gibt es Forschungsbereiche wie z.B. die Nanotechnologie mit den Advanced Materials oder die Gentechnik, bei denen diese Abgrenzung schwierig wird; auch nähern sich bspw. heute in Österreich die Ausgaben der Hochschulen für angewandte Forschung den Ausgaben für Grundlagenforschung an und Firmen geben eine höheren Anteil für Grundlagenforschung aus als z.B. Fachhochschulen.[63] Diese Sachverhalte deuten bspw. auf einen mittelbaren Verwertungsaspekt bei der Grundlagenforschung hin und lassen die alleinige Unterscheidung zwischen angewandter- und Grundlagenforschung als zu kurz gegriffen erscheinen.

So entwickelten sich neben diesen gängigen Definitionen von Forschungsarten in den letzten Jahren Bezeichnungen wie die *(ziel)-orientierte Grundlagenforschung*, oder das auf praktische Ziele oder Zwecke ausgerichtete Oxymoron *angewandte Grundlagenforschung*. Während „reine" Grundlagenforschung in diesem Zusammenhang ausschließlich

Forschung wird inspiriert durch...	*Relevanz: die Anwendbarkeit ?* Nein	 Ja
Exaktheit: das Streben nach elementarer Erkenntnis Ja	BOHRscher Quadrant *Disziplinen der Grundlagenforschung*	PASTEURscher Quadrant *z.B. Wirtschaftsschulen mit beiden Elementen*
Nein		EDISONscher Quadrant *Consulting-Firmen*

Abbildung 2-6: Quadranten-Modell[64]

dem Erkenntnisfortschritt dient, stoßen bestimmte Bereiche auf allgemeines Interesse oder sind langfristig betrachtet anwendungsorientiert, was die FRASCATI-Unterteilung nicht ausreichend berücksichtigt. Diese Differenzierung kann sogar für manche Forschungsbereiche kontraproduktiv sein. STOKES begründet dahingehend[65], dass die Grundlagenforschung nur die elementare Erkenntnissuche, d.h. der Entdeckung von Naturgesetzen, also einer generellen Wissensbildung ohne Praxisbezüge verfolgt, während die angewandte Forschung im Dienste unmittelbarer wirtschaftlicher Relevanz zu stehen scheint. Forschung kann aber auch beide Züge gleichzeitig aufweisen, nämlich Grundverständnis *mit* Anwendungsbezogenheit.

Vor diesem Hintergrund sieht er Verständnis und Anwendung nicht als Begriffe gegenteiliger Grundanschauung an, sondern setzt sie in ein *orthogonales* Verhältnis zueinander. So wird bspw. Forschung betrieben, um ein Phänomen besser begreifen zu können. Als Vertreter dieser Gruppe nennt STOKES den dänischen Physiker Niels BOHR mit dessen Forschung auf dem Gebiet der Atomstrukturen. Andererseits gibt respektive gab es Forscher wie Thomas Alva EDISON, welche die direkte Nutzbarkeit für die Praxis in den Vordergrund ihrer Tätigkeit stellen bzw. gestellt haben, ohne sich aber mit dem „warum" zu beschäftigen, weil ihnen im Erfinderdrang z.B. einfach die Zeit dafür fehlte. So erfand EDISON bspw. die Wolfram-Glühbirne ohne näher zu erforschen, was das Element Wolfram als Glühwendel so geeignet macht. Im Blickpunkt steht bei dieser Art der Forschung somit einzig die Anwendbarkeit als solche. Der französische Wissenschaftler Louis PASTEUR, ein Pionier auf dem

Gebiet der Mikrobiologie, kann hingegen als Vertreter jener Forschergilde beschrieben werden, welche die Suche nach Verständnis mit dem Wunsch verbinden, die Ergebnisse umzusetzen. STOKES wählt diese drei Forscher als Repräsentanten ihrer jeweiligen Ausrichtung, welche in eine nach der Inspiration der Forschung gestellte Taxonomie eingeteilt werden, wie in Abb. 2-6 dargestellt wird. In genau diesem Sinn vertritt „PASTEUR's Quadrant" *Forschung mit Anwendungs- und Grundlagenbezügen* (*use-inspired basic research*).[66]

2.2.4 Kooperationstheorien

Heute wird in zunehmendem Ausmaß in ▸ *Kooperationen* geforscht, wobei innovationsfreudige Unternehmen eher dazu neigen, Partnerschaften einzugehen.[67] Viele Unternehmen konzentrieren ihre internen F&E-Ressourcen auf strategisch ausgewählte Kernkompetenzen, da es für sie immer schwieriger wird, alle relevanten Technologien aus eigener Kraft rechtzeitig und in erforderlicher Qualität zu beherrschen.[68] Doch was bestimmt die Bandbreite an Situationen, die zu Kooperationen führen? In der Wirtschaftswissenschaft existieren unterschiedliche Ansätze, die Motive von Akteuren zur Kooperation beschreiben.

Mit der Frage wie Kooperation in komplexen Systemen koordiniert werden kann, beschäftigen sich MALONE und CROWSTON. Dabei definiert sich die *Coordination Theory* als interdisziplinärer Ansatz, der versucht, allgemeingültige Erkenntnisse über Koordinationssituationen festzumachen, sowie Mechanismen zu entwickeln, mit denen auftretenden Koordinationsproblemen entgegnet werden kann. In diesem Zusammenhang identifizierten MALONE und CROWSTON vier grundlegende Koordinationsprozesse: die Identifikation von Zielen, die für die Ziele notwendige Zuweisung von Aktivitäten, die Zuteilung von Aktivitäten an die handelnden Akteure, sowie die Steuerung von Interdependenzen (z.B. Ressourcenverteilung, Synchronisation, Sequenzierung).[69]

Das *Kontingenzmodell*, das neben WOODWARD auf FIEDLER zurückgeht, beschreibt, wie das Zusammenspiel von Führungsstil und situativen Faktoren („Entscheidungen in einer Situation") den Führungserfolg in einer Organisation beeinflussen können, respektive übertragen auf eine Kooperation, wie effizient das Team sich verhält. Die Benignität der Situation hängt dabei von der Aufgabenstruktur, der Positionsmacht und der Beziehung zwischen Führer und Geführten ab. Der Stil des Führers ist wiederum abhängig davon, ob die Gruppenmitglieder aufgaben- oder personenbezogen agieren, ob sie schlecht oder gut zusammenarbeiten. Kritisiert kann bspw. an diesem, auf bloße Empirie beruhenden Ansatz werden, dass Führung und Situation nicht unabhängig voneinander sind, oder dass die Fähigkeiten, Erwartungen und Bedürfnisse der Geführten vernachlässigt werden.

Die Übertragung von Verfügungsrechten – also Transaktionen – und der Aspekt des Einsatzes knapper Ressourcen sind auch der Ausgangspunkt für die auf COASE beruhende *Transaktionskostentheorie.*[70] WILLIAMSON adaptierte die Theorie und addierte auch noch die Kosten, die sich bei Planung (also z.B. Vorvertragsphase), Adaptierung und Überwachung[71] der Transaktionen ergeben und somit einen Vergleich zwischen Durchführung mit allen damit zusammenhängenden Kosten und Nicht-Durchführung einer Transaktion anstellt (*make or buy*), wobei Akteure dann effizient handeln, wenn sie die Alternative mit den niedrigsten Transaktionskosten wählen, also z.B. wenn sie eine Kooperationen schließen oder nicht.

Auf die Ideen von COASE aufbauend entwickelt Harold DEMSETZ die *Theorie der Verfügungsrechte* (*property rights theory*). Ihr Konzept beruht auf der Verteilung exakt zugewiesener Rechte über knappe Ressourcen an mehrere Akteure. Die Theorie thematisiert dabei die aus der Verteilung resultierenden Verhaltensanreize. Mögliche, extern auftretende Effekte, an denen Akteure leiden, können durch Internalisierung (also: Änderung) der Verfügungsrechte mittels Interaktion aller Beteiligten, z.B. durch Bildung von Kooperationen, aufgehoben werden. Nur unter der Prämisse, dass keine Kosten bei dieser Änderung der Verfügungsrechte – also keine Transaktionskosten – entstehen, können hier optimale Lösungen angeboten werden.[72] In diesem Zusammenhang werden bei europäischen Hochschulen die Verfügungsrechte bei der Kommerzialisierung der Forschungsergebnisse durch Kooperationen mit der Industrie beeinflusst. Die auftretenden Effekte sind in diesem Fall die historisch konstituierte Verpflichtung der Hochschule gegenüber einem als Allgemeingut verstandenen Wissen, sowie die organisatorischen Standards, welche die Kommerzialisierung hemmen.[73]

Auf COASE und DEMSETZ berufen sich wiederum JENSEN und MECKLING bei der Entwicklung ihrer Agenturtheorie[74], später bekannt als die *Prinzipal-Agent Theorie.* Jedoch interpretieren sie die Theorie der Firma als eine Theorie des Marktes, in dem Firmen (*black box*) wichtige Akteure sind. Ihr Ansatz ist die Informationsasymmetrie zwischen den Akteuren untereinander, in welcher der Agent, der zumeist im Informationsvorteil liegt, diesen Vorteil in Form von opportunistischem Verhalten ausnützt. Maßgeblich in dieser Theorie ist der Vertrauensaspekt, der zwischen den ökonomisch ausgerichteten Industriemanagern und den wissenschaftlichen Forschern eine nicht unwichtige Rolle für das Zustandekommen einer Kooperation zwischen Wissenschafts- und Praxispartnern haben kann. Der Aufbau und Erhalt vertrauensvoller Beziehungen durch positive Erfahrungen bei Forschungspartnerschaften kann hingegen einen Mangel an Legitimität überwinden.[75]

Das auf den Unternehmens-Ressourcen basierende Strategiekonzept von WERNERFELT[76] (*resource-based view*) geht hingegen auf PENROSE[77] zurück. Tangible und intangible Assets[78] sind dabei der Ausgangspunkt eines möglichen Wettbewerbsvorteiles eines Unternehmens auf dem Markt. Kooperationen bzw. Auslagerungen können demnach in allen nicht die Kernkompetenzen eines Unternehmens betreffenden Bereiche durchgeführt werden.[79] Auf Hochschulorganisationen übertragen könnte die Auslagerung bspw. administrative Tätigkeiten für Forscherpersonal betreffen.

Als Ansatz zur Beschreibung ökonomischer Zusammenhänge hat die *Spieltheorie*, die auf John von NEUMANN und Oskar MORGENSTERN zurückgeht, in den letzten Jahren enorm zugenommen, um unterschiedliche Sachverhalte in neuer Form zu erklären, wie z.B. das Vertrauensproblem, rationales Handeln, soziale Dilemmata, Spiele mit unvollständigen Informationen, die experimentelle Spieltheorie oder auch Kooperation und Evolution, wobei hierbei auf die Veränderung der Strategie im Falle von Wiederholung hingewiesen wird.[80] AXELROD[81] ließ in einem Turnier unterschiedliche Kooperationsregeln beim iterativen ▸ *Gefangenendilemma* gegeneinander antreten. Dabei stellte sich die simple ‚TIT for TAT'-Strategie als überaus erfolgreiche Strategiewahl als Reaktion auf nichtkooperatives Verhalten heraus.[82] Doch rationale Entscheidung und Vertrauensaspekte scheinen nicht die ganze Bandbreite zur Beschreibung für eine Kooperation auszumachen. Denn während bei den zuvor beschriebenen traditionellen Abgrenzungen im Wesentlichen die Stärke der gesetzten Anreize darauf ausgerichtet ist, bei wiederholten Interaktionen die eigene Reputation zu wahren und in Relation zur Verlockung zu betrügen gesetzt wird, handeln Personen in vielen sozialen Situation oft konträr zu ihrem materiellen Eigennutzen.[83] Vor diesem Hintergrund nennt TABELLINI die Wertevermittlung als einen wichtigen Aspekt bei der Beschreibung der Bandbreite für Kooperationen. Er verdeutlicht am Beispiel einer Eltern-Kind-Beziehung, wie bei Kindern in manchen Situationen zwar auch Prämien kooperatives Verhalten bestimmen, doch ebenso ist ein Einfluss durch die vermittelten Werte der Eltern gegeben. Diese Übermittlung formt sich über die Jahre durch endogene Evolution und kreiert so ein Wohlverhalten, dass Individuen Entscheidungen darüber treffen lässt, ob sie zu Wahlen gehen, im Krieg kämpfen usw. und auch darüber, ob sie Kooperationen eingehen oder nicht. Auf die Forschungsfrage, welche Konditionen Kooperationen entstehen lassen, in einer Welt voller Egoisten und ohne eine zentralen Autorität, schreibt AXELROD als mögliche Antwort: „The key to doing well lies not in overcoming others but in eliciting their cooperation."[84]

2.3 Formen des Austausches

Was sind aber die ausschlaggebenden Parameter, die zu einer F&E-Kooperation zwischen Hochschulen und Unternehmen führen könnten? CASSIMAN und VEUGELERS[85] benennen die absolute Größe eines Unternehmens als einen dieser Parameter, wobei KMU, wenn sie Kooperationen eingehen, eher mit Universitäten zusammenarbeiten als mit anderen KMU, während Großunternehmen eher Allianzen mit anderen Unternehmen bilden. Auch die Bedeutung einer durch Lernen motivierten Kooperation, die Möglichkeit zur Aneignung von Wissen (*appropriability*), die Möglichkeit des Schutzes (*legal protection*), die Bereitwilligkeit zur ständigen Forschung und Weiterentwicklung (*permanent R&D*), sowie die Kosten werden als signifikante Parameter genannt. Die in dieser Untersuchung ebenso erwähnte Teilung des Risikos tritt aber eher im Bereich von Unternehmensallianzen auf, als bei einer F&E-Zusammenarbeit mit der Beteiligung einer Hochschule.[86]

Diese Form der Zusammenarbeit bezweckt den Zugang zu Forschungsergebnissen. Doch Austauschprozesse zwischen Hochschulen und Unternehmen manifestieren sich auch in Form von Ideen, Dienstleistungen, Personen und Ressourcen. Sie alle dienen einer zielorientierten und nachhaltigen Zusammenarbeit zwischen Wissenschaft und Wirtschaft. Tatsächlich finden Wissensflüsse zwischen Universitäten und der Industrie in einer sehr großen Breite statt: manche davon sind leichter (wie z.B. Publikationen, Patente und Lizenzen) und andere schwieriger (z.B. Consulting, Personalübergänge) festzumachen.[87] Dabei wird die zunehmende Anzahl an Kooperation zwischen Hochschulen und Unternehmen nicht selten ausschließlich mit dem Transfer von Technologien und der damit verbundenen Entwicklung von Patenten in Verbindung gebracht,[88] was auf die steigenden Lizenzaktivitäten vieler Hochschulen zurückgeführt werden kann.[89]

Doch eine isolierte Fokussierung auf Patente ist nicht im Stande, den Einfluss zu beschreiben, den heute eine Hochschule auf die Industrie ausübt. Sie allein vermag auch nicht die Natur der Wissensentstehung oder des Wissenstransfers zu erklären. Natürlich ist mittlerweise bekannt, dass Patente eine Zunahme an Forschungskooperationen bewirken,[90] aber sie machen bspw. am hochangesehenen MIT weniger als 10%

des tatsächlichen Wissenstransfers aus[91] und sie können sogar die Wissensflüsse von Universitäten verringern.[92] Nachfolgend wird eine Unterteilung der vielfältigen Formen des Austausches und der Forschungszusammenarbeit:

- nach dem zeitlichen Horizont (z.B. *Wissens-, Technologietransfer*),
- nach dem Anstoß der Forschung (z.B. *science push, demand pull*),
- nach der Art, wie Wissen verbreitet wird (z.B. ▸ *reverse engineering, Inkubation*), oder
- ob ein Personalübergang erfolgt oder nicht (z.B. *Ausgründung*),

vorgeschlagen.

2.3.1 Zeitlicher Horizont

Der zeitliche Verlauf einer F&E-Zusammenarbeit kann in fünf unterschiedliche Phasen unterteilt werden. Zunächst erfolgt die Initialentscheidung für eine ▸ *Kooperation*, gefolgt von der Auswahl und Gewinnung der Partner. Danach kommt es zur Konfiguration, welche die rechtliche und organisatorische Gestaltung beinhaltet. In der vierten Phase erfolgt die eigentliche Durchführung der Kooperationen. Die Beendigung kann dann aufgrund der Zielerreichung, dem Fehlen von Ressourcen, der Änderung der F&E-Strategie, oder wegen der zu Beginn vereinbarten zeitlichen Begrenzung der Partnerschaft erfolgen.[93]

Der Dauer nach lässt sie sich in eine eher kurz- bis mittelfristige, sowie in eine langfristige, *strategische* Zusammenarbeit unterteilen. Während *Wissenstransfer,* ohne auf einen Zeitbezug zu verweisen, den allgemeinen Austausch von Wissen beschreibt,[94] beinhaltet *Technologietransfer* einen planvollen, zeitlich limitierten und freiwilligen Prozess der Übertragung einer Technologie. Zumeist handelt es sich dabei um kurz- bis mittelfristige Prozesse, durch die Erfindungen der Hochschule für die Entwicklung von Produkten und Dienstleistungen verfügbar gemacht werden. Ziel ist eine gerichtete, planvolle Übertragung von einem Sender auf einen Empfänger.[95] Demgegenüber steht bei einer längerfristigen F&E-Zusammenarbeit neben dem weiter gesetzten Zeithorizont mehr der Aspekt der bidirektionalen Befruchtung, der sich bspw. durch die Investition eines Unternehmens in die Forschungsinfrastruktur der Hochschule manifestiert, im Vordergrund, die im weiteren Verlauf bspw. vom Unternehmen ebenfalls genutzt werden kann. Voraussetzungen für eine Zusammenarbeit sind das Gefälle zwischen den Partnern, das sich beim Wissen auf den jeweils erhofften Vorteil aus der Zusammenarbeit bezieht, sowie eine für die Aufnahme und Umsetzung notwendige Kompatibilität.[96] Bei den Elementen des Transfers wird allgemein zwischen

Transfergeber, -nehmer, -umwelt, -objekt, und -prozess differenziert, wobei neben den unterschiedlichen Dimensionen des Technologietransfers[97] der Verkauf von ▸ *Schutzrechten* (Patente, Gebrauchsmuster und Geschmacksmuster), das unterschiedliche Gestaltungsformen und -arten annehmende Erteilen von Lizenzen oder ein auf Spezialisierung, Kostenreduktion, oder komplementär ausgerichtetes Subcontracting in Frage kommen kann.

2.3.2 Anstoß der Forschung

Neben dem zeitlichen Horizont kann eine Differenzierung nach dem Initiator der Forschungskooperation, die auch die Neugründung von Unternehmen beinhalten kann, erfolgen,[98] wobei die von BUSH postulierte Linearität beim *science push* in der Praxis heute eher nicht zur Anwendung gelangt. Zwar gibt es Datenbanken, die auch direkt wissenschaftliche Forschungsergebnisse von Hochschulen im Sinne eines *technology push* anbieten, aber sie sind – so sie nur von Wissenschaftsseite ohne eine Mitarbeit der Unternehmen betrieben werden – in Bezug auf eine kommerzielle Anwendung für das Unternehmen nur selten erfolgsversprechend.

Kommerzialisierung von Hochschulerfindungen ist also im Allgemeinen sicherlich kein sequentieller Prozess. Rückgekoppelte Ablaufschemata versuchen hingegen, Nachfrageaspekte mit dem *science push* zu kombinieren (*chain link*), vermögen allerdings auch nicht zu erklären, wieso Innovationen und Kooperationen überhaupt zustande kommen. Nach heutigem Stand scheint ein Wechselspiel zwischen den wissenschaftlichen, technischen und wirtschaftlichen Einheiten diesen Sachverhalt am besten zu umschreiben. So entscheidet letztlich ja auch die Nutzung einer Erfindung über das Ausmaß ihrer Verbreitung.[99]

Demnach bedürfen die von einer *Universität* angestoßenen Forschungsprojekte oftmals einer Adaptierung auf Unternehmerseite, was insbesondere bei KMU auf Probleme stößt. Als typische Forschungsprojekte können hierbei Dissertationen, aber auch Diplomarbeiten herangezogen werden. Demgegenüber sind es bei der Auftragsforschung Kooperationen, die auf *wirtschaftlicher* Seite angestoßen werden und vom Kundennutzen auf dem Markt (*market pull*) abhängig sind. Dabei handelt es sich um von der Unternehmens-F&E ausgelagerte Bereiche, die einen konkreten Sachverhalt beinhalten. Vor allem bei strategisch langfristigen Partnerschaften kann dabei der Output von Aufträgen aus der Industrie durchaus andere Ergebnisse liefern als vom Unternehmen ursprünglich konzipiert. So kann die Suche nach einem Medikament im Bereich der *life sciences* nicht selten zu einer völlig neuartigen Erkenntnis führen. Doch auch ein *demand pull* bringt nicht notwendigerweise eine zielgerichtete Weiterentwicklung.[100]

Die dritte Möglichkeit wäre die *beidseitig* angestoßene Forschungskooperation. Hierbei kann insbesondere die Entwicklung in der Biotechnologie als Beispiel herangezogen werden. Diese Branche hat an amerikanischen Universitäten ihren Ursprung genommen.[101] Dort, wo bspw. durch die Publikation eines Artikels ein Durchbruch erzielt werden konnte, siedelten sich in weiterer Folge in Nähe der Hochschule bereits anderswo bestehende Unternehmen an, oder es wurden sogar neue gegründet. Diese verkauften wiederum den weiterentwickelten Forschungsoutput an große Konzerne, die über das notwendige Kapital verfügen, um das Produkt bis zur Markttauglichkeit weiterzuentwickeln.[102] Die Konzerne forschen dann ihrerseits wiederum in ihren Kernbereichen und lagern andere, nicht in ihrem Schwerpunkt liegende Bereiche, in denen sie eine tiefere Ergründung nicht für lohnenswert erachten, aus, indem sie bspw. Kooperationen mit Universitäten eingehen. So entsteht in dieser Branche oft ein Regelkreis, der bis zu einer erfolgsversprechenden Anwendung[103] sowohl eines Anstoßes aus der Wissenschaft als auch von den Praxispartnern bedarf.

2.3.3 Art des Spillover

Eine weitere Variante der Unterscheidung stellt die Art der Wissensverbreitung dar. Sie kann neben der Wahl eines bestimmten Transfermediums grundsätzlicher zwischen einer *gewollten* Wissensübermittlung und einem *ungewolltem spillover* differenziert werden. So bereisten z.B. bereits im 19. Jahrhundert Alfred KRUPP und Gottlieb DAIMLER England, um sich Wissen über die dort vorkommenden Produktionsmethoden anzueignen. Wie mit dem Wissen ganze Anlagen und Technologien übermittelt werden, zeigt das ehemals in Dortmund gelegene Stahlwerk PHÖNIX, das komplett abmontiert und nach China verkauft wurde, oder die Beispiele TRANSRAPID und ICE, die zum Zwecke des Wissensübergangs samt den Konstruktionsplänen in der Absicht weiterverkauft wurden, mit den dort ansässigen Ingenieuren weiter zu forschen. So ist auch *reverse engineering* eine Form des *spillover*. Dabei wurden bspw. in Asien komplette Fahrzeuge aus dem Westen gekauft und anschließend die Motoren in ihre Einzelteile zerlegt, um ihre Funktionsweise zu erforschen.

Neben der zuvor beschriebenen Verwertung von Schutzrechten kann ein gewolltes spillover-Geschäftsmodell die *Inkubation* sein, in welcher die Hochschulen zumeist die eigenen Forscher bei der Kommerzialisie-

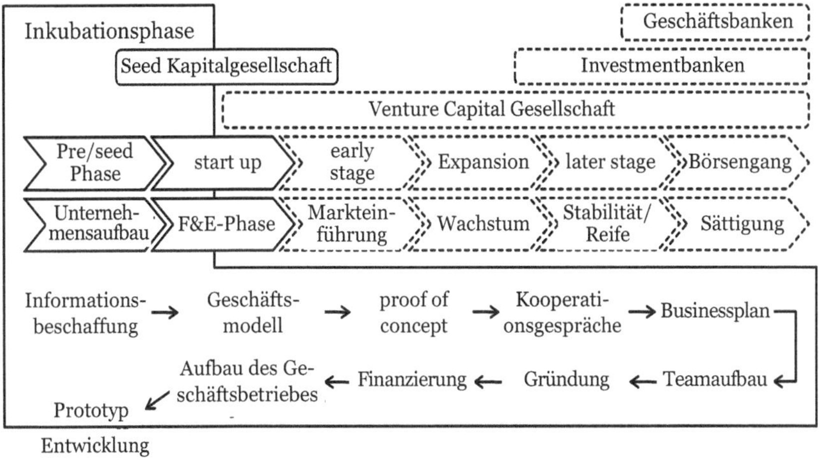

Abbildung 2-7: Inkubationsprozesse bei einer (Aus-)Gründung[104]

rung ihrer Ideen unterstützen.[105] Sie kann auch den Verkauf von Eigenkapitalanteilen an Universitäten beinhalten.[106] Dabei wird den neuen Unternehmen insbesondere in der Entstehungsphase geholfen.[107] Bei dieser Hilfe muss die Hochschule – neben der Beobachtung einer Weiterentwicklung und dem Herstellen oder Ermöglichen von Verbindungen – in der Lage sein, die Typologie der Ausgründung zu erkennen.[108] Bei dieser strategischen Auswahl der Richtlinien, welche Unternehmen bei der Kommerzialisierung ihrer Forschungsergebnisse von der Hochschule Unterstützung finden, werden unterschiedliche Kriterien herangezogen. Demnach wird nach dem möglichen Wachstumspotential der Unternehmen, nach traditionellen Venture Capital-Kriterien, also bspw. entsprechend des Gründungsfortschrittes in Tranchen unterschieden, oder es werden möglichst viele Gründungen unterstützt.[109] LENDNER definiert die zentralen Elemente des Inkubationsprozesses wie die Kooperationsgespräche, die Finanzierung und auch teilweise die mögliche Prototyp-Entwicklung, als Prozesse, die bei der Inkubation losgelöst voneinander betrachtet werden können.[110]

Beim Entwicklungsprozess von Unternehmensneugründungen betrifft dies vor allem in der *pre/seed*-Phase den Unternehmensaufbau. Bspw. kann die Rolle der unternehmerischen Teambildung[111] von der Idee bis in die Startup-Phase in Abhängigkeit zu den Hochschulverbindungen, die der neue Unternehmer unterhält,[112] ein erfolgsentscheidendes Kriterium für das neue Unternehmen bilden. Organisatorische Bedingungen, die ein *start-up* fördern, sind die Attraktivität der Geschäftsidee, die positiv durch die Marktorientierung ihrer Gründer beeinflusst werden kann, sowie die Frequenz der Interaktionen mit externen Agenten wie z.B. Hochschulinkubatoren. Der Geschäftsführer muss nicht unbedingt aus dem Forscherumfeld eines aus Forschung entstandenen Unternehmens kommen, aber zumindest ein Verständnis für die zu entwickelnde Technologie aufbringen und die Fähigkeit mitbringen das Geschäft selbst aufzubauen.[113] Ferner sollte er imstande sein, die Geschäftsidee richtig zu artikulieren. Dies hängt allerdings auch davon ab, wie die Gründer mit ihren eigenen Erfahrungen, die Informationen an den Geschäftsführer weitergeben.[114]

2.3.4 Personalübergang

Eine wichtige Unterteilung beim Austausch von Wissen kann aber auch dahingehend erfolgen, ob ein Personalübergang stattfindet oder nicht. 1945 übersiedelte Wernher VON BRAUN und 126 seiner Mitarbeiter von Deutschland in die USA, um später einen wesentlichen Anteil an der Entwicklung von Mittelstreckenraketen und den „bemannten" Mondflügen zu haben. Ein Personalübergang von Hochschulen in Unternehmen kann hingegen einerseits durch den direkten *Eintritt* in ein bestehendes Unternehmen oder andererseits durch Neugründung einer Firma, der ▸ *Ausgründung*, erfolgen. Die Mitarbeiter werden in einem Unternehmen als wichtige Ressource (*human capital*) angesehen. Manche Hochschulmitarbeiter oder Studenten betrachten die Kooperation von Unternehmen mit Universitäten wiederum als eine Möglichkeit, Kontakte mit der Wirtschaft zu knüpfen, was auch in einen Personalübergang münden kann.[115]

Bei einer Ausgründung tritt man hingegen nicht in ein bestehendes Unternehmen ein, sondern gründet ein neues, nicht selten nur mit einer guten Idee oder einer Kerntechnologie im Gepäck.[116] Dabei scheinen einer deutschen Studie folgend Forscher dann ein Unternehmen zu gründen, wenn sie bereits ein etabliertes Netzwerk durch enge persönliche Beziehungen zur Industrie unterhalten, unternehmerische Erfahrung mitbringen, oder bereits Erfahrung mit Patentaktivitäten aufweisen.[117] Ein Personalübergang erfolgt bei Ausgründungen jedoch nicht immer zwingend. NICOLAOU und BIRLEY gehen in ihren Arbeiten näher auf die Rolle sozialer Netzwerke bei akademischen Ausgründungen ein. Sie setzen den Einfluss der internen und externen sozialen Vernetzung in Zusammenhang zur zukünftigen Rolle der Gründungsmitglieder, die entweder:[118]

- mit der neuen Technologie die Universität verlassen (*orthodoxe* Ausgründung), oder
- ihre Position an der Universität beibehalten und nur Aufsichts- bzw. Beratertätigkeit an dem Unternehmen übernehmen (*hybride* Ausgründung), oder
- die Universitätsposition beibehalten und höchstens als stiller Teilhaber mit der neuen Firma in Verbindung stehen (*technologische* Ausgründung).

Dabei bauen die Gründungsmitglieder ihre zukünftige Strategie auf unterschiedliche Perspektiven,[119] die sie mit dem neuen Unternehmen assoziieren. Sie werden bezugnehmend auf unterschiedliche in der Literatur besprochenen Typologien in drei Gruppen unterteilt.[120] Beim *resource-based view* werden die eigenen Fähigkeiten und Ressourcen in den Vordergrund gestellt.[121] Dies beinhaltet bspw. auch die Fähigkeit, den Technologietransfer in das neue Unternehmen zu ermöglichen.[122] Die *Geschäftsmodellperspektive* artikuliert wiederum die Werteausrichtung, die Identifikation des Marktsegmentes, die Position, die in der Wertkette eingenommen wird, die geschätzte Kostenstruktur und die Profitspanne. Die dritte Gruppe ist die *institutionelle Perspektive*: demnach wird ein Unternehmen gegründet, um im Zuge von Forschung entstandenes geistiges Eigentum finanziell zu verwerten. Sie sind nicht selten, wenn auch in unterschiedlicher Form, in ein Mutterunternehmen eingebettet.

Die Zahl der Ausgründungen variiert von einer Universität zur anderen sehr stark und mehrere Studien beschäftigten sich mit der Frage, wie es zu diesen Unterschieden kommt. Dabei kann diese Zahl bei einer eher passiven Hochschulstrategie sogar durchaus hoch sein.[123] Eine Generalisierung der Erfahrungen und Erfolgsfaktoren von Silicon-Valley und der Bostoner ‚Route 128' auf andere Regionen scheint dabei als zu kurz gegriffen, wie eine Studie in 26 Metropolen belegt.[124] Ein wesentlicher Aspekt für erfolgreiche Ausgründungen ist jedoch das Aufbauen von Beziehungen der Gründer mit Venturekapital-Gebern.[125] Dabei wird die Verfügbarkeit von Risikokapital, neben der kommerziellen Ausrichtung der F&E einer Hochschule, der vorhandenen wissenschaftlichen Exzellenz der Hochschule, sowie der möglichen Hochschulbeteiligung an der neuen Firma als Gründe festgemacht, warum manche Hochschulen mehr Ausgründungen generieren und andere weniger.[126] Gerade in den kritischen Gründungsphasen ist hierbei die Wahrnehmung von Opportunitäten, der unternehmerische Einsatz, die Glaubwürdigkeit und Nachhaltigkeit gegenüber Stakeholdern, sowie der Erwerb, die Entwicklung und die Integration des Wissen von hoher Bedeutung.[127] Für den Börsengang werden die Relevanz universitärer Finanzierung, das Humankapital, sowie die

Ressourcen der Organisation[128] angeführt. Kritisch merken ENSLEY und HMIELSKI einer Studie folgend an, dass Ausgründungen von Universitäten unflexibler sind als herkömmlichen *start-ups* und im Durchschnitt eine schlechtere Leistung beim *net-cash flow* und dem Umsatzwachstum erzielen.[129] Somit ist in der Praxis ein erfolgsversprechender Forschungsoutput allein noch kein Erfolgsgarant.

2.4 Management von Wissenstransfer

Während viel darüber geschrieben wurde, wie Wissen und Technologie von Universitäten an Unternehmen weitergegeben wird (was unter dem Oberbegriff Wissens- und Technologietransfer[130] subsumiert wird), gibt die Literatur weniger Aufschluss über die Entstehung neuen Wissens durch gemeinsame Interaktion. Ansätze dazu können die auf STOKES aufbauende Arbeit von TUSHMAN und O'REILLY und BABA et al liefern, sowie die Arbeit von RYNES et al, die das Wissensmanagement in Unternehmen als Ausgangspunkt nehmen.[131]

2.4.1 Wissensbildung

TUSHMAN und O'REILLY modifizieren STOKES' Quadranten des Forschungszugangs auf die möglichen Interaktionen zwischen Wissenschaftlern und Praktikern und heben in ihrer *Hochschulperspektive* die positiven Effekte hervor, die im Bereich der Ausbildung auftreten. Diese Effekte entstehen, wenn die Relevanz der Anwendbarkeit durch Praktiker mit der Exaktheit beim Streben nach elementarer Erkenntnis durch Akademiker der Grundlagenforschung verbunden wird. Am Beispiel von Wirtschaftsschulen, die im „PASTEURschen Quadranten“ stehen, beschreiben sie die Vorteile, welche bei der Ausbildung aus der Industrie, durch die gegenseitige Befruchtung entstehen, wenn Dozenten angestellt werden. Ebenso kann durch eine langfristige Zusammenarbeit mit der anwendungsbezogenen Industrie ein Fortschritt bei der Grundlagenforschung an Hochschulen stimuliert werden.[132]

Für die Bildung von neuem Wissen scheint es hilfreich zu sein festzumachen, für welche Industriebranche die Forscher-Typen nach STOKES jeweils prädestiniert sind. BABA et al[133] gehen auf diese Interaktionen der Forscher mit Unternehmensvertretern unterschiedlicher Branchen ein. Im Engineeringbereich, wie z.B. dem Anlagen- oder dem Schiffsbau, ist technisches Wissen gefragt und die Unternehmen arbeiten am ehesten mit Forschern aus dem „EDISONschen Quadranten“ zusammen. Bei den eher inkrementalen Innovationen wird dabei ein bereits existierendes Wissen direkt angewendet oder neu kombiniert. Es dominiert das implizite Wissen, das sich durch konkretes *know how*, Geschick und praktische Fachkenntnis ausdrückt. Die Forschung wird eher von der Industrie angestoßen. Anders verhält es sich in Bereichen wie der Biotechnologie oder Pharmaindustrie, wo primär die wissenschaftliche Exzellenz (*star scientists*) aus dem Bereich der Grundlagenforschung gesucht wird, die neues, wissenschaftliches Wissen bei den eher radikalen Innovationen schaffen. Das hauptsächlich explizite Wissen wird in Patenten und Publikationen kodifizierbar gemacht. Forscher aus dem „PASTEURschen Quadranten" werden hingegen in hybriden Industriebereichen, die Ausprägungen beider zuvor beschriebenen Kategorien aufweisen, gesucht. Beispiele dafür wären die Entwicklung medizinischer Geräte, oder die Advanced Materials der Nanotechnologie.

RYNES et al wiederum wenden das Modell der *Wissensentstehung in Unternehmen* auf das kooperative Verhalten zwischen Wissenschaftlern und Praktikern durch Auswertung relevanter Literatur an.[134] Implizites Wissen kann demnach durch einen Perspektivenwechsel in Austauschforen weitergegeben werden. MOHRMAN et al beschreiben den positiven Zusammenhang zwischen dem wahrgenommenen Nutzen eines Forschungsprojektes und der Bildung von Foren, in welchen sich die Gedankenwelten der Akademiker und der Praktiker vereinen.[135] Als Beispiele dieser möglichen Sozialisation werden von RYNES et al gemeinsame Symposien, Meetings, Consulting-Beziehungen, akademische Aufsichtsräte, Dozenten an der Universität, die aus der Industrie kommen, oder „Industriepraktika" für Wissenschaftler angeführt. Explizites Wissen kann nach AMABILE et al bspw. entstehen, wenn Praktiker Akademiker auf ihre impliziten Vermutungen aufmerksam machen.[136] RYNES et al nennen Ethnographie, Protokollanalyse, grounded theory und anwendungsbezogene Forschung als Beispiele für den schwierigen Externalisierungsprozess. Wenn Forscher andere Forscher zitieren, kann externes Wissen kombiniert werden, was SPENCER durch Analyse von Häufigkeiten beim Zitieren von Artikeln darlegt.[137] Eine Möglichkeit solcher Kombinationen wäre das gemeinsame Erstellen von Lernunterlagen akademischer Forschung durch Akademiker *und* Praktiker. Interpretative Wissensgestaltung führt durch kontinuierliche Erprobung (*learning by doing*) zu einer besseren Entscheidungsfindung. BOLAND et al weisen auf das große, noch nicht realisierte Potential bei der Publikation von interpretativem, narrativem, metaphorischem und allegorischem Wissen hin.[138] Beispiele für die Internalisierung sind nach RYNES et al die interdisziplinäre Ausbildung in verschiedenen Bereichen wie z.B. Forscher, die in die akademische Welt eintreten, ihre Wurzeln aber z.B. bei Biotechnologieunternehmen in der Wirtschaft haben,[139] oder eine anwendungsbezogene Forschung, welche durch kontinuierliche Modifikation verbessert wird.

2.4.2 Wissensintermediäre

Diese Zugänge bieten aufbauend auf STOKES, respektive dem Wissensmanagementansatz im Unternehmen, Aufschlüsse über die gegenseitige Befruchtung[140] zwischen Wissenschafts- und Praxispartnern beim expliziten und vor allem beim impliziten Wissen. Sie weisen auf die möglichen Vorteile der Interaktionen, die zwischen Wissenschaftlern und Praktikern durch Wissensbildung auf beiden Seiten entstehen können, und auch die Nachteile einer jeweils einseitig auf Grundlagen- und angewandte Forschung ausgerichteten Strategie hin. Einen wesentlichen Beitrag zur Beschreibung des Wissensmanagement zwischen Hochschulen und der Industrie leistet YUSUF, der in seiner Arbeit die unterschiedlichen Wissensintermediäre in Bezug auf die Fähigkeit der Verbreitung von implizitem Wissen analysiert, von dem gerade junge Unternehmen bei der Entwicklung von Inventionen stark abhängig sind.[141] Er schreibt, dass ein effektiver Wissensaustausch die Geburtshilfe verschiedener Intermediäre benötigt, die oft zusammenarbeiten.[142] Generell unterstützen Intermediäre Innovationsaktivitäten zwischen Universitäten und Unternehmen.[143] Dabei wird auf Basis einer länderübergreifend durchgeführten Studie mittelgroßer europäischer Hochschulen, ein Portfolio an Intermediären für die Forschungskooperation empfohlen, das vom Ausmaß der Aktivitäten und der Art der Unternehmen, mit denen sie zusammenarbeiten, abhängig ist.[144] Vor diesem Hintergrund sind nach YUSUF insbesondere die vier folgenden Wissensintermediäre für die Vermittlung des wichtigen impliziten Wissens von Belang:

- Universität,
- spezialisierter Intermediär,
- Wirtschaftsintermediär und
- institutioneller Intermediär.

Im Allgemeinen tritt die Universität als Wissensintermediär vor allem dann auf, wenn sie als Produzent und Verbreiter von Wissen in den unterschiedlichsten Formen mit der Wirtschaft interagiert. In diesem Zusammenhang beschreiben PERKMAN und WALSH drei Arten akademischer Konsultationen, die sie als kommerzielle Dienstleistungsangebote von Akademikern an externe Organisationen definieren.[145] Aufgrund ihrer Ausrichtungen haben sie unmittelbar Auswirkungen auf die Beziehungen zwischen Hochschulen und Unternehmen.

Tabelle 2-4: Arten akademischer Konsultation[146]

AUSRICHTUNG	MOTIVATION	KOOPERATONS-BEZIEHUNGEN	ART DES WISSENS
gelegenheits-orientiert	Einkommen	kurzzeitig	offene Spezialisten-Expertise
kommerziell orientiert	Technologie-entwicklung	projektgebunden	allgemeine Expertisen
forschungs-getrieben	Forschung	langzeitig, eingebettet	strategische Grunsatzentscheidung, *know what*

Die *gelegenheitsorientierte* Ausrichtung bezieht sich demnach nicht auf neue Erkenntnisse, sondern eher auf „alte" Forschung. Die von den Forschern erstellten Spezialisten-Expertisen bieten zumeist Verbesserungen zu Problemen an, die bereits anderswo einmal gelöst wurden, wobei ein Vorwissen der Forscher über die Kundenorganisation oder deren Technologie zumeist nicht notwendig ist. Daher wird ihr auch ein eher niedriger akademischer Wert zugesprochen. Bei der *kommerziell* orientierten Ausrichtung bemühen sich Akademiker intrinsisch im Wunsch getrieben, ihre eigenen Technologien zu vermarkten, was sie von der gelegenheitsorientierten Ausrichtung abgrenzt und zu einer Ausgründung oder Lizensierung mit einem Unternehmen führen kann. Der Forscher hält eine persönliche Beziehung zu einem Mitglied des externen Entwicklungsteams oder ist selbst an dem Unternehmen beteiligt, was auch zu einem Personalübergang führen kann, aber nicht muss. Ausgründungen werden dabei oft durch die zuvor beschriebene Inkubation in der Entstehung gestützt. Bei der forschungsgetriebenen Ausrichtung unterstützen akademische Projekte die Forschung von Unternehmen. Bezugnehmend auf die Unterteilung der Wissensintermediäre nach YUSUF, der eine aktive und facettenreiche Intermediation zum Zwecke des Wissensaustausches als essentiell für das implizite Wissen ansieht,[147] ist ihre Verbreitung hier oft stark ausgeprägt durch interaktives Lernen und Wissenskoproduktion. Die Vermittlung von implizitem Wissen geschieht durch Einbeziehen des Forschers in den Transferprozess.[148] Je nach Ausrichtung ist somit von unterschiedlicher Motivation der Forscher, unterschiedlichen Kooperationsbeziehungen, sowie unterschiedlicher Art des Wissens auszugehen, was in Tab. 2-4 verdeutlicht wird.

Hochschulexterne oder interne spezialisierte Intermediäre kodifizieren das Wissen des Forschungsergebnisses bei der Patentierung und unterstützen die Anwender bei der möglichst raschen[149] Kommerzialisierung[150] oder sie können als interne Intermediäre bei der Vermittlung von implizitem und explizitem Wissen bei Seminaren und Meetings Marketingfunktionen übernehmen.[151] Neben externen Patentverwertungsagenturen (PVA, TLO) – vgl. dazu die Beispiele Deutschland und Japan (Abschnitte 5.2 bzw. 5.4) – fungieren interne Technologietransferbüros an Universitäten als zentrale Vermittlungsstellen. Ihre Performance ist jedoch von der Umwelt, wie z.B. regionales Wirtschaftswachstum, und institutionellen Faktoren, wie z.B. welche Fakultät es betrifft, abhängig.[152] Eine amerikanische Studie belegt ihre positive Stellung, die sie bei nahegelegenen Technologieparks und Inkubatoren, einnehmen.[153] Studien im deutschsprachigen Raum weisen auf die negative Einstellung zu Wissens- und Technologietransferstellen der Universitäten – den klassischen Vermittlungsstellen zwischen Universität und Industrie – hin. So wird nach BEISE et al das Vermittlungsangebot von zentralen Technologietransferstellen von kleinen und mittleren Unternehmen wenig genutzt. Diese werden von Unternehmen eher umgangen, weil sie bemängeln, dass fachliche Zuständigkeit suggeriert wird, die nicht in allen Bereichen eingelöst werden kann, und sie bezweifeln, ob es überhaupt eine effiziente zentrale Stelle geben kann, die in der Lage ist, ihre Probleme richtig einzuschätzen und den richtigen bzw. vertrauenswürdigen Partner[154] zu finden. KRIEGESMANN et al teilen diese Einschätzung zur Akzeptanz und Kompetenz von Transferstellen an Universitäten mit der Begründung, dass sie als Impulsgeber für die inhaltliche Ausrichtung der Forschungstätigkeit kaum Bedeutung haben, das sehr breite Wissens- und Technologieangebot der Universitäten eine zielgerichtete Vermittlungs- und Verwertungsstrategie erschwert und der Erfolg einer Vermittlung von Partnern durch die Transferstelle entsprechend niedrig ist.[155] In Interviews erhobene Aussagen deutscher Unternehmer zum Nutzen von Technologietransferbüros unterstreichen den offensichtlichen Vertrauensmangel in diese zentralen Anlaufstellen; vgl. dazu Tab. 2-5.

Dieser Sachverhalt führt aber auch dazu, dass traditionelle Leistungen der Universitätstransferstelle – wie bspw. die Herausgabe von F&E-Projektdokumentationen, die Messebeteiligungen oder die Durchführung von Veranstaltung – ebenfalls kritisch beurteilt werden. Daher besitzt sie bei Unternehmen als Informationsquelle für Innovationstätigkeit einen nur sehr geringen Stellenwert.

Aber auch bei Wissenschaftlern stößt sie oftmals nur auf geringe Akzeptanz. So ist sie zwar nach Schätzung einer deutschen Studie 2/3 der Hochschulmitarbeiter bekannt, wird aber nur von wenigen tatsächlich genutzt.[156] Dabei dienen sie hausintern neben Ihrer Funktion bei Patentanmeldungen auch als Informationsquelle und Ansprechpartner

Tabelle 2-5: Kritik zu zentralen Vermittlungsstellen[157]

Aussagen deutscher Unternehmer
„Wenn ich vorhabe, in eine neue Technologie einzusteigen, rufe ich doch nicht eine Zentralstelle an, bei der ich nicht weiß, ob eine Information vertraulich behandelt wird."
„Diese Einrichtung kenne ich nicht und weiß auch nicht, wie eine solche Stelle mir helfen könnte. Ich habe meine Kontakte und finde neue auf Treffen, die ich besuche, oder durch eigene Recherche."
„Wenn ich ein konkretes Problem habe, kann mir eine Zentrale in der Regel nicht helfen, da die fachspezifische Kompetenz fehlt."
„Was nutzt mir jemand, der viele Personen und Adressen kennt? Ich brauche jemanden, der mich und meinen Betrieb kennt und zu dem ich Vertrauen haben kann."

bzgl. Schutzrechten der Forschungsergebnisse. Außerdem kann die Einführung von Technologietransferbüros als strategische und strukturelle Maßnahme verstanden werden, die industrielle Forschungsbeziehungen mit akademischen Instituten fördert,[158] wobei aufgrund ihrer geringen Effizienz eine kleine, dezentral organisierte[159] Geschäftseinheit ausreichend zu sein scheint.[160]

Wirtschaftsintermediäre können bspw. Venturekapital-Geber oder Business Angels sein, die beide Risikokapital zur Verfügung stellen. Solche Intermediäre bringen implizites Wissen in Form von Management-*know how*, Kontakten, oder Erfahrungswissen bei Problemlösungen aus der Praxis mit, welches z.B. bei Ausgründungen helfen kann.[161] Institutionelle Intermediäre, auf die im nächsten Kapitel näher eingegangen wird, sind z.B. Regierungsinitiativen und -plattformen, die Förderprogramme anbieten, um Forschungskooperationen zwischen Wissenschafts- und Praxispartnern zu beleben. So hat bspw. in Deutschland die Anzahl intermediärer Einrichtungen in den vergangenen Jahren deutlich zugenommen. Diese Einrichtungen werden nach KRIEGESMANN et al ihrer Zugehörigkeit entsprechend in die Sparten wirtschaftsnah, wissenschaftsnah und eigenständig unterteilt, wobei ‚eigenständig' in diesem Zusammenhang heißt, dass die Einrichtung keiner der beiden anderen Kategorien zugerechnet werden kann, weil sie z.B. von beiden Seiten getragen wird.

Letztlich sticht nach YUSUF kein einzelnes Rezept intermediärer Mechanismen hervor, sondern verschiedene Erfahrungen sind dabei behilflich, die Stärken der spezifischen, vermittelnden Prozesse herauszuarbeiten und einige Schwächen zu identifizieren.[162] Nur so können unterschiedliche Wissensintermediäre zum Wissensmanagement zwischen Hochschulen und Unternehmen beitragen und Innovationen unterstützen.

2.4.3 *Barrieren*

Ein wichtiges Ziel der Wissensintermediäre ist es, die bei Kooperationen auftretenden Barrieren der Wissensweitergabe zu durchbrechen. Bei Forschungskooperationen können sie von der Struktur abhängen, wie die einzelnen innovationseingebundenen Akteure in sozialen Systemen miteinander vernetzt sind. Viele starke und wenig schwache Bindungen hemmen eher den expliziten Wissensfluss, während schwache Beziehungen die Informationsvielfalt in einem Netzwerk eher fördern. Auch bei dem für den Transfer wichtigen Vertrauensaspekt können starke Bindungen in einem Netzwerk hemmend wirken, weil sie in einem etablierten Netzwerk – anders als dies bei schwachen Bindungen der Fall ist – nicht auf Kompetenzen beruhen. Dadurch werden mehr redundante Informationen weitergetragen.[163] Ebenso ist das in sozialen Beziehungsgefügen verankerte Wissen ein wesentliches Element bei erfolgreichen Forschungskooperationen. Die Eigenschaft, welche die gewollte Ausbreitung des Wissens im Sinne von *best practice* in einem Unternehmen hemmt, wurde aufbauend auf VON HIPPEL von SZULANSKI beschrieben. Derzeit besteht eine Wissenslücke dahingehend, welche Faktoren zwischen Hochschulforschern und Praktikern die Wissensausbreitung signifikant hemmen. Daher wird nachfolgend, aufbauend auf SZULANSKIS Vorschlag, der verschiedene Ausprägungen der *stickiness* dem Sender, dem Empfänger sowie dem Kontext und dem Wissen zurechnet, zu eruieren versucht, welche mögliche Implikationen die in der Literatur und per Interview festgestellten Barrieren auf F&E-Partnerschaften haben können.

So kann eine niedrigere Kommunikationsbereitschaft die Entwicklung von Innovationen verhindern, während eine hohe Kommunikationskonzilianz trotz schlechterer Forschungsergebnisse die Innovationstätigkeit verbessern kann.[164] Ebenso kann bspw. der „Matthäus-Effekt“[165] kleinere Hochschulen bei Forschungskooperationen mit Unternehmen benachteiligen; auch könnten Forscher, die einem Technologietransfer kritisch gegenüber stehen, oder ein generelles, gegenseitiges Misstrauen von Managern und Forschern die Informationsweitergabe behindern (*Forscher- vs. Managergilde*).[166] Der unterschiedliche Zugang zu Informationen zwischen Theoretikern und Praktikern kann zu kausalen Mehrdeutigkeiten führen. Das von Theoretikern neu generierte Wissen könnte aufgrund nicht vorhandener Erfahrungswerte einerseits auf Misstrauen

Tabelle 2-6: Mögliche „Stickiness“[167] Implikationen für F&E-Partnerschaften[168]

AUSPRÄ-GUNGEN DER STI-CKINESS, *ZUORNUNG*	BEGRÜNDUNG FÜR DEN NEGATIVEN EFFEKT UND MÖGLICHE IMPLIKATIONEN BEI EINER F&E-KOOPERATIONEN ZWISCHEN AKADEMIKERN UND PRAKTIKERN
kausale Mehrdeutigkeit (*Wissen*)	Implizites Wissen benötigt eine Beziehungsebene zwischen den Akteuren und kann anders interpretiert werden, da eine Lücke zwischen dem, was getan werden sollte („*know why*“) und dem was getan wird, besteht. In Patenten niedergeschriebenes Wissen kann hingegen die Wahrscheinlichkeit der Falschdeutung verringern.[169]
unerprobtes *Wissen*	Wissensgenerierung und -verbreitung mit Akademikern behandeln zumeist neue Wissensbereiche. Es besteht ein Mangel an Erfahrungs- und Erfolgsgeschichten bzw. an Belegen und daher Misstrauen. Daher ist vor allem bei kurzen Projekten die Verbreitung oft schwierig.[170]
Motivationsmangel beim *Sender*	Oft stehen Akademiker dem Transfer kritisch gegenüber und könnten dadurch einen Wissensfluss durch nichtkooperatives Verhalten erschweren. Allerdings weisen Studien nicht unbedingt darauf hin, dass für die Kooperation ein bestimmtes Mindestmaß an akademischem Personal nötig ist.[171]
wahrgenommene Glaubwürdigkeit (*Sender*)	Status und Vertrauen des Senders beeinflussen die Verbreitung von Wissen, wodurch eine Ineffizienz entsteht, da das Prestige und nicht best practice dazu führt, dass einer Universität mehr Ressourcen zukommen als es ihrer bisherigen Performance entspricht.[172]
Motivationsmangel beim *Empfänger*	Die Angst vor Wandel und der Wunsch den „status quo“ beizubehalten kann zu Motivationsmangel führen. Insbesondere weniger innovationsfreundliche Unter-nehmen sind davon betroffen.[173]
Mangel an „absorptive capacity“ *(Empfänger)*	Die Aufnahme- und Umsetzungsfähigkeit des Forschungsergebnisses beeinflussen die Verbreitung. Unternehmen mit niedriger Kapazität tendieren zum Erhalten des Ist-Zustandes. So forschen KMU nach dem Erhalt der Ergebnisse einer Dissertation oft nicht mehr weiter.
Retention; *(Empfänger)*	Zu niedrige Retention kann dazu führen, dass das neue Wissen nicht als Routine übernommen wird. Aufgebaute Netzwerke mit Akademikern fördern hingegen die Verbreitung von implizitem Wissen durch Retention insbesondere bei innovativen Firmen.[174]
(dünner) Sinnzusammenhang; *(Kontext)*	Eine Barriere entsteht, wenn neues Wissen nicht forciert und geschützt wird. Dadurch erhöht sich die Wahrscheinlichkeit, dass der Empfänger sich nicht vorstellen kann, dass die Neuigkeit Vorteile bringt. KMU weisen oft ein zu niedriges, soziales Kapital (Ressourcen) auf, um Wissen kontextbezogen zu verbreiten.[175]
angespannte Sender-Empfänger Beziehung; *(Kontext)*	Die Wissensverbreitung wird oft mit früheren Erfahrungen assoziiert, nicht vorhandener Enthusiasmus wird erwidert und Wissen aufgrund schlechter Beziehungen möglicherweise nicht verbreitet. Traditionell bestehende Spannungen zwischen Forschern und Firmen-Managern könnten sich negativ auf die Wissensverbreitung auswirken.[176]

stoßen, andererseits möchten Praktiker bewährtes Erfahrungswissen oft nur ungern durch neues Wissen ersetzt bekommen, was umso mehr zutrifft, wenn die Vorteile des neuen Wissens nicht klar, respektive nicht ausreichend kommuniziert worden sind. Welche Implikationen die stickiness auf F&E-Partnerschaften haben kann, wird in Tab. 2-6 veranschaulicht.

Für ein mögliches Wissensmanagementkonzept kann bei der Wissensverbreitung auch die falsche Wahl des Transferkanals ein Hemmnis darstellen.[177] Ob die Informationen mit den Intentionen des Senders korrekt übertragen werden, hängt allein davon ab, ob der Empfänger eine Nachricht richtig empfangen hat. So besagt die Medienreichhaltigkeitstheorie (IR-Theorie),[178] dass die Wahl des Mediums die Wissensverbreitung entscheidend beeinflusst. In diesem Zusammenhang bewerteten Daft und Lengel die unterschiedlichen Transferkanäle nach diesem Korrektheitskriterium. Demnach beschreiben sie das Medium *„von Angesicht zu Angesicht"* mit der Möglichkeit des sofortigen Feedbacks, dem persönlichen Fokus, der natürlichen Körpersprache und der audiovisuellen Kommunikationsform als den reichhaltigsten Transferkanal.[179] Neben dem persönlichen Kontakt, der eine korrekte Wissensübermittlung an einen Empfänger nach heutigem Stand am besten überträgt, entwickeln sich aber im Internet immer neue soziale Applikationen (wie z.B. Microblogging), die als Medien der Wissenskommunikation genutzt werden können.

2.4.4 Aufnahme- und Umsetzungsfähigkeit

Doch auch wenn Barrieren möglicherweise überwunden werden, stellt sich die Frage: wieso gelingt es manchen Unternehmen besser als anderen, die F&E-Ergebnisse von Universitäten in erfolgreiche Anwendungen umzusetzen? Tatsächlich ist die sofortige Anwendung eines Forschungsoutput nur der Grenzfall,[180] der in der Praxis kaum vorkommt. Vielmehr scheint die Art, wie Wissen von Unternehmen aufgenommen wird,[181] die Implementierung in die eigenen Geschäftsprozesse, oder die Weiterentwicklung der Ergebnisse den Erfolg maßgeblich zu beeinflussen. So scheitern insbesondere KMU daran, eine solche Weiterentwicklung der Forschungsergebnisse voranzutreiben, um sie in die Strategie des Unternehmens zu implementieren. Diese Eigenschaft von Unternehmen, die bereits bei der Inkubation einer Neugründung unterschiedliche Auswirkungen auf den weiteren Erfolg des Unternehmens haben kann,[182] wird als die Aufnahme- und Umsetzungsfähigkeit (*absorptive capacity*) beschrieben.

Der Begriff geht auf COHEN und LEVINTHAL zurück und wird als die Fähigkeit eines Unternehmens verstanden, das erhaltene, externe Wissen aufzunehmen und zu integrieren, um es in weiterer Folge kommerziell erfolgreich umzusetzen. COHEN und LEVINTHAL betrachteten diese Absorptionsfähigkeit als eine Funktion der F&E-Ausgaben des jeweiligen mit einer Hochschule bzw. externen Forschungseinrichtung kooperierenden Unternehmens.[183] Statt nur Forschungsergebnisse aufzukaufen oder Einmalinvestitionen durchzuführen, schlagen sie den Unternehmen vor, kontinuierlich in die eigene F&E zu investieren, was dazu führt, dass sich die *absorptive capacity* erhöht und man dadurch umso eher in der Lage ist, den Wert extern erhaltener Informationen zu erkennen und für die Entwicklung von Innovationen anzuwenden. So können Organisationen, die diese Fähigkeit in hohem Ausmaß besitzen, bspw. bei der Produktentwicklung ihr Wissen mit den Lieferanten besser austauschen, die dadurch wiederum ein höheres Verständnis für das Produkt entwickeln. Dadurch ist wiederum der Lieferant besser in der Lage, sein eigenes Fachwissen anzuwenden, um aufgrund der besseren Wissensverbreitung neue Ideen oder Lösungen für das Produktdesign anbieten zu können.[184]

Weitere Arbeiten bauten auf dem Konzept von COHEN und LEVINTHAL auf und versuchten auszumachen, welche Faktoren für die Aufnahme- und Umsetzungsfähigkeit eines Unternehmens ausschlaggebend sein könnten. So wurde von COCKBURN und HENDERSON am Beispiel der Medikamentenforschung angeführt, dass neben den F&E-Ausgaben der Grad der Verbindung zu Universitäten ein wichtiges Element beim Wissens-spillover sei,[185] oder genereller – nach MACPHERSON und HOLT – die Teilnahme in Netzwerken. Hier sind bspw. auch die Stärke und die Diversifikation der Beziehungen bei der Vernetzung relevant, weil z.B. durch den Wegfall von Brücken und der damit verbundenen möglichen Isolierung eines *hangers* strukturelle „Löcher" in einem Netzwerk entstehen könnten, die den Informationsfluss für eine Innovation negativ beeinflussen. Vor diesem Hintergrund wird eine optimale Struktur, die durch klar definierte Ziele der Netzwerkteilnehmer gefördert wird,[186] den Erfolg im Innovationsprozess ausmachen. Auswirkungen auf die Aufnahme- und Umsetzungsfähigkeit eines Unternehmens kann auch dessen Organisationsstruktur haben, denn die Systeme und Strukturen beeinflussen den Zugang und die Verbreitung der Informationen.[187] WEIGELT und SAKAR[188] legen die *absorptive capacity* der Unternehmen noch weiter aus: bezugnehmend auf den *market pull* ist die Bedeutung der Kundenwünsche in den letzten Jahren mehr den je in den Vordergrund getreten (*consumer empowerment*). Daher ist die Marketingintensität eines Unternehmens mit der Fähigkeit, für den Kunden interessante, als marktfähig erkannte Ideen zu eruieren, ein wesentliches Kriterium der Aufnahmefähigkeit eines Unternehmens für die weitere Forschung und Entwicklung.

Vor dem Hintergrund, dass viele Forscher nach COHEN und LEVINTHAL nicht nur die Investition in F&E als beeinflussende Faktoren für die Absorptionsfähigkeit ausmachen, haben ZAHRA und GEORGE[189] ein überarbeitetes Modell der Aufnahme- und Umsetzungsfähigkeit vorgestellt, das zwischen dem Potential und der Realisierung differenziert. Die potentielle Absorptionsfähigjeit bezieht sich auf die Fähigkeit eines Unternehmens, jenes externe Wissen auszumachen, das für Entwicklung entscheidend ist (*knowledge acquisition capability*). Es verweist auch auf das Potential, die Forschungsergebnisse zu analysieren, zu interpretieren und mit den Routinen und Prozessen des Unternehmens in Einklang zu bringen (*assimilation capability*). Die tatsächlich realisierte Absorptionsfähigkeit beinhaltet den eigentlichen Transformationsprozess, der die Fähigkeit umschreibt, Routinen zu entwickeln, die das neu erhaltene mit dem bestehenden Wissen kombinieren (*transformation capability*). Die Realisierung bezieht sich schließlich auch auf die Fähigkeit einer Firma, das neu erhaltene Wissen in neue Produkte und Dienstleistungen umzusetzen (*exploitation capability*). Unabhängig der verschiedenen, beschriebenen Setzung der Kriterien, was die Aufnahme- und Umsetzungsfähigkeit des Unternehmens ausmacht, bleibt die wesentliche Kernaussage, dass ein Unternehmen ohne die eigene Mitarbeit und Integration die extern erhaltenen Forschungsergebnisse in der Praxis nicht in eine erfolgreiche Anwendung führen kann, was vor allem bei KMU häufig der Fall ist.

ANMERKUNGEN ZU KAPITEL 2

[1] Vgl. Habermas (1987)

[2] Beispielsweise bemängelt Wright (1992) die „ökologischer Inkoherenz". In diesem Kontext können als Paradebeispiele nicht zufriedenstellender gesellschaftlicher Entwicklungen im Bereich der Forschung der letzten Jahrzehnte neben vielen anderen Bereichen die riesigen Wirtschaftszweige Energie- und Automobilindustrie genannt werden. Mitte der 1970er führten anhaltende Verunreinigungen in der Luft durch Kohlekraftwerke zu einer Verschärfung der Reinhaltegesetze in Deutschland. Trotz der Entwicklung von über hundert Verfahren zur Rauchgasentschwefelung stellte sich der Betrieb für Unternehmen wie RWE als zu aufwendig dar und so entschlossen sich die Konzerne der Energiewirtschaft damals, auf den in der Erhaltung „günstigen" Atomstrom umzusteigen, ohne dass bis heute auch nur ansatzweise eine Lösung bzgl.

der Endlagerung entwickelt wurde. In der Automobilindustrie ist der F&E-Schwerpunkt bei der Motorenherstellung – Katastrophen und schwindender Vorkommen zum Trotz – bis heute von dem Treibstoff Öl nicht weggekommen, einfach weil die Konzerne erneuerbare Energien noch immer nicht als lohnenswerten Markt betrachten. Kritisch merkt in diese Richtung auch z.B. Ghafele (2010) an „... Innovation auf der Basis einer Rechtsform zu begründen, die ausschließlich auf der Logik beruht, andere auszuschließen, um Wissen nur für monetäres Entgelt zur Verfügung zu stellen."

3 Vgl. von Hayek (2002 zit), S. 9; von Hayek (1996), S. 1ff

4 Vgl. Machlup (1972), S. 3ff

5 Vgl. Foray (2004), S. ix

6 Stellvertretend vgl. dazu Stehr (2001), Adams (1990), S. 700

7 Vgl. Rammert (2002), S. 3, sowie Reich (2008), S. 287ff, von Hayek (1974)

8 Vgl. Chaminade und Vang (2008), S. 1684; zuvor aber auch z.B. Badaracco (1991)

9 Vgl. UNESCO (2005), S. 27S., sowie S. 1441ff

10 Vgl. Deveraj und Kohli (2003), S. 273

11 Vgl. European Union Document (2008), S. 3, sowie 27ff

12 eigene Darstellung nach North (2005), S. 33; erweitert um die Unterteilung Semiotik, Semantik und ökonomische Pragmatik

13 Vgl. Probst et al (2003), S. 16f, North (2005), S. 31ff; diese Perspektive verdeutlicht – keineswegs zufällig – den immanenten Entwicklungstrend der IKT.

14 Vgl. Polanyi (1962)

15 Vgl. Badaracco (1991), S. 22; vgl. auch Unterabschnitt 1.3.1.

16 Vgl. dazu Probst et al (2006)

17 Vgl. Baderacco (1991), S. 22ff

18 Eigene Darstellung nach Zander und Kogut (1995).

19 Vgl. Foray (2000), S. 83

20 Vgl. Nonaka und Takeuchi (1995), S. 56ff, sowie S. 71

21 Vgl. Zander und Kogut (1995), S. 76ff

22 Vgl. van Hippel (1994), S. 429ff

23 Vgl. Szulamsky (1995), S. 437ff, Szulansky (1996), S. 27ff

24 Vgl. Foray (2004), S. 18, auf die Barrieren wird in Kapitel 2 näher eingegangen.

25 Vgl. Probst et al (2006), S. 22ff

26 Vgl. Nonaka (1994), S. 14ff, sowie Nonaka und Takeuchi (1995)

27 Obwohl eine Organisation kein Wissen wie ein Individuum zu schaffen vermag, vgl. Badaracco (1991).

28 Vgl. Nonaka und Takeuchi (1995) S. 100ff

29 Vgl. Nonaka und Takeuchi (1995), S. 8ff, „Ba" des Wissens-Ansatzes nach einem jap. Philosophen, sowie Nonaka (1994), S. 16.

30 Vgl. Nonaka und Takeuchi (1995), S. 13

31 Vgl. van Hippel (1994), S. 429ff

32 Diese allgemeine Definition von Technologie stammt von Brockhoff (1999), S. 22.

33 Neben Adam Smith vgl. zu diesem Thema Atkinson und Stiglitz (1969), S. 573ff.

34 Zu Schumpeters Bedeutung vgl. stellvertretend Aghion (2002), S. 855.

35 Zur Abgrenzung von Innovation vgl. z.B. Wilhelm (2000), S. 10.

36 Diese Innovationsmerkmale erkennen Granstrand (2000), S. 413, bzw. Brockhoff (1999), S. 71.

37 Dieser von Schumpeter abweichende Ansatz wird bspw. von Singh (2003) oder bei Wilhelm (2000) beschrieben.
38 Entgegen dem Trend der Globalisierung analysiert der Artikel von Freeman (1995), S. 5ff, die Bedeutung regionaler und nationaler Aspekte bei Innovationen.
39 Sutton /Staw (1995), S. 371ff, ergründen in ihrem Artikel, dass sich Theorien sehr gut eignen können, Modelle zu erstellen, die allerdings oft nur Teilaspekte komplexer Probleme erklären können; ganz abgesehen von Phänomen wie z.B. „Russels Truthahn."
40 Die Einteilung der Innovationsforschung von Grupp (1997), S. 51ff, veranschaulicht schematisch die unterschiedlichen Modelle, die nicht immer klar voneinander abzugrenzen sind.
41 Zur Systemtheorie vgl. insbesondere Wilhelm (2000), aber auch Grupp (1997).
42 eigene Darstellung nach Grupp (1997), S. 51
43 Als Beispiel dieses Zusammenspiels wird bei Sydow (1992), S. 77, beschrieben, wie das bundesdeutsche Chemikaliengesetz entworfen wurde.
44 Zum Thema Netzwerkgesellschaft vgl. weiterführend Castells (2000).
45 Obwohl der Clusterbegriff schon vorher verwendet wurde, war es insbesonders das Buch von Porter (1990), das ihn an ein breites Publikum herantrug.
46 eigene Darstellung nach Porter (1990), S. 72
47 Fromhold-Eisebith (2005), S. 1265, beschreibt, warum die Ansiedlung von Schlüsselunternehmen die Cluster-Entstehung durch viele schwache Beziehungen zu anderen Unternehmen fördert. Siehe dazu auch die Arbeiten von Granovetter.
48 eigene Darstellung nach Forsman/Solitander (2003), S. 8
49 Bzgl. der sozialen Systeme wird die Unterteilung von Wilhelm (2000), S. 47, übernommen.
50 Am Beispiel der Nanotechnologie beschreiben Robinson et al (2007), S. 871, das Aufkommen von Clustern und technologischen Agglomerationen.
51 Zu den unterschiedlichen Konzepten der Netzwerkanalyse vgl. Wilhelm (2000), S. 72f.
52 Bzgl. der Zentralität von Netzwerke vgl. insbesondere Freeman (1979), S. 215ff.
53 Diesen Sachverhalt formulierte erstmals Granovetter (1973), S. 1360.
54 Vgl. Granovetter (1983), S. 229
55 Am Beispiel von Ko-Autorenschaften analysieren Wagner/Leydesdorff (2005), S. 1608, den rasanten Anstieg internationaler wissenschaftlicher Kollaboration.
56 Brown et al (2009), S. 151, finden am Beispiel vieler junger US-High Tech-Unternehmen einen signifikanten Zusammenhang zwischen F&E-Finanzierung, Innovation und Wirtschaftswachstum.
57 basierend auf den Daten der Statistik Austria (2009)
58 Vgl. dazu die allgemeine F&E-Definition nach Grupp (1997), S. 13. Soweit geht die Begrifflichkeit mit den in Abschnitt 1.1 entworfenen Argumenten konform; darüber hinaus befleißigen sich die gängigen F&E-Definitionen – wie sich insbesonders auch die Grandlage statistischer Erhebungen bilden – einer auf Vannevar Bush zurückgehenden Konzeption, der hier im Lichte der angedeuteten Probleme nicht gefolgt wird.
59 Stummer et al (2006), S. 20ff, unterteilen Entwicklung in Unterkategorien.
60 basierend auf den Daten der Statistik Austria (2009)
61 Im FRASCATI-Handbuch wird F&E nach den Tätigkeiten abgegrenzt, vgl. dazu OECD (2002), S. 30ff.

62 Generell wird bspw. bei Grupp (1997), S. 13, deutlich, dass solche Abgrenzungen nicht unproblematisch sind. Angewandte Forschung bezieht sich ja zumeist nur auf einen zeitpunktbezogenen Verwertungsstand mit oft nur unzureichender Berücksichtung möglicher Potentiale. Als z.B. der spätere Physik-Nobelpreisträger Herbert Kroemer seine Arbeiten für einen Halbleiterlaser veröffentlichte, wurde dessen praktischer Nutzen stark in Zweifel gezogen, da er mit den bestehenden Lasern angeblich nicht konkurieren konnte. Es wurde damals nicht hinterfragt, ob es vielleicht andere Anwendungsbereiche für einen Laser gibt. Die später entwickelten CDs und DVDs, die Glasfaser-Kommunikationstechnologie für das schnelle Internet, Zellulartelefone oder die lichtemittierende Dioden wären ohne den Halbleiterlaser in dieser Form aber nie entwickelt worden. Dies macht das Problem der Vorhersehbarkeit wissenschaftlicher Durchbrüche deutlich; vgl. Scienceblogs (2010).

63 Vgl. Statistik Austria (2010)

64 eigene Darstellung nach Tushman/O'Reilly III (2008), S. 770, und Stokes (1997), S. 51

65 Aufbauend auf Stokes (1997) werden in diesem Kapitel unterschiedliche Konzepte zum „Pasteur-Quadranten" vorgestellt.

66 Die Divergenz betonende strikte Trennung zwischen angewandter und Grundlagenforschung wird auf die von Wissenschaft und Wirtschaft unterschiedlich beigemessene Gewichtung in Bezug auf das grundlegende Verständnis und die praktische Relevanz zurückgeführt; dazu schreibt Stokes (1997): „There is an inherent tension between the drive toward fundamental understanding on the one hand, considerations of use on the other, and by extension, a radical separation between the categories of basic and applied science. Bush went on to endorse a kind of Gresham's Law in which an attempt to mix the applied and pure in research was sure to result in the applied driving out the pure." Vgl. zu den Sichtweisen die Abschnitte 3.1 und 3.2.

67 Vgl. dazu die Studie von Beise et al (1995), die eruiert, welche dt. KMU Partnerschaften mit Hochschulen eingehen.

68 Vgl. dazu stellvertretend Stummer et al (2006), S. 116.

69 Vgl. Malone/Crowston (1994)

70 Zur Transaktionskostentheorie vgl. Coase (1937), S. 386ff.

71 Vgl. Williamson (1989), S. 142, der die Transaktionskostentheorie erweitert.

72 Die Property Rights-Theorie geht auf Demsetz (1967), S. 347ff, zurück.

73 Vgl. Argyres/Liebeskind (1998), S. 427

74 Zur Prinzipal Agent-Theorie vgl. Jensen/Meckling (1976), S. 305ff.

75 Aldrich et al (1994), S. 664, schreiben dazu: „... the early phases of an industry's life also implies that many promising new activities never realize their potential because founders fail to develop trusting relations with stakeholders ... the heart of overcoming low legitimacy."

76 Vgl. Wernerfelt (1984), S. 180

77 Vgl. Penrose (1959)

78 Zu dem auf Ressourcen basierenden Ansatz vgl. Wernerfelt (1984), S. 172.

79 Vgl. Peteref (1993), S. 180

80 Vgl. Dieckmann (2009), S. 134

81 Vgl. Axelrod (1984), S. 3ff

82 Vgl. weiterführend Dieckman (2009), S. 105ff

[83] Vgl. Tabellini (2008), S. 905ff, der etwa anmerkt: „the traditional approach by economists poses ... the scope of cooperation is explained by the strength of incentives to preserve one's reputation in repeated interaction, relative to the temptation to cheat ... in many social situations individuals behave contrary to their material self-interest."
[84] Vgl. Axelrod (1984), S. 190
[85] Vgl. Cassiman/Veugelers (2002), S. 1169ff
[86] Die Rolle der Größe im Zusammenhang mit der auf Kooperation beruhenden Lieferkette untersuchen z.B. Saliola/Zanfel (2009), S. 369.
[87] Aus diesem Grund wird Consulting in Bezug auf Wissenstransfer zwischen Hochschulen und Unternehmen als einen wenig erforschter Bereich betrachtet, was als wichtiger Verständnisbaustein für weitere Überlegungen anzusehen ist, vgl. eben dazu z.B. Thursby et al (2009), S. 23.
[88] So könnte auch die Form der Zusammenarbeit in Abhängigkeit zum Alter des Unternehmens gesetzt werden, vgl. dazu Harmon et al (1997), S. 423.
[89] Vgl. Thursby/Kemp (2002), S. 109
[90] Vgl. Jensen/Thursby (2001), S. 240
[91] Vgl. Agrawal/Henderson (2002), S. 44
[92] So beschreiben Rosel/Agrawal (2009), S. 1ff, wie die Zunahme an Patentaktivitäten in den 1980ern zu der Abnahme von Wissensflüssen von Hochschulen, die sie als „university diffusion premium" titulieren, geführt hat.
[93] Vgl. Stummer et al (2006), S. 118ff; der zeitliche Aspekt ist eine wichtige Komponente der Drittmittelstrategie von Hochschulen, z.B. durch die Ausgestaltung von ▸ *Konsortialverträgen.*
[94] Vgl. Mayntz et al (2008), S. 173ff
[95] Zum Begriff Technologietransfer vgl. das Standardwerk von Corsten (1982), S. 11, aber auch z.B. Walker (1986), S. 20, Paquin (2000), S. 27.
[96] Der auf den englischen Terminus „absorptive capacity" von Cohen/Levinthal (1990), 128ff, zurückgehende Begriff wird von Kriegesmann et al (2006), S. 23, treffend als die „Aufnahme- und Umsetzungsfähigkeit" beschrieben.
[97] Zu den Elementen des Technologietransfers vgl. Borchert (1997), S. 27ff, sowie insbesondere Paquin (2000), S. 29.
[98] Vgl. Powers/McDougall (2005a), S. 1028
[99] Vgl. Grupp (1997), S. 19 und S. 25
[100] Veranschaulicht wird dies mit dem Fallbeispiel der Windenergie, vgl. hierbei Nemet (2009), S. 700.
[101] Vgl. Zucker und Darby (2002), S. 290ff
[102] Vgl. Stuart et al (2007), S. 477ff, welche diesen Sachverhalt in der Bildung vertikaler Netzwerke von Allianzen bestätigt sehen.
[103] Vgl. Zucker/Darby (2002), S. 138ff
[104] eigene Darstellung nach Lendner (2004), S. 29 und S. 35
[105] Zum Thema Inkubator vgl. Mian (1996), S. 325ff.
[106] Solche Beteiligungen sind in Europa noch eher unüblich. Vgl. Bray/Lee (2000), S. 385.
[107] Vgl. Mian (1997), S. 251
[108] Dies ist für die Inkubation unerlässlich; vgl. dazu weiterführend Wright et al (2006), S. 1205.

[109] In dem Text von Clarysse et al (2005) werden die unterschiedlichen Inkubationsstrategien europäischer Forschungsinstitute anhand der Zielsetzungen, Ressourcen, sowie der gesetzten Maßnahmen miteinander verglichen.
[110] Neben Lendner (2002), S. 29ff, vgl. auch Vohora et al (2004), S. 147, die jedoch dazu kritisch vermerken: „... each phase involves an iterative, non-linear process of development in which there may be a need to revisit some of the earlier decisions and activities."
[111] Ein Aspekt, der bei der spin offs nicht selten außer Acht gelassen wird; vgl. dazu Vanaelst et al (2006), S. 249.
[112] Vgl. Rothaermel/Thursby (2005a), S. 1076
[113] Vgl. Clarysse/Moray (2004), S. 56
[114] Dabei könnten als Ausgangspunkt organisatorische Charakteristika umrissen werden, welche das Bilden neuer Ventures von Akademikern begünstigen; vgl. Grandi/Grimaldi (2005), S. 821.
[115] Vgl. Welsh et al (2008), S. 1854ff
[116] Vgl. Steffensen et al (2000), S. 93
[117] Zur Studie der Max Planck-Gesellschaft vgl. Krabel und Müller (2009), S. 947.
[118] Zur zukünftigen Rolle der Gründungsmitglieder vgl. Nicolaou/Birley (2003b), S. 1702, und Nicolaou/Birley (2003a), S. 333.
[119] Dazu merkt Shane (2001), S. 205ff, kritisch an, dass „... industry and individual-based explanations fail to consider the nature of opportunities discovered."
[120] Vgl. Mustar et al (2006), S. 289ff
[121] Vgl. O'Shea et al (2005), S. 994
[122] Vgl. Locket/Wright (2005), S. 1043, die auf die politische Dimension bei der Auswahl des Transfer-Personals und dedizierter Trainingsprogramme verweisen.
[123] Vgl. Smilor et al (1990), S. 63
[124] Der häufige Verweis auf Silicon Valley und die Bostener Route 128 lässt sich nicht einfach für andere Regionen übernehmen, vgl. dazu Bania et al (1993), S. 761.
[125] Vgl. Shane/Stuart (2002), S. 154
[126] Dazu liefern Feldman et al (2002), S. 105, sowie Di Gregorio/Shane (2003), S. 209, mögliche Erklärungen.
[127] Vgl. Vohora et al (2004), S. 147, Lockett et al (2005), S. 981
[128] Vgl. Powers/McDougall (2005b), S. 291
[129] Vgl. Ensley/Hmielski (2005), S. 1091
[130] Zum Thema Wissens- und Technologietransfer vgl. z.B. die Literatur von Corsten (1982), Walker (1986), Paquin (2000), Amese/Cohendet (2001), S. 1459ff.
[131] Vgl. Tushman/O'Reilly (2007), S. 769ff, Baba et al (2009), S. 756, Rynes et al (2001), S. 340
[132] Vgl. dazu Tushman/O'Reilly (2007), S. 772, sowie Beise et al (1995), S. 28
[133] Bei Baba et al (2009), S. 756ff, steht primär die Erfahrung und der Zugang des Forschers im Fokus, auch im Hinblick auf die stickiness ein nicht unerheblicher Aspekt.
[134] Vgl. Rynes et al (2001), S. 346, die Nonakas Ansatz auf die Forschungskooperationen zwischen Akademikern und Praxispartnern adaptieren, wobei nicht unkritisch anzumerken ist, dass Polyani eine feinere Unterteilung beim impliziten Wissen als Ausgangspunkt annimmt.
[135] Vgl. Mohrman et al (2001), S. 371

[136] So könnte die erfolgreiche Kooperation an den potentiellen Determinanten Teamfähigkeit, Umweltbedingungen und den Prozessen festgemacht werden, vgl. dazu Amabile et al (2001), S. 420.
[137] Vgl. Spencer (2001), S. 433ff
[138] Vgl. Boland et al (2001), S. 2001
[139] Als Paradebeispiel kann für diesen Sachverhalt die Biotechnologie genannt werden, vgl. dazu ausführlich Oliver (2004), S. 594.
[140] Vgl. Beise et al (1995), S. 28
[141] Anders als bei Oliver werden bei Rothaermel/Thursby (2007), S. 832ff, Biotechnologie und Nanotechnologie gegenübergestellt und sie merken an, dass „... new methods of inventing follow similar pattern across industries and inventions."
[142] Vgl. Yusuf (2008), S. 1167ff; Yusuf unterstreicht die unterstützende Wirkung von Intermediären bezugnehmend auf das implizite und nicht kodifizierte Wissen. Gerade das Entstehen von Forschungsbereichen wie Bio-, Nanotechnologie, aber auch Materialforschung und alternative Energien haben neue interdisziplinäre Forschungsfelder entstehen lassen, die ohne den Kooperationsansatz undenkbar wären, die aber auch große Erwartungen wecken. Verdeutlicht wird dies z.B. durch „... the potential cornucopia of technologies appears limitless and around the world governments and businesses are pinning their hopes with respect to economic growth, improving living standards, and environmental sustainability for example, on technological progress."
[143] Vgl. Kodama (2008), S. 1239
[144]. Ein Zusammenspiel mehrerer Intermediäre scheint auch in Hinblick auf die in Kapitel 1 dargelegten epistemologischen Zugänge zum Wissen von Relevanz; vgl. Wright et al (2008), S. 1205.
[145] Vgl. Perkman/Walsh (2008), S. 1885ff
[146] eigene Darstellung nach Perkman/Walsh (2008), S. 1886
[147] Vgl. Yusuf (2008)
[148] Bei der nicht kodifizierten Wissensvermittlung ist ein Einbeziehen des Forschers in den Transferprozess natürlich eine wesentliche, erfolgsbeeinflussende Komponente; vgl. dazu z.B. Agrawal (2006), S. 63.
[149] So erscheint die Geschwindigkeit, mit der Technologietransferbüros beim Innovationsprozess im Transfermusterland USA agieren, nicht unwesentlich zu sein. Dazu z.B. Markman et al (2005a), S. 1058: „The faster UTTO can commercialize patent-protected technologies, the greater their licensing revenues streams and the more new ventures they spin off." Das stützt die These der in Europa von Unternehmensseite, aber auch hochschulinternen artikulierten „langsamen Bürokratie"; vgl. z.B. Beise.
[150] Vgl. Yusuf (2008), S. 1170
[151] Vgl. Wright et al (2008), S. 1205ff, die z.B. ausführen: „The role of formal and informal relations draws attention to the potential importance of different types of intermediaries."
[152] Vgl. Siegel et al (2003), S. 27, die dabei vor allem das inneruniversitäre Belohnungssystem als signifikantes Kriterium ausmachen.
[153] Vgl. Markman et al (2005b), S. 241ff, die jedoch kritisch die mangelnde strategische Implementierung sogar an US-amerikanischen Hochschulen hervorheben; ebd., S. 258.

[154] Vgl. Beise et al (1995) S. 16 und S. 51
[155] Vgl. Kriegesmann et al (2006), S. 28
[156] Vgl. Kriegesmann et al (2006), S. 25ff
[157] Vgl. Beise et al (1994), S. 52
[158] Zu diesem Schluss kommen Link/Siegel (2005), S. 255, in ihrem die europäischen und US-amerikanischen Verhältnisse thematisierenden Text.
[159] Vgl. Debackere/Veugelers (2005), S. 321, die auch eine ausgewogene Balance von zentralen und dezentralen Einheiten, eine geeignete Anreizstruktur für die Forschergruppen, sowie die Implementierung angemessener Entscheidungs- und Monitoringprozesse innerhalb der Technologietransferbüros nennen.
[160] Vgl. die Studie aus Großbritannien von Chapple et al (2005), S. 369.
[161] Vgl. Yusuf (2008), S. 1170
[162] Vgl. Yusuf (2008); dies deckt sich mit den ebenso hier besprochenen Artikeln zu Intermediären von Wright et al (2008) oder Perkmann/Walsh (2008).
[163] Aufbauend auf die Arbeiten von Granovetter werden die schwachen Beziehungen beim Wissens- und Technologietransfer bei Levin/Cross (2004), S. 1477ff, analysiert.
[164] Vgl. Sorensen/Flemming (2004), S. 1615ff
[165] Vgl. van Looy et al (2004), S. 425
[166] Die Spannungsfelder zwischen Forschen und Managern, die sich durch die nicht selten entgegengesetzte Werthaltungen ausdrücken, konkretisieren eine in diesem Buch immer wieder vorzufindende Thematik. Mudambi/Swift (2009), S. 736ff, argumentieren, dass solche Spannungen bei Gruppenentscheidungen einerseits zu fehlendem Konsens und einem strategischen Abgleiten, andererseits aber auch zu informationsträchtigeren Entscheidungen und Durchbrüchen bei Innovationen als bei homogenen Gruppen führen können.
[167] Ausgangspunkt bilden hier die von Szulanski (1996) eruierten Determinanten.
[168] eigene Darstellung basierend auf den Ausprägungen von Szulanski (1996)
[169] Vgl. Shane (2002), S. 124
[170] Vgl. Hall et al (2003), S. vi. Doch gerade bei den Advanced Technology Projects zeigt diese Studie auch, dass Projekte mit Hochschulpartnern eher dazu neigen, technisch anspruchsvoll zu sein und seltener aufgrund von Fehlern abgebrochen zu werden.
[171] Die Überbrückung unterschiedlicher Werteausrichtungen wird an dieser Stelle evident. Vgl. dazu Van Dierdock et al (1990), S. 551, sowie Mudambi/Swift (2009).
[172] Naturgemäß wird von Unternehmensseite Instituten und Hochschulen, die ein höheres Ansehen genießen, ein Vertrauensvorschuss zugestanden. Vgl. Sine et al (2003), S. 479ff.
[173] Vgl. Beise et al (1995)
[174] Vgl. dazu das Fallbeispiel der Unternehmensaktivitäten der Universität von Waterloo von Bramwell/Wolfe (2008), S. 1175ff.
[175] So scheint es, dass menschliches und soziales Kapital, Organisationssysteme und Wissensnetzwerke diesen Sachverhalt beeinflussen; vgl. dazu McPherson/Holt (2007), S. 179.
[176] Vgl. Mudambi/Swift (2009), S. 736
[177] Unterschiedliche, industrielle Unternehmensaktivitäten stehen dabei nicht signifikant mit einer Wahl des Transferkanals in Verbindung. Vielmehr steht der Transferkanal mit dem Forschungsfeld, Charakteristika des zugrundeliegenden Wissens, so-

wie den individuellen Eigenschaften des Forschers und seiner unmittelbaren Umwelt (z.B. Institut), in dem das Wissen entsteht, in Verbindung; vgl. dazu Bekkers/Freitas (2008), S. 1837.
178 Zur Medienreichhaltigkeitstheorie vgl. Daft/Lengel (1984).
179 Vgl. Daft/Lengel (1984), S. 200
180 Vgl. Kriegesmann et al (2006)
181 Vgl. hierbei die intra-organisationelle Studie von Tsai (2001), S. 996ff.
182 Vgl. Rothaermel/Thursby (2005b), S. 305
183 Vgl. Cohen/Levinthal (1989), S. 21, die anders als zuvor beschriebene Ansätze bei F&E erstmals „... the firms ability to assimilate and exploit existing information ..." in den Fokus ihrer Arbeit stellen. Später wird dies als die Absorptionsfähigkeit festgemacht; vgl. dazu Cohen/Levinthal (1990), S. 148.
184 Vgl. Tsai (2009), S. 767.
185 Vgl. Cockburn/Henderson (1998), S.157ff
186 Vgl. Ahuja (2000), S. 425ff
187 Vgl. Macpherson/Holt (2007), S. 172ff
188 Vgl. Weigelt/Sakar (2009), S. 37
189 Gerade in der Trennung zwischen dem vorhandenen Potential und der tatsächlicher Umsetzung stellen Zahra/George (2002), S. 185ff, die Effizienz in den Vordergrund ihrer Analyse: „Firms with high efficiency ratios are also likely to continually renew their operations and enjoy superior performance, especially in knowledge intensive industries."

3 Kooperative Rollen und Faktoren

Wie im vorigen Kapitel dargestellt, wird Forschung verstärkt in Kooperationen zwischen (komplementären) Institutionen durchgeführt. Bei der Entwicklung von neuem Wissen weisen GIBBONS *et al in ihrem ‚mode 2'-Modell auf eine veränderte Herangehensweise hin, in der Wissen interdisziplinär, problemorientiert und kontextgetrieben ist*[1] *und die das Entstehen von Beziehungen zwischen Universitäten und Firmen fördert.*[2] *Doch die Aufspaltung des ökonomischen Werts in inkommensurable ideelle, soziale und Tauschwertkomponenten bestimmt entscheidend den bisweilen antagonistischen Habitus der beteiligten Akteure unterschiedlicher Wissenskulturen.*[3] *So bezeichnet Umberto* ECO *die Erfindung der „universitas magistrorum et scholarum", in der Lehrende und Lernende einander gleichgestellt sind und in der jeder Lehrende ideologisch unabhängig von der Institution selber sein solle, als eine revolutionäre Idee, die den Fortschritt der abendländischen Wissenschaft erst möglich gemacht hat.*[4] *Nicht wenige der Lehre und Forschung in sich vereinenden Protagonisten an europäischen Hochschulen sehen nicht zuletzt aus diesem Grund externe Einflussnahme als mögliche Gefahr einer neuen Abhängigkeit und vermeiden zur Wahrung der akademischen Freiheit Partnerschaften mit Unternehmen.*

Doch die evolutionären Veränderungen bei der Produktion von neuem Wissen, sowie staatliche Eingriffe und betriebliche Praktiken haben Auswirkungen auf das Zusammenspiel der Partner und ihre gemeinsame Umwelt;[5] *sie bewirken letztlich auch eine irreversible Wandlung der Forschungshochschulen [3.1].*[6] *Für die Unternehmen geht die zunehmende Vernetzung mit immer komplexeren Technologie-Anforderungen einher, die wiederum längere Entwicklungszeiten bei gleichzeitig sich verkürzenden Produktlebenszyklen bringen und Spezialisierung und Fremdbezug im Innovationsmanagement in den Vordergrund treten lassen [3.2]. Der Staat wiederum kann einerseits kurzfristig, z.B. durch Förderprogramme, andererseits langfristig durch Maßnahmen etwa im Bereich der Bildung, als indirekter Mitgestalter die Voraussetzungen für wissenskulturelle Grenzen übergreifende F&E-Partnerschaften entwickeln [3.3]. Nicht zuletzt sei auf die immer wichtiger werdende Rolle des Internet als einem* bidirektionalen *Medium der Kooperation in Gestalt unterschiedlicher Geschäftsmodelle verwiesen [3.4], wenngleich die Validität der Netz-Inhalte und die damit verbundene Frage der Vertrauensbildung vorerst kritische Nutzungsfaktoren bleiben.*

3.1 Universitätssicht

Wissenschaftliche F&E findet außerhalb der Unternehmen an den Universitäten und anderen Forschungseinrichtungen statt. Wissenschaftler werden gegenüber Praktikern oft als intellektuell und moralisch überlegen betrachtet, was auf PLATONs Betonung der Überlegenheit des Geistes gegenüber derjenigen der Hand zurückgeht.[7] Hochschulen verfolgen das Interesse der Diffusion des – als öffentliches Gutes wahrgenommenen – Wissens als eine der Grundlagen ihrer Legitimation. Der Zeithorizont bei der Generierung von neuem Wissen ist langfristig, wobei der Forschungsfokus auf Entwicklung und Test neuer Konzepte und Theorien gelegt wird.[8]

Forschervertreter sprechen von einer Holschuld der Unternehmen bei einer möglichen Zusammenarbeit mit den Hochschulen. Neben internen Hemmnissen, z.B. durch eine als zu langsam angesehene Administration in Hochschulen oder der mangelnden Wahrnehmung von Anreizen für Mitarbeiter, sehen sie Barrieren zur Zusammenarbeit in den Berührungsängsten vor allem der kleineren Unternehmen. Auch eine zu unpräzise Beschreibung der Forschungsaufgaben oder ein nicht vorhandenes Innovationsmanagement werden als Gründe festgemacht. Dort, wo der Vertrauensaspekt wichtig ist und es gilt, ein Unternehmen vom Nutzen einer Partnerschaft zu überzeugen, also etwa beim Erstkontakt, wird die Unternehmenskultur als Hindernis betrachtet. Generell wird die zu geringe Zahlungsbereitschaft der Unternehmen bekrittelt.[9]

Das größte Bedenken aus dem Blickwinkel der Hochschulmitarbeiter ist aber die Interferenz der akademischen Freiheit mit den Erfordernissen einer potentiellen Kooperation mit der Industrie.[10] Geheimhaltungsverträge, welche die Hochschulforschung beeinträchtigen oder in Frage stellen können und eine „Vereinnahmung“ durch die Industrie werden am meisten befürchtet.[11] Dabei ist eine Forscherbereitschaft, mit Unternehmen zusammenzuarbeiten, nicht unbedingt das Entscheidungskriterium eines Unternehmens für eine Partnerschaft mit Hochschulen.[12] Tatsächlich ist auch die Nichtveröffentlichung einer Diplomarbeit oder Dissertation nur durch ein Zurückhalten für einen bestimmten Zeitraum und mit Zustimmung des Studierenden zulässig; US-amerikanische Hochschulen lösen das Problem des befristeten Stillschweigens, indem sie den Unternehmen eine wenige Monate dauernde Übergangsfrist bis zu einer verpflichtenden Patentierung einräumen.[13] In der Wahrnehmung spielt aber auch eine mögliche, rückläufige F&E-Unterstützung des Staates eine Rolle. Das könnte zwar einerseits die unternehmerischen Aktivitäten steigern,[14] andererseits aber zu noch größerer Abhängigkeit von der Industrie führen. Somit stellt sich die Frage, ob einer Zusammenarbeit mit der Industrie überhaupt ein Platz in einer Forscher-Universität beschieden ist?

Bei der Frage, *warum* sich eine Hochschule zu einer Zusammenarbeit mit der Industrie entscheiden sollte, tritt die ökonomische Position der Hochschule in der heutigen Gesellschaft[15] zunehmend in den Fokus. Durch die Mitarbeit bei der Entwicklung von Innovationen kann ein Beitrag zur Wohlfahrt geleistet und dabei die eigene Stellung verbessert, respektive das gesellschaftliche Prestige gesteigert werden. Aber auch die Einwerbung finanzieller Mittel und die Erschließung neuer Zugänge zu forschungsrelevanten industriellen Anlagen können Auslöser für eine Zusammenarbeit sein.[16]

Die Perspektive einer konkreten Hochschule soll nun am Beispiel der vor 645 Jahren gegründeten UNIVERSITÄT WIEN beleuchtet werden. Sie ist mit den ungefähr 6.500 beschäftigten WissenschaftlerInnen und den ca. 85.000 Studierenden die größte Lehr- und Forschungseinrichtung in Österreich.[17] Ihre Mitarbeiter publizierten 2008 über 7.800 statistisch erfasste wissenschaftliche Erstveröffentlichungen in Fachzeitschriften, und Sammelwerken, Fach- und Lehrbücher, usw.[18] Mit insgesamt 21 Unternehmen war die Universität in diesem Jahr direkt in Kooperationsverträge mit der Industrie eingebunden. Dabei wurden etwa 50 drittmittelfinanzierte Partnerprojekte durchgeführt und aus F&E-Projekten mit Unternehmen[19] Einnahmen von ca. € 3,5 Mio. erwirtschaftet. Die mit etwa € 1 Mio. Eigenkapital aufgestellte Innovationszentrum Universität Wien GmbH[20] ist zu mehr als einem Drittel an der – 2002 gemeinsam mit der TU Wien und dem ZID ins Leben gerufenen – Gründerinitiative INITS beteiligt, die als Inkubator bei Ausgründungen von Absolventen, Mitarbeitern und Studenten der Wiener Hochschulen mit innovativen Ideen beratend bzw. unterstützend zur Seite steht.[21] Als eine Art Technologietransferbüro der Universität agiert der „Forschungsservice" FSIB als Stabstelle des Rektorats,[22] der sich als eine Dienstleistungseinrichtung der Hochschule administrativ mit Industrie-Kooperationen befasst. Das FSIB unterstützt Forscher bzw. Universitätsangehörige bei allen Fragen zur Zusammenarbeit mit der Wirtschaft, indem bspw. Hilfestellung bei Fragen der Verwertbarkeit von Forschungsergebnissen und der dabei wichtigen Schutzrechte geleistet wird. In diesem Zusammenhang können auf der FSIB-Homepage Informationen über ▸ *geistiges Eigentum*, ▸ *Diensterfindungen*, Verträge und Verwertung abgerufen werden.[23] Gemäß den Richtlinien des Rektorats[24] wird die Zusammenarbeit mit Unternehmen unter der Prämisse einer Vollkostenabgeltung, die also nicht allein die entstehenden Personalkosten des universitären Forschungspersonals abdeckt, angestrebt und ist grundsätzlich auf allen Fakultäten möglich.

Die Organisation der universitären Forschung ist seit dem UG 2002 in Österreich gesetzlich in der Weise geregelt, dass die Steuerung öffentlicher Einrichtungen nun im Sinne eines *new public managements* durch die sogenannten Leistungsvereinbarungen erfolgt. Eine Verwertung von Forschungsergebnissen war auch zuvor möglich, jedoch wurde die vormals geltende Lösung der sogenannte Teilrechtsfähigkeit – die einzelnen Universitätsinstituten eine beschränkte dislozierte Rechtspersönlichkeit zugeordnet hat – durch die nunmehr geltende sog. Vollrechtsfähigkeit ersetzt, die dem Rektorat die zentrale Außenvertretungs- und Verfügungsmacht einräumt und diesem damit auch mehr Spielraum bei der Entscheidung über die inneruniversitäre Ressourcenverteilung (Budget, Raum, Personal) gibt.[25]

Das Rektorat möchte vor diesem Hintergrund die Kooperationen mit der Wirtschaft behutsam, aber doch deutlich stärken; dabei sollen die nicht wenigen, bereits vorhandenen Kontakte synergetisch integriert und kanalisiert werden, um – direkt erkennbar – zusätzliche Ressourcen für die Hochschule zu erschließen. Gleichzeitig könnte auf diese Weise eine Balance zwischen Grundlagenforschung und angewandter Forschung geschaffen werden, die Befruchtung in gegenseitiger Richtung bringt, aber doch voneinander soweit abgesondert ist, dass zwar in den Grundlagenforschungsteil Anregungen aus der Praxis einfließen kann, ohne dass die Industrie aber direkt Einfluss auf die Forschungsinhalte bekommt.[26]

Kooperationen zwischen Hochschulen und den Unternehmen sollten von Anfang an im Team stattfinden. Für eine Firma ist es essentiell, auch in Personalkapazität zu investieren, damit die Forschungsergebnisse erfolgreich umgesetzt werden können. Beim Knüpfen der Kontakte mit den passenden Kompetenzen ist das Zubewegen von beiden Seiten aufeinander notwendig, wobei ein zentrales Einwerben von Industriekontakten derzeit für die UNIVERSITÄT WIEN nicht angedacht wird, da Unternehmen eher bestimmte Forschergruppen suchen, als sich auf die Reputation einer gesamten Hochschule zu verlassen. Ein neutraler, an einer Organisation wie der Wirtschaftskammer angesiedelter Intermediär könnte aber evtl. helfen, bei KMU die Schwellenangst zum Erstkontakt zu überwinden, denn dieser wird allgemein als gravierende Barriere empfunden. Hier sollten Hochschulvertreter auf KMU zugehen, hochwissenschaftliche Ansprüche zurückschrauben, um in weiterer Folge daraus interessante Forschungsthemen erhalten zu können. Neben der Auftragsforschung ist auch vorstellbar, Infrastruktur zur Verfügung zu stellen.[27]

Eine Stärke der UNIVERSITÄT WIEN ist ihre thematische Breite. So sind Kooperationen bspw. in technischen oder naturwissenschaftlichen Bereichen, aber auch in der Sozialwissenschaft möglich. Für Unternehmen von Interesse ist das Biotech-Zentrum MAX F. PERUTZ Laboratories, das jedoch weltweit in Konkurrenz zu *global players* steht. Für Pharma- und Biotech-Firmen von Interesse sein könnte auch die Forschungsplattform *Life Science Governance*, die eine interdisziplinäre Zusammenarbeit von *life science* und Politikwissenschaft beinhaltet. Positiv zu sehen ist die sowohl auf europäischer Seite als auch in Österreich fortschreitende Weiterentwicklung bei den Förderprogrammen für die Forschungskooperationen. Auf die Frage, wie eine Zusammenarbeit mit der Wirtschaft aus Sicht der Hochschule funktionieren kann, sagt der Vizerektor der UNIVERSITÄT WIEN, Univ.-Prof. Dipl.-Ing. Dr. Heinz W. ENGL:

„Universität ist keine verlängerte Werkbank, sondern es geht darum, was auch in unserer Drittmittelstrategie drin steht: die Grundlagenforschungsergebnisse – die wir erzielen – dort wo es eben angemessen ist, bis in die wirtschaftliche Anwendung sozusagen hinüberzubringen und es ist eigentlich, wenn man das Wort Wirtschaft sehr breit interpretiert, fast in jedem Bereich möglich."

3.1.1 „Elfenbeinturm" oder „entrepreneurial"?

YOUTIE und SHAPIRA[28] beschreiben die evolutionäre Veränderung der Stellung einer Hochschule und ihrer Umgebung in Bezug auf Wissen und den ökonomischen Kontext am Beispiel der US-amerikanischen GEORGIA TECH. Die *traditionelle* Sichtweise betrachtete die Hochschule als einen von den praktischen Bedürfnissen des täglichen Lebens abgekoppelten Elfenbeinturm;[29] in ihrem Streben nach Wissensspeicherung steht sie klerikal und elitär über der Gesellschaft. *Gegenwärtig* wird aber Wissen nicht nur gespeichert, sondern die Universität trägt als Wissensquelle zur Entwicklung neuer Technologien erheblich bei. Im Sinne einer evolutionären Entwicklung könnte die *im Entstehen begriffene* Hochschule in einem wissensgetriebenen, postindustriellen Zeitalter zu einem Wissensdreh- und Angelpunkt wachsen, die autochtone Entwicklungen und neue Fähigkeiten fördert. In Abb. 3-1 wird die unterschiedliche Wissensausrichtung der sich wandelnden Universitäten beschrieben.

Die starke Interaktion mit der Gesellschaft im Allgemeinen und den Unternehmen im Besonderen tritt dabei immer mehr in den Vordergrund.[30] In vielen Fällen ist der Beitrag, den die Universität für die Weiterentwicklung der lokalen und regionalen Wirtschaft leistet, reicher, als es die bloße Verwertung von Forschungsergebnissen vermuten lässt. So bildet sie Studenten zu qualifizierten Forschern und Fachleuten aus und entwickelt Talente, die durch formelle und informelle Unterstützung mit

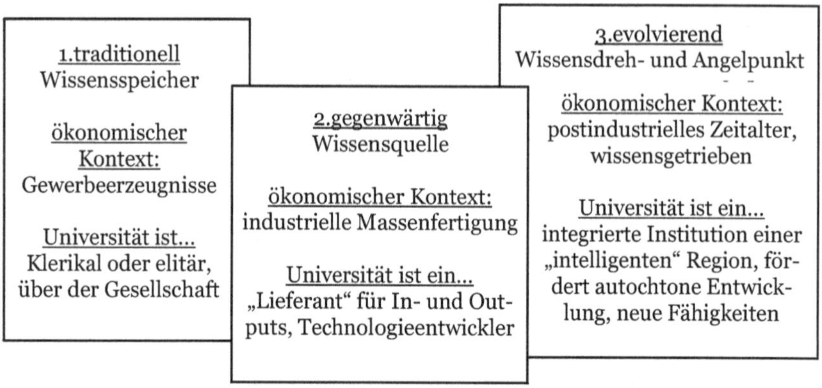

Abbildung 3-1: Universität – alternierende Wissensausrichtungen[31]

der Industrie kollaborieren und das für Innovationen wichtige implizite Wissen transferieren, wobei vor allem die *community players* unternehmerische Kultur erzeugen können.[32]

Dieser Wandel gibt vor allem in den USA Anlass, von einer *entrepreneurial university* zu sprechen.[33] So wird akademisches Unternehmertum als ‚endogen‘ bezeichnet, weil die interne Organisation zunehmend aus Forscherteams besteht, die firmenähnliche Qualitäten aufweisen müssen. Das drückt sich bspw. dadurch aus, dass Forschung wettbewerbsförmig finanziert wird. Forscherteams in einer Hochschule teilen in diesem Kontext homologe Qualitäten mit *start-up* Unternehmen[34] und schließen sich in Netzwerken zusammen. Diese Netzwerke erhöhen auch das soziale Kapital, auf das Unternehmen und Hochschulen bei einer Zusammenarbeit zurückgreifen können.[35]

Die Teilhabe einzelner Forscher in Technologietransferprozessen kann ihre Rollenidentität bereichernd beeinflussen: sie bleiben in Ihrer Identität zwar Akademiker, handeln aber gleichzeitig (auch) unternehmerisch.[36] Nach ETZKOWITZ ist eine „unternehmerische Hochschule“ in der Lage, eine fokussierte Strategie zu verfolgen, um sowohl akademisch als auch ökonomisch gesetzte Ziele zu verfolgen. Ihm zufolge wird die zukünftige, evolutionäre Rolle einer Universität daher generell viel unternehmerischer als bisher sein. Sie behält ihre akademischer Struktur und Funktionen; Forschung und Lehre bleiben die akademischen Aufträge der Hochschule,[37] doch sie passen sich an die ökonomischen Entwicklungen an. Dementsprechend sollten Hochschulen gemäß ETZKOWITZ in einer Arena frei zugänglicher, öffentlicher Forschung und Bildung erhalten bleiben, aber als unternehmerische(re) Organisationen fungieren, wenn sie weiterhin anstreben, ihre Rolle und Zweck in der Gesellschaft zu erhalten und zu erfüllen – wobei sich dieses unternehmerische Verhalten nicht auf einzelne Forschungsfelder beschränken lässt. Jedenfalls steigert es nach dieser Auffassung ihre Legitimität in jenen Bereichen, in denen sie mit Unternehmen zusammenarbeiten.[38] In Zukunft könnte es einen möglichen komparativen Vorteil in nationalen Innovationssystemen ausmachen, in dem Universitäten das Vorantreiben von Kreativität, aber auch von Verantwortung in ihren kulturellen, ethischen, technologischen und ökonomischen Dimensionen unterstützen.[39]

3.1.2 Erfolgsbeeinflussende Faktoren

Um all dies zu fördern, gilt es jedoch, Barrieren aufzulösen, da noch immer nur eine Minderheit der *joint ventures* bei Forschung (RJV) mit Hochschulbeteiligung stattfindet. Positive Erfahrungen von Firmen mit Hochschulen durch eher kurzfristig ausgerichtete Projekte könnten dies ändern.[40] Kulturelle Konflikte, bürokratische Inflexibilität, die Vernachlässigung eines Belohnungssystems und ineffiziente Technologietransfer-Einrichtungen erschweren die Partnerschaften hingegen. Umgekehrt kann industrielle Mitwirkung den Anteil an gestaltungsfreier akademischer Forschung der Hochschulen sogar erhöhen.[41]

Doch die Fakultäten und Institute können nicht einfach Unternehmertum erzeugen. Vielmehr bedarf es gezielt unterstützender Maßnahmen auf breiter Basis durch eine entsprechende Hochschulstrategie. So hängen bspw. Fakultätsentscheidungen zur Erfindungsmeldung mit der Wahrnehmung der Vorteile der Schutzrechte zusammen, welche die Hochschule seinen Forschern zu vermitteln in der Lage ist. Die Fakultäten sollten auch durch formelle und informelle Kanäle im Lizenzprozess eingebunden sein und durch stärkere Belohnung in ihrer Teilhabe an den Transferprozessen ermutigt werden.[42]

Überdies stellt sich die Frage, wie die Anreize an die Forscher ausgestaltet sein könnten. Denkbar wären Anreiz-Mechanismen an Forschergruppen und Forscher in Zusammenhang mit einer angemessenen Organisationsstruktur, bspw. einer Matrix-Struktur als Schnittstelle mit der Industrie. Eine beträchtliche Anzahl der lizensierten Erfindungen befindet sich in einem embryonalen Stadium und bedarf daher erst einer Weiterentwicklung durch Zusammenarbeit mit dem Erfinder, was als ausschlaggebend für eine später erfolgreiche Marktanwendung betrachtet wird. Um dies von Hochschulseite zu induzieren, bedarf es daher finanzieller Forscher-Anreize durch einen Prämienlohn. Demgegenüber meinen MARKMAN et al, dass eher den Technologietransferbüros Anreize geboten werden sollten als den Forschern selbst; zu hinterfragen ist diese Anregung jedoch vor dem Hintergrund, dass die betreffende Studie auf Interviews mit 128 Leitungsfunktionären von solchen Transferbüros basiert.[43]

In Hinblick auf eine Erhöhung absoluter Zahlen gilt es auch zu ergründen, welche Merkmale die Menge an Diensterfindungsmeldungen beeinflussen. Hierbei scheinen wiederum die Hochschulpolitik mit einer klaren Mission und der Schaffung eines positiven Klimas – eben durch die Gewährung entsprechender Anreize für die Forschenden –, aber auch lokale und regionale Besonderheiten eine Rolle zu spielen. So beeinflusst eine im regionalen Einflussbereich vorhandene Konzentration an *high tech*-Unternehmen auch die Zahl der Erfindungsmeldungen einer Hochschule. Die Anzahl der Erfindungsmeldungen steht in weiterer Folge in positiver Relation zur Summe der Lizenzvereinbarungen einer Hochschule. Wichtig sind die implizite Erfahrung von Wissensintermediären und die bestehenden Verbindungen zwischen Personen aus Forscher- wie aus Wirtschaftsgemeinschaften, denn Forscher mit signifikant mehr Kollaborationen zur Industrie tendieren eher dazu, Patentanmeldungen einzureichen.[44]

Abschließend und zusammenfassend betrachtet sind es bei einer möglichen Kooperation mit der Industrie vor allem die folgenden erfolgsbeeinflussenden Faktoren, die in der Literatur thematisiert werden:

- Die Wahl der *Hochschulstrategie* im Umgang mit Schutzrechten, der Bereitstellung von Budget, der Wahrnehmung von Stakeholder-Interessen, der Fokussierung auf Forschergruppen, und dem Reagieren auf Veränderung der Umwelt, sowie die in die Strategie aufgenommenen *Belohnungssysteme* für Forscher und Abteilungen,[45]
- die geographische *Lage*, z.B. durch in der Nähe angesiedelte *high tech*-Firmen, und die im historisch-geographischen Kontext entstandene *Kultur* i.w.S., sowie die definierten Rollen und Identität i.e.S.,[46]
- die unterschiedliche *Wissensintermediäre* und ihre Mechanismen,[47]
- die bisherigen *Erfahrungen,* sowie der *Status,* den die Hochschule einnimmt,[48]
- die *Fakultäten der Hochschule* durch ihre Motivation, ihre Einbettung in Netzwerke mit Intermediären, ihr Wirtschaftswissen und ihr Marktverständnis, ihre Qualität an Forschern im Sinne ei-

ner wissenschaftlichen Exzellenz, ihre Unterstützung bei Diensterfindungsmeldungen,[49] sowie

- die *wirtschaftliche Umsetzbarkeit der betreffenden Technologie* selbst, wobei es für die Kooperation keinen Unterschied macht, ob es sich um eine technische oder allgemein ausgerichtete Hochschule handelt. Dabei kann die Erfindung in Abhängigkeit zum Zugang des Forschungsfeldes individuell ausgestaltet zur Anwendung gelangen. So sind die Forschungsfelder Biotechnologie und *life sciences* derzeit besonders relevant, wobei der Einbindung in Netzwerke eine herausragende Bedeutung zukommt.[50]

Hinzu treten noch externe Faktoren, wie die Umwelt und die Konditionen der Industrie, auf die nachfolgend näher eingegangen wird.

3.2 Unternehmenssicht

Industrielle F&E ist Unternehmenstätigkeit. Einem Praktiker wird eher eine schöpferische und gestaltende Funktion bei der Umgestaltung der Natur zugeschrieben als einem den Ist-Zustand beschreibenden Wissenschaftler.[51] Unternehmen verfolgen im Gegensatz zu Hochschulen das Ziel der kurz- bis mittelfristigen Kommerzialisierung von als Wettbewerbsfaktor angesehenem Wissen, dessen Erfolg in der Generierung kommerzialisierbarer Produkte und Verfahren liegt. Insbesondere KMU haben Berührungsängste, mit Hochschulen zusammen zu arbeiten, weil sie eine große Bürokratie bei den öffentlichen Institutionen, eine geringe Anwendungsorientierung der Forschung, Unübersichtlichkeit und Redundanz des Technologieangebotes, eine Benachteiligung kleiner gegenüber großen Unternehmen, sowie Kosten oder Aufwand bei der Durchführung eines Förderantrags sehen, oder weil die Qualität der angebotenen Leistung nicht den Erwartungen der Unternehmen entspricht.[52] Warum soll also ein Unternehmen mit einer Hochschule oder einer anderen nichtkommerziellen Forschungseinrichtung kooperieren? Henry CHESBROUGH schreibt dazu: *„In short, firms that can harness outside ideas to advance their own business while leveraging their internal ideas outside their current operations will likely thrive in this new era of open innovation.“*[53]

Eine Zusammenarbeit ist sicher nicht per se nutzenbringend; es sind zumeist Firmen, die *open innovation* betreiben oder viel in F&E investieren, die eine Zusammenarbeit mit Hochschulen anstreben.[54] Die wie bereits dargestellt in den Vordergrund tretende Wissensgesellschaft stellt neue Anforderungen an die Unternehmen: streben sie die Erreichung eines Wettbewerbsvorteils in ihrer Kerntechnologie an, brauchen sie Zugang zu (komplementärer) Forschung. Möchten sie ein durch die Zusammenarbeit mit akademischen Partnern induziertes Image hoher Qualität der eigenen Produkte und Dienstleistungen erzeugen, versuchen sie vor allem, Forschungszeit und Kosten zu sparen. Tatsächlich verringert die Kooperation mit Hochschulen die eigenen F&E-Kosten, erhöht aber gleichzeitig den innovativen Output.[55] Dort, wo Unternehmen bspw. erwarten, dass über eine bestimmte Dauer hinweg die eigene Forschung unbefriedigende Resultate erbringt, wird eher eine Zusammenarbeit mit Hochschulen angestrebt. Sie erwarten auch einen breiteren Zugang zu neuer Hochschulforschung und Entdeckungen.[56] Das geforderte Wissen kann sich dabei durchaus eher auf Grundlagen beziehen, während die spezifische Produkt- und Prozessentwicklung darauf aufbauend wiederum unternehmensintern erfolgt.[57] Dabei spielt es für die Performance des Wissens- und Technologietransfers eine eher untergeordnete Rolle, ob das Unternehmen mit einer technisch- oder einer generell ausgerichteten Universität zusammenarbeitet.[58]

Bei den Firmen führt eine positiv wahrgenommene Veränderung der Politik und der Methoden der Hochschule bei der Zusammenarbeit zu einer höheren Bereitstellung von Ressourcen (Kapital, Technologie und Personal) und besserer Performance (finanziell, Beschäftigung). Zur Entwicklung erfolgreicher Kooperationsstrategien bedarf es kontinuierlicher organisatorischer Lernprozesse[59] sowohl in den Unternehmen als auch in den Hochschulen. Neben der Organisationsstruktur, dem sozialen und dem Humankapital, sowie politischen Rahmenbedingungen sehen MACPHERSON und HOLT auch die Einbindung in Netzwerken als unternehmensseitigen Erfolgsfaktor für den Wissensfluss an.[60] Letztlich entscheidet die Aufnahme- und Umsetzungsfähigkeit eines Unternehmens, wie aus einem grundsätzlich zugänglichen Forschungsergebnis aus einer Partnerschaft eine marktfähige Anwendung für den Betrieb entsteht.

Neben der Unternehmenskultur, dem Vorhandensein von Kontakten und der wichtigen Vertrauensbasis zu Forschern spielt bei einem Unternehmen vor allem die Größe bei der Zusammenarbeit mit Hochschulen eine Rolle. Während bspw. ein Konzern meist eine hohe nationale, gesetzliche Sicherheit ihrer Schutzrechte[61] als Voraussetzung für einen Markteintritt und eine Zusammenarbeit betrachtet und nicht selten ein eigenes Patentinformations- und Kontrollsystem führt, das auch hilft, die Richtung zukünftiger Forschung auf einem Gebiet zu beeinflussen (vgl. dazu Abb. 3-2), sind KMU diesbezüglich im Informationsnachteil, können sich aber, wie einleitend erwähnt, evtl. durch Spezialisierung behaupten.

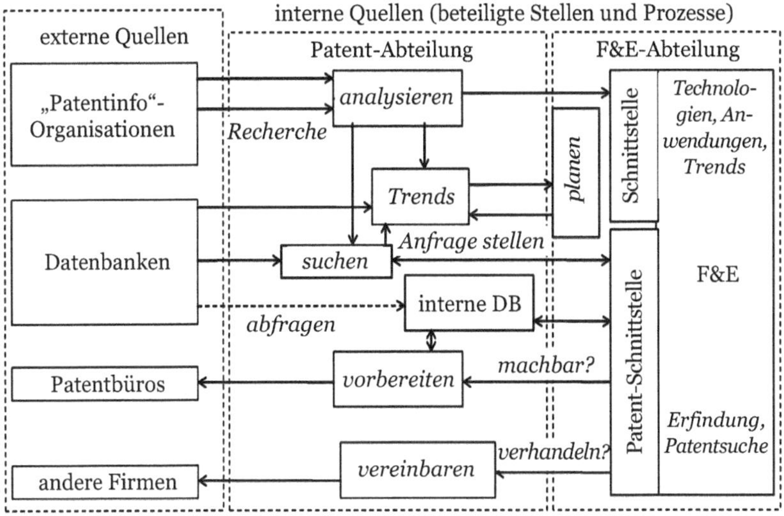

Abbildung 3-2: Patentkontrollsystem bei einem Konzern[62]

Auch die Art, wie Kooperation mit Hochschulen betrieben wird, ist bei KMU grundsätzlich anders als bei Konzernen, die global agierend die wissenschaftliche Exzellenz auf einem Gebiet orten und durch regionale Ansiedlung von Zweigniederlassungen dieser folgen, wie etwa das Beispiel der Biotechnologie illustriert. Bei KMU ist die Bereitschaft, sich zu öffnen, eine grundlegende Voraussetzung für gemeinsame Forschungsprojekte mit Hochschulen,[63] die jedoch bspw. aufgrund eins Vertrauensmangels häufig nicht vorhanden ist. KMU werden heute vor allem für die Implementierung und Anwendung von Forschungsergebnissen durch staatliche Maßnahmen in manchen Ländern gestützt.

3.3 Umweltfaktoren

Vor diesem Hintergrund kann der Staat durch die Etalierung institutioneller Intermediäre oder durch Gesetzgebungen und implementierte Bildungsmaßnahmen, die eine Zusammenarbeit zwischen Hochschulen und Unternehmen unterstützen, dabei behilflich sein, Mechanismen aufzubauen, die in bestimmten Bereichen ein mögliches Marktversagen verhindern.[64]

3.3.1 Nationale Unterschiede

Hinsichtlich der Frage nach der Gesetzgebung ist an erster Stelle der 1980 in den USA beschlossene BAYH-DOLE Act zu erwähnen.[65] Dieser wurde mit dem Ziel in Kraft gesetzt, dem in den 1970ern eintretenden technologischen Rückstand der USA gegenüber Japan zu begegnen, das seinerseits zuletzt an BAYH-DOLE angelehnte Gesetze verabschiedet hat. BAYH-DOLE bietet Hochschulen Anreize zu Patentanmeldungen in jenen Bereichen, in denen Lizensierungen einen effektiven Mechanismus zur Aneignung von neuem, technischem Wissen darstellen. Tatsächlich hat das Gesetz eigentlich kaum Auswirkungen auf die Art, wie in den USA geforscht wird. Vielmehr hat es den beabsichtigten Eintritt von Hochschulen in Patent- und Lizenzaktivitäten beschleunigt und die Relevanz akademischer gegenüber nicht-akademischer Patentanmeldungen erhöht.[66] Schon vor Einführung dieses Gesetzes bestand eine Tendenz in diese Richtung.[67] Der Beitrag öffentlich finanzierter Forschung für die Industrie wird heute als eine treibende Kraft hinter der Hochtechnologie angesehen, welche die US-amerikanische Industrie unterstützt;[68] so hat sie bspw. mit der Biotechnologie eine ganze Branche überhaupt erst ermöglicht.[69] Tatsächlich beschränkt sich die Forschungszusammenarbeit in den USA aber nicht nur auf ein Beisteuern von neuen Ideen zu F&E-Projekten, sondern sie stellt in gleichem Ausmaß auch *know how* für Industrieprojekte zur Verfügung.[70] Zumeist handelt es sich um *high tech*-Forschung, die eher auf Grundlagen ausgerichtet ist, und wird heute in einflussreichen Zeitschriften veröffentlicht. Sie verändert die Regeln im Wettbewerb *zwischen* den Hochschulen. Der Erfolg hängt dabei von einem Wechselspiel aus wissenschaftlicher und kommerzieller Zielerreichung ab.[71]

Doch das BAYH-DOLE-Gesetz darf nicht losgelöst von den US-amerikanischen Verhältnissen betrachtet werden und lässt sich keinesfalls direkt auf alle OECD-Länder umlegen. Für strategische Forschungskooperationen ergeben sich bestenfalls mäßige Erfolge, wenn bspw. die grundlegenden Strukturunterschiede hinsichtlich der höheren Bildungseinrichtungen außer Acht gelassen werden. In den USA schließen sich kleine Unternehmen und Forschungseinrichtungen in Netzwerken mit öffentlichen Institutionen mannigfaltiger Ausprägung auf nationaler Ebene zusammen; demgegenüber arbeiten bspw. in Europa kleine Unternehmen mit Hochschulen in lokalen und regionalen Netzwerken zusammen, die sich auf eher wenige Themenbereiche konzentrieren. Es sind hingegen internationale Konzerne (z.B. aus dem Pharma-Bereich), die bei der Forschung auf Verbindungen in ganz Europa zurückgreifen.[72] Ein Mangel an unterstützenden Mechanismen, wie z.B. ein unzureichendes Belohnungssystem für Forscher, zu wenige Technologietransfer-Einrichtungen, unzureichende Mittel, um die Patentkosten zu decken, Probleme bei der Kommerzialisierung, erhebliche Verpflichtungen des Personals in Lehre und Hochschuladministration sowie auch persönliche und kulturelle Probleme in den Fakultäten wurden im Rahmen einer Untersuchung der Patentaktivitäten italienischer Hochschulen als Ursache für ein Scheitern der Implementierung der Logik von BAYH-DOLE in einem EU-Land genannt.[73]

Gestützt auf jüngere EU-Bestrebungen hat sich jedoch auch in europäischen Ländern eine Wandlung zu einer höheren Vermarktung und Kommerzialisierung von Forschungsergebnissen, teilweise auch an traditionellen Hochschulen, vollzogen.[74] So wurde in Norwegen festgestellt, dass Forscher-Performance und Unternehmertum einander nicht behindern, sondern sogar die Publikation fördern. Dabei haben GULBRANDSEN und SMEDBY eine umfassende Studie durch Befragung von fast 2.000 Hochschulmitarbeitern durchgeführt, in der sich zeigt, dass Fakultäten, die unmittelbar Drittmittel aus der Industrie erhalten, einerseits mehr angewandte Forschung betreiben; andererseits kollaborieren die universitären Forscher nicht nur mehr mit ihren Kollegen in den Unternehmen, sondern auch mit anderen Forschern der Hochschule und liefern dabei nicht nur mehr Resultate an die Industrie ab, sondern erstellen auch mehr wissenschaftliche Publikationen.[75] Einer 4.150 Unternehmen einschließenden Studie in Spanien folgend werden Forschungskooperationen mit Hochschulen eher unternommen, wenn auch mit anderen externen Partnern (Lieferanten, Kunden, Unternehmen) zusammengearbeitet wird und die internen F&E-Aktivitäten höher sind.[76]

Das lässt die Frage aufkommen, welche unternehmerischen Aktivitäten demnach in kleineren europäischen Ländern wie Schweden, Irland, oder der Schweiz durchgeführt werden? Jüngere Studien deuten darauf hin, dass es sich dort eher um „soft activities“, wie Konsultation und Auftragsforschung handelt, es hingegen gleichzeitig weniger Evidenz dafür gibt, die auf eine Beteiligung bei Ausgründungen schließen lässt.[77] Im Beispielland Schweden sind es vor allem die geringen Anreize für unternehmerische Aktivitäten, die Forschungskooperationen behindern; es gibt kaum Anreize, Unternehmer zu werden und unternehmerische Wagnisse einzugehen. Wenig Anreize werden auch seitens der Hochschulen geboten. Es bedarf in diesem Kontext einer Veränderung der Infrastruktur und Kultur, um eine mögliche „entrepreneuriale“ Universität zu kreieren. Am Beispiel der CHALMERS University of Technology lässt sich veranschaulichen, wie innovationsfreundlichere Politik auf Makroebene und mehr Flexibilität und Diversität in der Organisationsstruktur der Hochschule ein solches Vorhaben fördern können.[78]

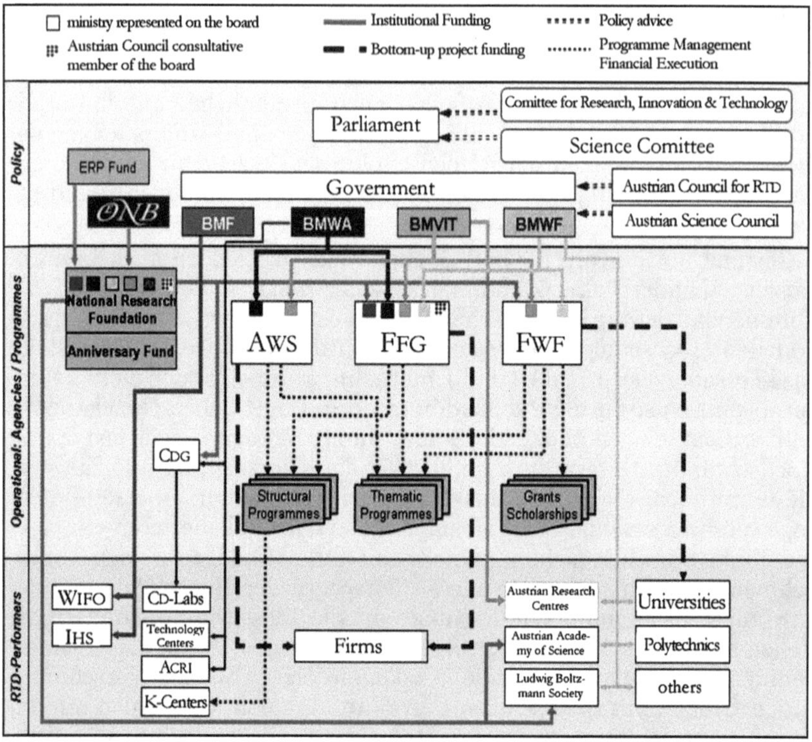

Abbildung 3-3: Forschungssystem in Österreich[79]

In der Schweiz erfolgen Ausgründungen und Diensterfindungsmeldungen insbesondere an größeren Hochschulen. Eine Zusammenarbeit mit der Industrie findet dort an den Instituten durch Forschungskooperationen, informelle Kontakte, Bildungsaktivitäten, Consulting und der gemeinsame Nutzung der technischen Infrastruktur statt. In der an 241 Instituten und Fachbereichen durchgeführten Studie wurde politischer Handlungsbedarf im Bereich der Wissensintermediäre attestiert, in welchen die Technologietransferbüros eine zu geringe Relevanz haben. Eine positive Rolle wird diesen Büros in der Schweiz bei der Information zu Schutzrechten, der Durchführung von Verwertungen und dem Forcieren von Firmengründungen zugestanden. Dabei wurde eine Präferenz zur Kooperation bei jenen Instituten erhoben, die mehr angewandte Forschung betreiben und vor allem in den Bereichen Wirtschaftswissenschaft und Betriebswirtschaft, Naturwissenschaft, Medizin und Technik tätig sind.[80]

In Österreich (siehe Abb. 3-3) sind der RAT FÜR FORSCHUNG UND TECHNOLOGIEENTWICKLUNG bei den Hochschulangelegenheiten sowie der WISSENSCHAFTSRAT[81] die zentralen Beratungsgremium der Politik und AWS, FFG und FWF[82] die zentralen Förderstellen des Landes. 2008 wird dem Wissensfluss zwar eine verbesserte Kooperationskultur bei F&E zwischen Unternehmen und den Forscher-Communities bescheinigt, doch die Effizienz der gesetzten Instrumente bedarf einer kritischen Bewertung. Gelobt werden bei der Wissensproduktion die gesetzlich geschaffenen Rahmenbedingungen, die den öffentlichen Hochschulen eine höhere Flexibilität bieten; während die Intensität des Wissens in allen Wirtschaftssektoren zugenommen hat, scheint ein Mangel an Human-Ressourcen eine große Herausforderung für die Zukunft des österr. Forschungs- und Innovations-Systems zu sein.[83]

3.3.2 Regionale Besonderheiten

Neben den nationalen Unterschieden spielt auch die regionale geographische Lage eine wichtige Rolle bei Forschungskooperationen zwischen Hochschulen und Wirtschaft.[84] Zur Frage der Bedeutung des regionalen Standortes für die Wirtschaft meint Nobelpreisträger Paul KRUGMAN: *„The facts of economic geography are surely among the most striking features of real-world economies."*[85]

Spillovers finden dort vermehrt statt, wo Forschungsinstitute und Universitäten am gleichen Ort sind. Am Beispiel der Biotechnologie wird evident, dass Unternehmen die wissenschaftliche Exzellenz (z.B. Nobelpreisträger) suchen und sich bewusst in dessen Nähe ansiedeln.[86] In Deutschland belegt eine in 440 Landkreisen durchgeführte Studie, dass Investitionen in neues Wissen alleine noch kein Wachstum bringen kann,[87] wie ja auch bspw. das ▸ *Europäische Paradoxon* belegt. Zwar besteht eine positive Korrelation zwischen der Anzahl an jungen sowie der *high tech*-Unternehmen, die sich regional um eine Universität bilden, und der Summe, die eine Hochschule und die Region in neues Wissen investieren,[88] jedoch ist zusätzlich eine Förderung des Unternehmertums notwendig, damit dieses neue Wissen in Anwendungen kanalisiert wird und neue Produkte entstehen können.[89]

Vor diesem Hintergrund wird deutlich, dass Umwelteinflüsse,[90] die lokale Infrastruktur, die Rolle von Regionen, oder die nationalen Unterschiede als Rahmenbedingungen einen entscheidenden Einfluss auf Forschungskooperationen zwischen Wissenschafts- und Praxispartnern nehmen.[91]

3.4 Informations- und Kommunikationstechnologien

In Analogie zu den Wandlungen der beschriebenen Partnerrollen haben sich auch die Aufgaben und Rollen der Informations- und Kommunikationstechnologien (IKT) verändert. Um Forschungsergebnisse besser austauschen zu können, entwickelte Sir Tim BERNERS-LEE am CERN 1989 ein Netzwerk, das später als *world wide web* (WWW) durch den kostenlosen grafikfähigen Webbrowser MOSAIC zu einem rasanten Aufschwung des Internet, sowie zu einem Standard für IKT und der damit verbundenen Ausbreitung von Informationen und Informationsvernetzung jeder Art führte. Mit der Verbreitung durchlebte das WWW eine Hinwendung von ursprünglich eher statischen Web-Seiten zu vielen dynamischen Anwendungen. Für dieses als neu empfundene Web prägte neben anderen O'REILLY 2005 den Begriff „Web 2.0“[92], wobei neben der Bildung sozialer Netzwerke, der durch *weblogs* aufgebauten „Blogo-Sphäre“ und der an Desktop-Anwendungen orientierten benutzerfreundlicheren Anwendungen (*rich user experience*) es vor allem die Architektur des Mitwirkens ist, die das Web 2.0 am besten zu charakterisieren vermag. Auf der Website FLICKR etwa lassen sich im Kollektiv Fotos speichern, verändern und verbreiten. Sie wurde mit dem Ziel gegründet, den Anwendern in einem sozialen Raum die Freiheit zu geben, selbst etwas zu entwickeln. Dabei ermöglichen aus einem Wort bestehende, das Thema des Bildes wiedergebende Beschreibungen (*tags*) eine vereinfachte Suche und fördern die Bildung von *communities*, in welchen sich Benutzer zusammenschließen und interagieren (z.B. bei FLICKR durch *group-scrap-booking*). Bei WIKIPEDIA bilden die von Benutzern erstellten Inhalte (*user generated content*) eine Informationsdatenbank, die mitunter besser bewertet werden als Artikel in einem herkömmlichen gedruckten Lexikon. WIKIPEDIA bedient sich des Konzepts der Gruppenintelligenz (*wisdom of crowds*), in dem Nutzer mit Applikationen Artikel neu erstellen oder verbessern können („Wikis“). Das Mitwirken der Internetuser manifestiert sich bspw. bei Geschäftsmodellen wie *crowd sourcing* durch die gemeinsame Suche der besten Produktlösungen, die sich durch Austausch, Debatten oder mittels Abstimmungen (*ratings*) herauskristallisieren.[93] Kritisch zu diesem die Wandlung des WWW beschreibenden Web 2.0-Begriffs äußert sich übrigens Tim BERNERS-LEE, wenn er meint: *„Web 1.0 was all about connecting people“* um damit auszudrücken, dass diese Entwicklungen durchaus bereits im Ursprungsweb bezweckt wurden.

Unternehmen nutzen das Web heute in vielen Bereichen ihrer Geschäftsprozesse. Forscher und Entwickler nutzen es, um sich auszutauschen und in *communities* zusammenzuschließen. So entstanden bzw. entstehen immer mehr Netzwerke, aber auch Applikationen und damit unterschiedliche Anwendungsmöglichkeiten, um das Internet bei Forschungskooperationen zu nutzen, auf die in Kapitel 5 eingegangen wird.

ANMERKUNGEN UND INTERVIEW ZU KAPITEL 3

[1] Zu dem als Paradigmenwechsel bezeichneten Modell vgl. Gibbons et al (1994).
[2] Vgl. Gibbons et al (1994), S. 88
[3] Vgl. Unterabschnitt 1.2.1; dazu auch die funktionale Unterteilung nach Luhman (1997); Wissenschaft: wahr/falsch. Wirtschaft: zahlen/nicht zahlen, Politik: Macht/keine Macht.
[4] Vgl. Eco (2000), S. 30
[5] Vgl. Singh (2005), S. 756
[6] Vgl. Powell/Owen-Smith (1998), S. 253
[7] Vgl. Grupp (1997), S. 11
[8] Vgl. Zucker/Darby (2002), S. 138
[9] Vgl. Beise et al (1995), S. 20
[10] Selbst in den USA, das eher dafür bekannt ist, dass es kaum Berührungsängste zu einer Zusammenarbeit mit der Wirtschaft gibt, wird zwar an den Fakultäten eine grundsätzliche Kooperation begrüßt, doch die Mehrheit der Mitarbeiter spricht sich auch dort gegen zu enge Partnerschaften (z.B. start-up participation, Eigenkapitalbeteiligung) aus, vgl. dazu beispielhaft Lee (1996).
[11] Und auch hier nach dem Motto: „close enough but not too far"; vgl. Welsh et al (2008), S. 1854. Während dabei in den USA auch nicht ganz konfliktfrei einerseits Restriktionen bei der Kommunikation befürchtet werden, ist man andererseits einer IP-Politik der Hochschule gegenüber aufgeschlossen, die zwar Industriepartner anziehen, jedoch die Forscherarbeit vor Opportunismus schützen soll.
[12] Vgl. Goldfarb (2008), S. 41; so auch Goldfarbs Resultate gegenüber der als naiv beschriebenen Einstellung, dass „researches in university settings are conducting basic research unfettered by outside influence", ebd. S. 57.
[13] Vgl. dazu den österreichischen Beitrag von Bast/Vodrazka (2000). Allerdings gelten in den USA andere Regeln.
[14] Vgl. dazu Mok (2005), S. 537 mit dem Fallbeispiel Hong Kongs.
[15] Vgl. Sine et al (2003), S. 478
[16] Vgl. Bell (1993)
[17] Zu den entnommenen Kennzahlen vgl. Universität Wien, Leistungsbericht (2008), S. 14ff, Universität Wien (2010).
[18] Vgl. Universität Wien, Wissensbilanz (2008), ab S. 59ff
[19] gemäß § 26 Abs. 1 und § 27 Abs. 1 Z 3 des UG 2002
[20] Vgl. Universität Wien, Rechnungsabschluss (2008), S. 122

[21] Vgl. INITS (2010)
[22] Vgl. Universität Wien (2010a)
[23] Vgl. FSIB (2010)
[24] Konkret ist dies eine sog. *Drittmittelstrategie* des Roktorats der Univeristät Wien aus dem Jahr 2007.
[25] Vgl. UG (2002)
[26] Vgl. Unterabschnitt 2.4.1; siehe auch das Interview mit Vizerektor Prof. Dr. Engl am Ende des Kapitels. Die Begrifflichkeit der ‚Grundlagenforschung' usw. bezieht sich diesfalls auf den internen Sprachgebrauch des Rektorats der Universität Wien.
[27] Der Themenbereich der Informatik soll in den nächsten Jahren gemäß Entwicklungsplan an der Universität Wien ausgebaut werden, , bspw. um einen Supercomputer gemeinsam mit der Technische Universität Wien im Bereich des *high performance computing*. Eine solche Infrastruktur kann z.B. von *start-ups*, die sich noch keine Großgeräte leisten können, mitgenutzt werden, wobei hier auch *know how* im Bereich Computational Science und Informatik angeboten werden könnte.
[28] Vgl. Youtie und Shapira (2008), S. 1188
[29] Zum Thema „ivory tower" vgl. z.B. Thursby/Thursby (2002), S. 90ff, oder Mowery et al (2004).
[30] Vgl. Youtie/Shapira (2008), S. 1188ff. Hier sei auch auf den regionalen Umweltaspekt für die Wirtschaft verwiesen, den dieses US-amerikanische Fallbeispiel behandelt.
[31] eigene Darstellung nach Youtie/Shapira (2008), S. 1190
[32] Vgl. Bramwell/Wolfe (2008), S. 1175ff. „Community players" schließen nach Bramwell und Wolfe in diesem Kontext Personen ein, die Unternehmerschaft wertschätzen, und sich dabei – ohne dass dies dezidiert *top down* angeordnet wäre – untereinander vernetzen, so bspw. Professoren, die Unternehmen gründen und dabei mithelfen, eine Innovations-Kultur in der Hochschule aufzubauen.
[33] Zum Thema „entrepreneurial university" vgl. z.B. Shane (2004b), S. 127, oder Martinelli et al (2008), S. 259.
[34] Vgl. Etzkowitz (2003), S. 109, sowie weiterführend Etzkowitz (2008)
[35] Dabei sind auch die bei Bramwell und Wolfe beschriebenen persönlichen Netzwerke dahingehend zu unterscheiden, ob es sich eher um Kontakte zur Industrie oder zu anderen Instituten handelt – vgl. van Rijnsoever et al (2008), S. 1255ff – und dabei mögliche Unternehmenskontakte eingebettet sind, vgl. Murray (2004), S. 643.
[36] Zu den Rollenidentitäten eines Forschers bei Kooperationen vgl. Jain et al (2009), S. 922.
[37] Vgl. Etzkowitz (2000), S. 313ff
[38] Vgl. dazu Tijssen (2006), S. 1569, aber auch Jong (2008), S. 1267
[39] Vgl. Nelson (2001) sowie Grigg (1994), S. 273
[40] Vgl. Hall et al (2003), S. 485
[41] Vgl. Siegel et al (2004), S. 115. Dies geht auch einher mit einer gewissen Erwartungshaltung gegenüber „... a quicker pay-off to basic research"; vgl. Siegel et al (2003), S. 27.
[42] Vgl. Louis et al (1989), S. 110ff, Owen-Smith/Powell (2001), Thursby/Thursby (2004), Friedmann/Silbermann (2003), S. 17ff
[43] Vgl. Debackere/Veugelers (2005), S. 321ff, Jensen/Thursby (2001), S. 240ff, Markman et al (2004)

[44] Vgl. Friedman/Silberman (2003), S. 17ff, Harmon et al (1997), S. 423ff, Oliver (2004), S. 583
[45] Im Folgenden sei auf Literatur der letzten Jahre verwiesen, die erfolgsbeeinflussende Faktoren der Hochschule thematisieren. Zum Thema der *Strategie* vgl. O'Shea et al (2005), S. 994; Jacob et al (2003), S. 1555ff; Powers/McDougall (2005a), S. 1028ff; Goldfarb/Henrekson (2003), S. 639ff. Auf die Belohnungssysteme gehen die Arbeiten von Siegel et al (2003), S. 27ff; sowie Friedman/Silberman (2003), S. 17 ein.
[46] Zu den *geographischen Aspekten* vgl. Owen-Smith et al (2002), S. 24ff; Mansfield (1995), S. 55ff; Löfsten/Lindelöf (2002), S. 859ff. Zur Kultur vgl. Jacob et al (2003), S. 1555ff; Mowery et al (2002), S. 73ff, sowie zu den definierten Rollen und Identitäten vgl. Etzkowitz et al (2000), S. 313ff; Etzkowitz (2003), S. 109ff.
[47] Zum Thema der *Wissensintermediäre* vgl. Yusuf (2008), S. 1167ff; Kriegesmann et al (2006).
[48] Erfahrungen und Status vgl. Owen-Smith/Powell (2001), bzw. Sine et al (2003), S. 478.
[49] Die Rolle der Fakultäten behandeln Chrisman et al (1995), S. 267ff; Gulbrandsen/Smeby (2005), S. 932ff; Nicolaou/Birley (2003), S. 1702ff.
[50] Zur betreffenden *Technologie* vgl. Agrawal/Henderson (2002), S. 44ff; Colyvas et al (2002), S. 61ff, Zucker et al (1998), S. 290ff; die damit in Zusammenhang stehende Ausrichtung der Hochschule thematisiert die dt. Studie von Audretsch/Lehmann (2005a), S. 347; Fallbeispiele wie die Technologie zur Anwendung gelangt bieten Colyvas et al (2002), S. 61ff. Die Bedeutung, die Netzwerke dabei einnehmen behandelt Owen-Smith und Powell (2003), S. 1695ff.
[51] Vgl. Grupp (1997), S. 11
[52] Vgl. Beise et al (1995), S. 19f
[53] Vgl. Chesbrough (2003b), S. 41
[54] Laursen/Salter (2004), S. 1201ff, führen explizit an, für welche Unternehmen Hochschulforschung reizvoll ist, wobei Giuliani/Arza (2009), S. 906ff, am Beispiel der Weinindustrie relevante Bereiche verdeutlichen.
[55] In der betreffenden Studie werden 2.457 Allianzen von 147 Biotechnologie-Unternehmen analysiert, vgl. dazu George et al (2002), S. 577ff.
[56] Zu den langfristigen unternehmerischen Erwartungshaltungen vgl. Hall et al (2003), S. 485, sowie Lee (2000), S. 111.
[57] Vgl. Feller et al (2002), S. 457
[58] Vgl. Audretsch/Lehmann (2005b), S. 1191ff
[59] Vgl. Moray/Clarisse (2005), S. 1010
[60] Vgl. Macpherson/Holt (2007), S. 184
[61] Vgl. Branstetter et al (2006), S. 347 f
[62] eigene Darstellung nach Granstrand (2000), S. 315, von der Firma Hitachi
[63] Vgl. Fontana et al (2005), S. 309
[64] Vgl. Aghion et al (2009), S. 688
[65] Aber auch das SBIR Programm, vgl. Toole/Czarnitzki (2007).
[66] Zu den Auswirkungen, die Bayh-Dole auf die Patentierungen, aber auch auf die Forschung gebracht hat, vgl. Shane (2002a), S. 537, Mowery et al (2001), S. 99, sowie Mowery et al (2002), S. 73.
[67] Vgl. Mowery/Ziedonidis (2002), S. 399

68 Insbesondere im IT- und Gesundheitswesen; vgl. Hicks et al (2001), S. 681; Rosenberg (2009), S. 238.
69 Vgl. Zucker et al (1998), S. 290, Gittelman/Kogut (2003), S. 366ff; Hoang/Rothaermel (2005), S. 332
70 Vgl. Cohen et al (2002), S. 1ff
71 Vgl. Narin et al (1997), S. 317, Owen-Smith (2003), S. 1081
72 Vgl. Mowery et al (2002), S. 73ff, Owen-Smith et al (2002), S. 24
73 Vgl. Baldini (2009), S. 1217
74 Vgl. Geuna/Nesta (2006), S. 790; Giuri et al (2007), S. 1107ff
75 Vgl. Van Looy et al (2004), S. 425, Gulbrandsen/Smeby (2005), S. 932ff
76 Spanien untersuchen Segarro-Blasco/Arauzo-Carod (2008), S. 1283ff; vgl. dazu aber auch die Situation in Deutschland bei Schmiedeberg (2008), S. 1492; und in Frankreich Miotti/Sachwald (2003), S. 1481.
77 Vgl. Klofsten/Jones-Evans (2000)
78 Vgl. Jacob et al (2003), S. 1555ff
79 Vgl. Tiefenbacher (2008), S. 12
80 Vgl. dazu Arvantis et al (2008), S. 1882f
81 Vgl. Austrian Council for RTD (2010) sowie Austrian Science Council (2010)
82 Vgl. AWS (2010), FFG (2010) sowie FWF (2010)
83 Vgl. Tiefenbacher (2008), S. 4ff
84 Vgl. Audretsch/Feldmann (1996), S. 630
85 Vgl. Krugman (1991), S. 483
86 Vgl. Acs et al (1992), S. 366, Audretsch/Stephan (1996), S. 650
87 Vgl. Audretsch/Keilbach (2008), S. 1704
88 Anm.: Ausgaben für F&E, sowie technische Innovationen; vgl. Audretsch/Lehmann (2005b), S. 1197
89 Audretsch und Keilbach (2008), S. 1697, schreiben zum Paradoxon bei der Verwertung von Wissen allgemein: „The knowledge paradox suggests that high levels of investment in new knowledge do not necessarily and automatically generate the anticipated levels of competitiveness of growth."
90 Vgl. Mowery/Ziedonis (2002), S. 317
91 Vgl. Krugman (1991), S. 48ff, Dohse (2000), S. 1111ff, Lehrer et al (2008), S. 268ff
92 O´Reilly (2010)
93 Vgl. z.B. Online T-Shirt Anbieter THREATLESS (2010)

Transkribiertes Interview (auf einem Tonbandmitschnitt beruhende, unredigierte Fassung) mit Vizerektor Univ-Prof. Dipl.-Ing. Dr. Heinz W. Engl vom 27.10.2009

I: Fangen wir vielleicht gleich mit dem Thema Uni Wien an. Sie sind hier Vizerektor und für Forschung zuständig. Wie funktioniert ihrer Ansicht nach die Zusammenarbeit zwischen Wissenschaft und Wirtschaft?
Prof. Dr. Engl: Naja, die Aufgabe der Uni Wien wurde natürlich insbesondere in der Vergangenheit hauptsächlich in der Grundlagenforschung gesehen. Damit ist Kooperation mit der Wirtschaft ein noch nicht so stark entwickeltes Thema an der Uni Wien. Ich selbst komme ja von einer technischen Universität - beziehungsweise Technik-Fakultät - und habe selbst in meinem eigenen Bereich Mathematik zwanzig

Jahre mit der Wirtschaft kooperiert und habe es daher auch hier als meine Aufgabe angesehen, behutsam, natürlich nicht allzu schnell, aber doch die Kooperationen mit der Wirtschaft deutlich zu stärken und wenn man dann das Potential analysiert, kommt man darauf, dass ohnehin schon eigentlich mehr Kontakte zu Wirtschaftsunternehmen an der Uni oder von Wissenschaft an der Uni bestehen, als man ursprünglich gedacht hatte. Zum Teil allerdings durchaus auch außerhalb und parallel zur Universität - was durchaus auch o.k. ist - wenn die Universität, erstens einmal, davon weiß und, zweitens, das in das System der Universität irgendwie synergetisch integriert wird. Und wir haben deswegen eine ... also es gibt das FSIB Forschungsservice, das sich ja forschungstechnisch mit dem Thema auch beschäftigt, aber Prof. Fröschl ist ja jetzt für das Rektorat zum Teil in einem Projekt tätig, wo es um eine, einerseits, Potentialanalyse an den Fakultäten geht, auch eine Bestandsaufnahme, was es schon gibt an Kooperationen mit der Industrie und Aufbau von Strukturen gemeinsam mit dem FSIB und dem Rektorat mit denen man die Kontakte zur Wirtschaft verbessern kann. Meine eigene Position ist: Universität, die Grundlagenforschung macht, soll sich auch nicht zu schade sein, oder nicht zu vornehm dafür sein, mit der Wirtschaft Kontakte zu haben, es immer auf die richtige Balance zwischen Grundlagenforschung und angewandte Forschung ankommt. Universität ist keine verlängerte Werkbank, sondern es geht darum, was auch in unserer Drittmittelstrategie drin steht: die Grundlagenforschungsergebnisse die wir erzielen, dort wo es eben angemessen ist, bis in die wirtschaftliche Anwendung sozusagen hinüberzubringen und es ist eigentlich, wenn man das Wort Wirtschaft sehr breit interpretiert, fast in jedem Bereich möglich.
I: Wenn wir da jetzt gerade sind. Eine Analyse der Arten der Kooperation die derzeit an der Universität Wien durchgeführt wird. Da macht Hr. Prof. Fröschl - haben Sie gesagt - gerade eine Bestandsaufnahme...
Prof. Dr. Engl: ...die ist schon sehr weit fortgeschritten.
I: Was ist hier ihre bisherige Erfahrung? Sie haben ja auch gesagt, dass Sie ja teilweise früher schon auch Erfahrungen in diesem Bereich gemacht haben. Ich glaube auch an der TU Graz?
Prof. Dr. Engl: Ja. Ich war an der TU Graz im Uni-Rat. Dort haben wir natürlich auch intensiv Wirtschaftskontakte. Ich selbst habe seit Jahren stark mit der Industrie kooperiert in meinem eigenen Bereich in Linz, habe auch eine eigene Firma und bin also mit allen Aspekten der Kooperation, sowohl direkte, über die Uni, als auch spin off und so aus eigener Erfahrung vertraut. Das ganze besteht auch jetzt noch natürlich. Es gab ja...es gibt sich auch an der Uni Wien Wissenschaftler, die sozusagen im Privatbereich mit Wirtschaft kooperieren und das ist durchaus nichts Anrüchiges. Ich glaube es ist sogar so: bei Kooperation mit der Wirtschaft muss man ja auch einen gewissen Unternehmergeist aufbringen und Unternehmergeist hat auch mit Erfolgserwartung - durchaus auch im monetären Bereich ... Sinn - zu tun und da gibt es alle Möglichkeiten, entweder es über die Universität Wien zu machen, oder sozusagen durch Zwischenstrukturen, wie Christian Doppler Labors, von denen es ja zumindest ein oder zwei an der Uni Wien gibt, als auch über *spin-off*-Firmen. Wichtig ist nur jetzt Transparenz und offengelegt damit nicht irgendwie indirekt der Vorwurf entstehen kann, dass man universitäre Ressourcen sozusagen für das private Geschäftemachen ausnutzt.
I: Aha...

Prof. Dr. Engl: Das ist sicher ein wichtiger Aspekt dabei. Ich sage jetzt nicht, dass es so ist, aber diese Gefahr besteht natürlich.
I: und hat aus Ihrer Erfahrung, jetzt wo sie eben gesagt haben, dass sie da tätig waren, sich prinzipiell auch etwas an der Forschung geändert, jetzt? Wie sie forschen...
Prof. Dr. Engl: So ist es.
I: ...wenn jetzt die Zusammenarbeit ist, und in welcher Form? Also es besteht - auch in der Literatur beschrieben - die Gefahr: „ok, die werden jetzt in der Wissenschaft korrumpierbar oder arbeiten so in eine Richtung" ...
Prof. Dr. Engl: Ja, das ist genau, was ich zuerst gesagt habe, verlängerter Arm der Werkbank ist zu vermeiden. In meiner eigenen Erfahrung im Bereich Industriemathematik in Linz hat sich die Kooperation mit der Industrie äußerst positiv auch auf die Grundlagenforschung ausgewirkt. Allerdings habe ich dort eine Struktur, wo diese beiden Dinge organisatorisch, finanziell streng getrennt sind. Also ich habe ein Institut der Akademie der Wissenschaften und das *„Johann Radon Institute for Computational and Applied Mathematics"*. Dort wird die Grundlagenforschung gemacht. Dort fließen keine Industriegelder hinein und damit beeinflusst die Industrie nicht, was dort passiert und dann gibt es ein Kompetenzzentrum, das Kompetenzzentrum Industriemathematik. Dort wird die Industriekooperation zum Teil auch öffentlich gefördert und natürlich die beiden Institutionen sitzen im selben Haus, es sind zwar getrennte Personen, aber es werden natürlich dann Fragestellungen aus der Industrie in die Grundlagenforschung weitergetragen, regen dort Themen an mit denen man sich weiter beschäftigt. Es ist also wirklich Befruchtung in gegenseitige Richtung, aber sozusagen so weit voneinander abgeschottet, dass für den Grundlagenforschungsteil zwar Anregung aus dem industrieorientierten Teil kommen aber die Industrie nicht bestimmt was dort gemacht wird und umgekehrt natürlich für Industriekooperation auf dem Level wie es für die Universität interessant ist, ist es absolut notwendig starke Grundlagenforschung im Hintergrund zu haben. Wenn man als Universität nur dann mit der Industrie kooperiert, weil es halt für die Industrie billiger ist, als irgendwie eine Consultingfirma einzuschalten, dann hat es für eine Universität keinen Sinn. Industrie oder Wirtschaft soll mit einer Universität - das ist natürlich die Idealvorstellung - deshalb kooperieren, weil Sie inhaltlich die Kompetenz der Universität brauchen und nicht weil es aus irgendeinem Grund billiger ist und das kann aber nur funktionieren, wenn die Balance zwischen Anwendungsforschung und Grundlagenforschung funktioniert.
I: Also quasi eine Unterscheidung zu dem Wissens-Push, wo die Universität selber weitergeht. Andererseits ist es also auch so, dass gerade Forscher dann auch unternehmerischer agieren, dann durch die angewandte Forschung, die betrieben wird, also nicht in dem Sinn negativ angehaucht, sondern, dass es in dem Bereich dann auch Effekte gibt, die dann die Forscher anregt in einem Gebiet tiefer zu forschen...
Prof. Dr. Engl: Natürlich. Natürlich.
I: ..was ja diese Synergie ausmacht.
Prof. Dr. Engl: Das Wort unternehmerisch würde ich ja auch nicht als etwas Negatives sehen. Das braucht man auch in der Grundlagenforschung. Nur ist dort der Markt ein anderer. Man muss sich natürlich Themen suchen, die für irgendjemanden attraktiv sind, sei es für die internationale Scientific Community oder auch für die Wirtschaft und die Industrie und das verstehe ich unter unternehmerisch und natürlich durch Kontakte durch eine - sozusagen - hochkarätige Praxis wird dieses Bild für das

unternehmerische Handeln im breiten Sinn auch geschärft um noch einmal auf unser Beispiel zurückzukommen von meiner Linzer Struktur durch Projekte, etwa dieser Motorbauerfirma AVL[93], kommen wir dann etwa in Grundlagenforschungsthemen hinein, etwa in „Computational Fluid Dynamics", die dann sozusagen sich selbst wieder weiterentwickelt und der Anstoß kommt von Industrieprojekten und es entwickelt sich dann in eine andere Richtung oder in Imaging. Wir arbeiten mit General Electric[93] zusammen und da entstehen dann Anforderungen aus der Praxis, die dann in Methodenentwicklung münden, die dann sich durchaus von der Praxis wieder loslöst und dann in der Grundlagenforschung weitergeht und in meiner persönlichen Erfahrung ist diese wechselseitige Befruchtung, das kann man durchaus als unternehmerischer bezeichnen, sehr gut, sowohl für die Grundlagenforschung, als auch natürlich für die angewandte Forschung.

I: O.k., zum Thema jetzt, Uni Wien. Sie ist ja in Österreich eine sehr angesehene Universität und es gibt...

Prof. Dr. Engl: ... auch international durchaus.

I: ...auch international, und es gibt ja Belege, dass Reputation und Halo-Effekt eigentlich eine sehr positive Wirkung auch auf Kooperationen haben mit der Wirtschaft, dass die [Anm.: Unternehmen] dann eher zu solchen Universitäten gehen.

Prof. Dr. Engl: Ja. Ja.

I: Sie haben vorhin angesprochen, dass es eben zwar das FSIB ... es gibt aber keine zentrale Kontaktstelle, also Anlaufstelle in dem Sinne wie sie vielleicht bei sehr vielen anderen Universitäten mit den TTO und so weiter gibt. Ist es so und wie werden Kontakte generell geknüpft und Netzwerke aufgebaut an der Uni Wien?

Prof. Dr. Engl: Ja, erstens einmal, glaub´ ich nicht, es mag sicher die Reputation als Ganzes eine Rolle spielen, aber die Industrie und die Wirtschaft unterscheidet feiner. Die gehen nicht zu einer Universität, sondern die gehen zu einer Forschergruppe, also etwa in der TU Graz. Die TU Graz hat ein... also Automotive Engineering ist dort ein großes Thema, die Firmen wie AVL und Magna gehen dorthin, weil sie wissen, dass in Automotive Engineering dort gute Leute sitzen und das ist halt nebenbei auch TU Graz, aber es kommt dort mehr auf die Reputation der einzelnen Forschergruppen an. Deswegen ist auch, aus meiner Erfahrung sozusagen, das zu zentrale Einwerben von Industriekontakten nutzt eigentlich nichts. Deswegen bauen wir hier auch nicht irgendwie eine zentrale Technologietransferstelle auf, sondern versuchen einmal zunächst Potential zu analysieren und dann die Leute mit den für sie geeigneten Industriepartnern zusammenzubringen. Ich habe zum Beispiel vor einiger Zeit ein Meeting unserer Physiker und Chemiker mit der Firma Borealis[93] analysiert. Da habe ich den Anstoß gegeben, aber die wissenschaftlichen Kontakte und die interessanten Projekte müssen die Leute dann selbst aufreißen und da nutzt es nichts, dass die Borealis sagt: „o.k., das ist die Uni Wien". Die wollen dann die Partner in der Physik sehen, die für sie von Interesse sind auch wenn es was weiß ich an irgendeiner Uni wäre.

[kurze Unterbrechung wegen der Tonbandaufnahme] ... geht's, ja? ...

...und das hat auch funktioniert. In dem Fall gibt es ein längerfristiges Projekt, das aus dem entstanden ist. Ich habe auch mehrere Versuche auch in Oberösterreich miterlebt und auch in einer Organisation in einer europäischen in der ich in der Industriemathematik tätig bin, so zentrale Anlaufstellen aufzubauen. Einer meiner Schüler war einmal - ich glaube im Land Oberösterreich - in so einer Technologietransferstelle. So wirklich funktioniert hat das alles nicht! Es geht auf der Ebene der fachspezifischen Gruppen. Die Industrie weiß ganz genau - was weiß ich - an der und der Uni sind die speziellen Typen von Physikern gut und da kümmert sie wenig das Image der Uni als Ganzes. Ausnahme vielleicht, natürlich kooperiert man mit dem MIT, weil es ganz einfach das MIT ist, aber auch deswegen weil dort wahrscheinlich in jedem Fach gute Leute sitzen. Also die Industrie unterscheidet viel feiner als nur durch die Reputation der Universität.

I: und im Bereich Internet, gibt es da bisher einen Kanal für...?

Prof. Dr. Engl: Ja. Also wir haben versucht, da gibt es so ein *„European Consortium for Mathematics in Industry"*. Das vernetzt die meisten europäischen Institute, die Mathematik und Industrie was machen, und da haben wir schon mehrmals versucht so Internet Plattformen aufzubauen wo wir sagen: o.k. Kompetenz auf dem und dem Gebiet haben die und die. So wirklich funktioniert hat das nie. Vielleicht haben wir es nicht hinreichend gut gemacht, von der IT-Infrastruktur, aber ich glaube an sich an solche Sachen zumindest nicht als Haupttransferinstrument. Unterstützend kann das sicherlich irgendwie nützlich sein, aber es ist immer noch letzten Endes, so altmodisch es klingt der persönliche Kontakt, also die Leute müssen sich irgendwann einmal zusammenkommen. Natürlich muss man auch über solche Initiativen einmal schauen, dass Entscheidende ist der Erstkontakt. Das man überhaupt die Chance hat mit einem Industriebetrieb tiefer zu reden, was man kann und dann muss es von selber weitergehen und dazu können solche Dinge schon helfen, wobei beim Kontakt mit der Industrie immer wichtig ist, das man das auch – wenn ich Industrie sage meine ich jetzt auch Wirtschaft im breiteren Sinn – das man das auf zwei Ebenen macht und zwar auf der fachlichen Ebene, also derer in den Fachabteilungen, die für ein konkretes Thema zuständig sind, aber zugleich auch möglichst hoch oben auf der Vorstandsebene. Nur wenn sie beides trifft, geht etwas wirklich weiter.

I: O.k., also Sie sehen eigentlich das größte Potential in der menschlichen Interaktion?

Prof. Dr. Engl: Ja, ja.

I: ...und weniger in einer zentralen Stelle?

Prof. Dr. Engl: Naja, aber die muss man einmal zustande bringen. Zunächst den Erstkontakt und des muss man eigentlich... deswegen machen wir dieses Projekt mit Fröschl um einmal die richtigen Leute mit den richtigen Betrieben zusammenzuführen, denn gerade Hr. Fröschl hat aufgrund seiner früheren Funktion natürlich auch Erfahrung im Kontakt mit Industrie. Also, wir brauchen immer die Potentialanalyse in beiden Richtungen. Was eine Illusion ist, das funktioniert, [ist] das eine Universität sagt: ich habe das und das. Industrie könnt ihr das brauchen. Sondern es ist immer so - meiner Erfahrung nach - man hat irgendeine bestimmte Kompetenz, dann trifft man... dann kommt man mit jemanden aus der Industrie zusammen, der etwas Ähnliches braucht und da müssen sich beide aufeinander zubewegen. Es ist, es gibt vielleicht einige Beispiele, es ist selten so, dass genau das was einer Uni / Industrie entwickelt wird, dann genau in der Industrie direkt brauchbar ist, sondern es geht eher darum, die Leute mit den richtigen Kompetenzen zusammenzubringen und dann muss die universitäre Forschergruppe natürlich flexibel genug sein, sich soweit in Richtung der Industrie zu bewegen, dass das was sie machen, dann dort auch interessant ist und das beeinflusst dann wieder die Grundlagenforschung, die man macht. Die bewegt sich dann etwa auch in eine etwas andere Richtung.

I: Also, direkt dann Zugang zu den einzelnen Instituten. Es gibt eine Plattform in Deutschland, das ist die TransMIT wo ein Internetportal angeboten wird, wo man auf hundert verschiedene Institute im Raum Gießen zugreifen kann - da werde ich auch mit dem Geschäftsführer ein Interview führen - wo genau das zu sehen ist, also keine zentrale Stelle, also eine Anlaufstelle für Personen die einen Erstkontakt suchen und eine Vermittlungssituation haben. Was halten Sie generell von institutionellen Intermediären, also Vermittler - in dem Fall ist es eher eine auch wirtschaftsnahe GmbH - wo Bausparkassen mitarbeiten, wo aber auch die dort ansässige Handelskammer mitarbeitet, aber auch Universitäten? Also wäre das so ein Konzept für die Uni Wien?
Prof. Dr. Engl: Naja, also wir haben das in Oberösterreich versucht, das habe ich vorhin erwähnt, über die das war glaube ich von der Wirtschaftskammer und der Industriellenvereinigung finanziert. So wirklich funktioniert hat das glaube ich nicht. Das da so Kontakte zustande kommen wären die es so nicht auch gegeben hätte. Man muss aber auch streng unterscheiden mit wem man in Kontakt kommen will. Es ist ganz etwas anderes in einem lokalen Wirtschaftsraum mit KMU in Kontakt kommen zu wollen, als mit Siemens oder was weiß ich Firmen dieser Art. Ich meine ich habe auch mit Siemens Kooperationen und Firmen ähnlicher Größenordnung, die suchen sich ihre Forschungspartner natürlich weltweit. Für die ist nicht, es ist vielleicht ein gewisser Vorteil, wenn man vor Ort Ansprechpartner hat, aber dort konkurriert man weltweit und da muss man in der Lage sein für die etwas anzubieten, das insgesamt jetzt wenn man sozusagen die Distanz die räumliche Nähe und die Forschungskompetenz alles zusammennimmt, muss man auch mit Stanford und MIT konkurrieren können. Während wir haben auch Projekte mit kleinen Firmen in Oberösterreich gemacht, da spielt natürlich die räumliche Nähe eine Rolle und dort ist vielleicht auch der Forschungsanspruch auch nicht so hoch, da hilft´s durch... das ist also eine zweite Rolle einer Universität auch für die umliegende Wirtschaft ein gewisser Innovationsmotor zu sein. Das ist aber ganz etwas anderes als Forschungskooperationen auf einem hohen Level mit weltweit tätigen Firmen und das muss man auch von den Mechanismen her unterscheiden, weil auch die Aufgabe eine ganz andere ist.
I: das heißt, so etwas gab es von Ihrer Seite?
Prof. Dr. Engl: Ja.
I: ... und ist jetzt unter Umständen im Aufbau begriffen?
Prof. Dr. Engl: muss man sich vielleicht hier auch...
I: ... und diese Institution war ja wirtschaftsnah?
Prof. Dr. Engl: Naja, von der Wirtschaftskammer organisiert.
I: O.k., wie sehen Sie - generell jetzt - Bildung und Betrieb von so einem Intermediär?
Prof. Dr. Engl: Ich kann nur sagen es hat nicht gut funktioniert. Es hat dann die Universität selbst - ich war einmal Dekan der technischen Fakultät in Linz. Wir haben dort selbst Veranstaltungen gemacht, wo wir versucht haben Industrie also in Oberösterreich - ich kenne mich da in Oberösterreich mehr aus als hier - ist die Struktur ja sozusagen eine duale. Da gibt es große Player wie die Voest und VA Tech, inzwischen Siemens[93] und solche Firmen ... und da agiert man auf einer ganz anderen Ebene wie mit dieser großen mittelständischen Struktur, die es in Oberösterreich gibt mit sehr vielen High-Tech Firmen, aber ganz kleinen und die Rahmenbedingungen für diese zwei Situationen sind ganz unterschiedlich. Während für so große Firmen - wie gesagt - die Konkurrenz weltweit ist auch auf dem Forschungsmarkt und die natürlich

aber auch von selber wissen was an ihrer lokalen Universität an Kompetenz vorhanden ist bei Klein- und Mittelbetrieben ja überhaupt erst einmal die Schwellenangst, die es zu überwinden gilt, das die überhaupt sich trauen mit einer Universität in Kontakt zu kommen, so übertrieben das klingt und dazu braucht man vielleicht so einen neutralen Intermediär, wie er an einer Organisation wie an der Wirtschaftskammer angesiedelt ist. Es ist also eher für die KMU-Kontakte da aus denen sich übrigens ganz oft interessante Forschungsthemen entwickeln. Das heißt ja nicht KMU kann genauso schwierige und interessante Themen haben wie eine große Firma. Nur ist es dort meistens so, dass die natürlich keine eigene Forschungsabteilung haben, also man muss noch mehr auf die Betriebe zugehen und am Anfang vielleicht seine hochwissenschaftlichen Ansprüche etwas zurückschrauben, aber am Ende [können] aus solchen Kooperationen sich ganz, ganz interessante Forschungsthemen heraus entwickeln, aber für so etwas braucht man vielleicht eine neutrale Stelle, für die Kooperation mit der Großindustrie sicherlich nicht.
I: ...obwohl auch die Forschung eigentlich gerade bei Großbetrieben auch in die Richtung geht, dass immer weiter spezialisiert wird und die dann teilweise auslagern an die Universitäten, wenn man neue Bereiche anschaut, wie Biotechnologie, wo sehr viel von der Universität auch schon entsteht und sich dann erst Unternehmen heranwagen?
Prof. Dr. Engl: Ja, das sind aber auch alles Multis und die suchen sich aus einem weltweiten Puzzle sozusagen jeweils die besten Leute heraus und die haben eigene Scouting-Systeme. Gerade die Pharmaindustrie. Die suchen natürlich ständig in Publikationen zum Teil auch automatisiert weltweit, wo Leute sitzen, die für sie interessante Themen machen und für eine Pharmafirma ist es dann nicht interessant, nicht wichtig ob der gerade am selben Ort sitzt, sondern die kaufen sich die Kompetenz weltweit zu und dazu hilft aber auch so eine Transferstelle auch nichts.
I: Ja, also das haben Sie ja auch glaube ich schon erwähnt, dass man Transferstellen auch unterscheiden kann, zwischen welchen, die nur Lizenzen anbieten oder Patente, oder wirklich diese Kontakte knüpfen.
Prof. Dr. Engl: Ja. Das mit den Patenten, das ist ja überhaupt so eine spezielle Sache. Es gibt, glaube ich, ganz wenige universitäre Patente weltweit, die wirklich industriell genutzt werden.
I: Ja.
Prof. Dr. Engl: ...und vor allem wirklich den Universitäten Gewinn gebracht haben. Zwei, drei berühmte Beispiele der MP3-Player und solche Sachen, aber auch Amerikaner vor kurzem war der Vizepräsident .... von Berkeley da, der sagt ganz genau das selbe mit Patenten spielt man vielleicht im Durchschnitt die Patentierungskosten herein, aber den großen Blockbuster gibt es nicht. Also das ist eine Illusion zu glauben man macht jetzt Patente und verkauft an die Industrie Lizenzen und dann kommt viel Geld herein. Es ist auch im selben Sinn wie ich zuerst sagte. Ganz selten ist es so, dass etwas das man an den Universitäten entwickelt hat, dann direkt für die Industrie interessant ist. Für die Industrie ist interessant die generelle Kompetenz. Man muss sich dann schon auf deren Problemstellungen einlassen und das ist ein entsprechender Aufwand auch kann nicht, es ist nicht so dass man auf irgendeine Halde oder auf Depot produziert und was man dann hat wird direkt verwendet, auch bei Patenten nicht.

I: Ja. Statistiken belegen das ja auch. Es gab einen Ausreißer von der NYU, wo sie auf einmal 500 Millionen $ Gewinn gemacht haben. Das sind wirklich sehr seltene Fälle und das ist sonst eher am dahindümpeln. Deswegen wäre auch eher interessant diese andere Form, wo man dann sagt: das Einstiegsportal im Agora Internet, also am Marktplatz, wo man da hineinkommt?

Prof. Dr. Engl: Ja, ja.

I: Wenn wir jetzt weitergehen zu den Themen Wirtschaft und Umfeld. Welche Chancen würden sie gerade in Wien sehen für Firmen Kooperationen mit der Universität Wien zu betreiben?

Prof. Dr. Engl: Welche Chancen für Firmen, mit anderen Worten warum sollen Firmen...

I: Genau, warum sollen Firmen zur Uni Wien kommen?

Prof. Dr. Engl: Ja, lassen Sie es mich umdrehen, warum sollen Firmen nicht zur Uni Wien kommen? Sie sollen nicht kommen, wenn sie glauben, dass das, was sie von uns bekommen ist billiger, wie das, was sie am ganz normalen Consultingmarkt bekommen. Es ist ... die Universitäten sollen nicht, aber sie tun es manchmal über die Kosten sich ins Geschäft bringen und zwar auch aus ganz einfachem Grund. Wir bilden ja auch Absolventen aus, die natürlich Arbeitsplätze in der Wirtschaft haben sollen und wir können nicht und dürfen nicht unseren eigenen Absolventen Dumpingkonkurrenz machen, weil wir haben natürlich Ressourcen, die, wenn man die nicht berechnen würden, was wir sollten eigentlich in einer Industriekooperation würde das Service billiger sein für die Industrie als wenn sie sich Leute einstellen und in diese Situation dürfen wir nicht kommen. Also Kooperation mit der Universität ist dann für eine Industrie interessant, wenn es sonst niemand anders kann. Also das ich wirklich dadurch etwas bekomme, was sie nur durch Universitätskooperationen bekommen können und sie dafür bereit sind auch Vollkosten zu bezahlen. Deswegen auch unsere Strategie Vollkosten in Rechnung zu stellen. Vollkosten heißt ja mehr als das reine Personal, das da jetzt besteht und dazu sind wir grundsätzlich auch verpflichtet. Das in der Industrie durchzusetzen ist ein mühsamer Weg, aber an der TU Graz ist es an sich gelungen. Es ist auch österreichweit jetzt irgendwie schon akzeptiert, dass eine Universität jetzt nicht einfach ein billiger Kooperationspartner sein kann und die Fälle also um das zu erreichen, das für einen Wirtschaftsbetrieb die Kooperation mit einer Universität so interessant ist, dass sie bereit sind Vollkosten zu zahlen. Dazu braucht man zunächst einmal natürlich überhaupt Information in beiden Richtungen. Was gebraucht wird? Was die Universität kann und das bedarf intensiver Vorgespräche bis man soweit ist... aber es geht weiter. Wir haben jetzt zum Beispiel einen Kooperationsvertrag mit der OMV abgeschlossen - der über einzelne Kooperationen hinaus - sozusagen eher längerfristige Forschungsthemen und übrigens zu Vollkosten, was für die OMV natürlich kein Problem ist, aber auch dort nicht einfach war durchzusetzen ins Auge fasst und das wird eine Kooperation sein, die ausgehend von einem Institut vielleicht weiter in weitere Kreise in der Universität also das schafft. Also, das war sozusagen ein Brückenkopf, ein Institut in der Geophysik oder so etwas ähnlichem hat schon mit OMV kooperiert und wir haben da jetzt eine Rahmenvereinbarung definiert und daraus kann vielleicht mehr entstehen.

I: Also, das waren auch sozusagen persönliche Kontakte, die das ermöglicht haben?

Prof. Dr. Engl: Ja, schon Forschungskontakte, die es gegeben hat und dann haben wir versucht dann mit den Leuten auf den oberen Etagen zu reden und das zu etwas

Breiterem auszuweiten. Es gibt dann noch - wie Sie vielleicht von Hrn. Fröschl wissen - noch andere Firmen, solche Versuche. Wir werden sehen, wie weit das funktioniert, aber es geht immer davon aus, dass ein Unternehmen an einem Beispiel gesehen hat: „das lohnt sich für uns mit denen zu kooperieren" und dann steigt das Interesse, also das erste Mal hineinzukommen ist am allerschwierigsten.
I: Das ist aber eher dann auch im Bereich intensive Auftragsforschung angesiedelt?
Prof. Dr. Engl: Das ist natürlich Auftragsforschung.
I: O.k. und gibt es auch andere Aspekte wie zum Beispiel, dass man IT-Infrastruktur anbietet oder gibt es da Anderes?
Prof. Dr. Engl: Das könnte vielleicht von Interesse sein. Wir bauen gemeinsam mit der TU Wien die High Performance Infrastruktur aus. Da gibt es jetzt bereits den ersten Supercomputer. Das wird in den nächsten drei Jahren intensiv ausgebaut. Es könnte sein, dass man da vielleicht nicht nur Rechenzeit, sondern natürlich auch Kompetenz damit anbietet. Das geht dann aber auch schon in den Wissenschaftsbereich Computational Science hinein, könnte durchaus von Interesse sein und natürlich für biologisch oder für pharmakologisch interessierte Industrie kann es durchaus interessant sein in einem Forschungsprojekt - insbesondere für Startups - die Infrastruktur der Universität Wien mit zu nutzen, aber das hat natürlich auch seinen Preis. Das kann man aber durchaus machen. Wir haben jetzt den Fall eines Startup-Unternehmens, das am Anfang in der Forschungskooperation die Infrastruktur der Uni Wien nutzen kann um einmal Dinge auszuprobieren, die können sich nicht am Anfang große Geräte kaufen, aber wenn das Ding erfolgreich war profitieren wir dann natürlich am Erfolg mit. Das können Modelle sein, die durchaus aufbaufähig sind.
I: O.k., weil sie am Anfang des Gesprächs gesagt haben, man ist teilweise in einer Evaluierungsphase noch, gibt es dennoch Sektoren, wo sie sagen: „das ist eher präferentiell für die Universität Wien interessant". Das werden wohl die Institute sein, die es an der Uni Wien gibt, aber...
Prof. Dr. Engl: Ja.
I: ...aber gibt es da Bereiche bei Wissens- und Technologietransfer. Das ist eben Pharmaindustrie, das ist Biotechnologie, Nanotechnologie, das ist ...
Prof. Dr. Engl: Naja, es sind ja überall die Selben. Ich meine, wenn Sie irgendeine Universität fragen. Es ist immer Nano, Bio, solche Sachen.
I: Ja.
Prof. Dr. Engl: und es ist natürlich bei uns auch wir haben dieses starke Zentrum in der Bohrgasse[93] und die sind an sich gut in Kontakt mit der Biotech-Industrie und da ist gerade die weltweite Konkurrenz natürlich riesengroß. Im IT-Bereich - also sowohl Informatik als auch Computational Science - ist ein großes Potential da. Das ist ja ein Ausbaugebiet der Uni Wien. Da wird sich mehr tun in Zukunft, auch was Industriekontakte betrifft, aber es ist nicht nur technisch, naturwissenschaftliche Forschung, ... dass ist ein Meinungsforschungsinstitut der Politikberatung und auch das könnte man mehr nutzen um auch sozusagen direkt über die Universität Ressourcen zu generieren. Das sind Dinge, die es zum Teil sozusagen parallel zur Universität gibt und da sind wir auch dabei, das etwas zu kanalisieren und zu unterstützen, weil wie ich am Anfang gesagt habe: Das ist ja durchaus ok das manche Dinge auch in anderen Strukturen parallel laufen [UNTERBRECHUNG], aber es muss irgendwie sozusagen

im Licht passieren und ich sage jetzt nicht das es nicht so ist, aber es ist sagen wir ... das ist nicht nur auf technisch naturwissenschaftlicher Ebene beschränkt.
I: Also, Sie sind da jetzt teilweise auf ungenutzte Potentiale eingegangen, wo es teilweise noch etwas gibt. Was vielleicht auch noch interessant wäre...
Prof. Dr. Engl: Ja, sicher. Die Stärke der Uni Wien ist gerade ihre Breite natürlich. Es ist zum Teil sicher ein Problem, weil es zum Teil sehr unterschiedlich belastete Bereiche gibt, wie man ja gerade auch jetzt sieht. Aber es ist zugleich die große Stärke. Es gibt da zum Beispiel eine Forschungsplattform Life Science Governance. Das ist eine Zusammenarbeit zwischen Life Sciences und der Politikwissenschaft, Prof. Gottweis. Das ist sicherlich ein Feld, das für Pharmafirmen oder Biotech-Firmen auch von Interesse ist. Da gibt es auch Kontakte zur Praxis. Das ist ein Beispiel von möglicherweise auch vielen möglichen. Nur, es ist leichter über so etwas einmal generell zu reden, als es dann wirklich zustande zu bringen und auch diese Potentiale ist irgendwie Aufgabe, die das Fröschl-Projekt oder auch das FSIB es tun müssen.
I: Mm, hm. Bei vielen Firmen ist ja teilweise auch das Problem da, dass nicht das know-how nicht da ist, sondern teilweise wie es übertragen wird. Es gibt das Tacit-Knowledge, Stickiness, das Wissen gebunden ist, an bestimmte Institutionen und teilweise ist es schwierig etwas weiter zu übernehmen beziehungsweise zu absorbieren für die Firma damit sie es dann erfolgsversprechend umsetzen kann...
Prof. Dr. Engl: Ja, ja. Kooperation mit der Wirtschaft ist immer so, das ist meiner Erfahrung nach, dass das von Anfang an im Team passieren muss. Es funktioniert nie so, dass die Universität einen Auftrag bekommt, dann macht sie das und dann kommt sie mit dem Ergebnis zur Firma zurück, sondern zumindest in meinem Bereich war es immer so, das man in gemischten Teams mit Leuten in der Firma gearbeitet haben und dann werden die Ergebnisse auch dort sozusagen übernommen und natürlich auch dort weiterentwickelt und wenn eine Firma nur Geld investieren will aber nicht auch Personalkapazität in ein Projekt, dann kann das nicht funktionieren, zumindest nicht in den Bereichen, die ich kenne und das Haupthindernis für Kooperationen mit Firmen zumindest in der Zeit der Hoch-Konjunktur, wo Personal eine knappe Ressource war, war meistens nicht das Geld sondern das eigene Personal das eingesetzt werden muss ... also wir haben lange mit VAI, oder VA Tech, jetzt Siemens kooperiert und dort war eigentlich... ich meine das waren sehr erfolgreiche Kooperationen, aber wenn es um etwas neues ging war eigentlich immer der Engpass der und der Mitarbeiter muss nach Korea um dort irgendein neues Werk einzu... der hat keine Zeit mit uns zu kooperieren und am Geld ist es nie gescheitert. Es ist auch selten an anderen Dingen gescheitert, aber das war immer das Hauptproblem und eine Firma muss sich auch immer von Anfang an persönlich in eine Kooperation einbringen, sonst funktioniert es nicht. Es kann in einigen Bereichen anders sein, aber ich glaube das ist es eigentlich nicht. Gerade in ihrem Bereich Software oder so, ich meine man muss von Anfang an irgendwie dabei gewesen sein um Software dann auch in Umgebung einer Firma weiterentwickeln zu können. Wir machen ja auch mathematische Software und da ist das Hauptproblem meistens, das es auch bei der Firma bei irgendwelchen Produkten die sie selbst entwickelt haben das know-how nicht mehr gibt was dieses Produkt eigentlich tut, weil die Leute nicht mehr da sind. Sie sind ja Informatiker nehme ich an?
I: eBusiness.

Prof. Dr. Engl: Ok, ja. Gut, ok. Aber es ist dort immer das Hauptproblem und das muss man natürlich in einer Kooperation mit einer Universität vermeiden, weil an der Universität sind dann auch oft die Leute nicht mehr da, die das gemacht haben. Jetzt muss zumindest in der Firma von Anfang an jemand so dabei gewesen sein, dass das Produkt dann dort auch unabhängig von den Personen weiterlebt.
I: Vielleicht noch zum Abschluss, wenn wir kurz jetzt auf das Umfeld eingehen. Welche Herausforderungen sehen Sie jetzt bei den Rahmenbedingungen gesetzlicher Natur. In den USA gab es ja den Bayh-Dole Act und sehr viele Möglichkeiten für die Universitäten. Es hat sich aber auch in Europa in den letzten Jahren auch schon einiges getan. Wo sehen Sie jetzt eher Schwachpunkte noch, wo den Aufholbedarf?
Prof. Dr. Engl: Naja, es hat sich an sich viel entwickelt was Förderprogramme betrifft, sowohl europäisch, als auch natürlich in Österreich: COMET und so weiter. Ein Problem sehe ich allgemein darin, dass in der Wirtschaft man diesen Gedanken, dass eine Universität sich ja auch aus solchen Dingen ja auch mitfinanzieren muss, das dem nicht Rechnung getragen wird. Also es gibt eine Industrie auch europaweit Leute, die sagen Universitäten sind öffentlich finanziert, darum haben die für uns billig zu arbeiten. Sie unterscheiden dabei natürlich eher weniger zwischen Öffentlichkeit und ihren Firmeninteressen und für Universität kann es Kooperation mit der Industrie nur interessant sein wenn es zumindest nur die Kosten also im Vollkostensinn deckt und da gibt es auch auf europäischer, die europäische Politik ist natürlich stark industriedominiert und da kommen jetzt wieder neue Dinge auf den Tisch, so Empfehlungen der EU-Kommission wie das bei Kooperationen mit der Industrie die IPRs immer automatisch bei der Industrie liegen müssen und das kann es nicht sein, aber aus meiner Sicht die IPRs müssen nicht bei der Uni liegen, aber wenn sie bei der Industrie liegen hat das einen Preis und das kann man nicht sozusagen zu reinen Grenzkosten machen und das sind immer noch Probleme, wenn das klar ist, Kooperation mit der Universität ihren Preis hat, nämlich einen realistischen Preis. Es ist eigentlich das einzige Problem das immer wirklich noch besteht, die Förderungssituation ist immer relativ gut wenn man davon absieht, das jetzt finanziell kürzer wird. Es gibt dann einige so EU-Programme wie zum Beispiel diese Riesenprogramm „Innovative Medicine" zur Zeit IMI wa man net... wo die Universität mitfinanzieren muss, das wird glaube ich nur 90% von Industrie und EU gedeckt wo soll für so ein Programm, das eigentlich hauptsächlich im Interesse der Pharma-Industrie gelegen ist, die Universität ein Mitfinanzierer werden, ich meine das ist unrealistisch, aber so im Prinzip von der Förderungsstruktur gibt es in Europa und insbesondere in Österreich relativ gute Möglichkeiten und auch die indirekte Forschungsförderdung steuerliche Begünstigungen der Firmen ist relativ gut ausgebaut.
I: Gut, dann vielleicht noch zum Schluss, gibt es von Ihrer Seite noch eine Punkt, den Sie ansprechen möchten?
Prof. Dr. Engl: Ich glaube wir haben alles angesprochen was man in dem Zusammenhang tut.
I: Dann, vielen Dank für das Interview!

4 Institutionalisierung

Unter welchen Bedingungen kommt eine Privatisierung des Wissens, die auch der Gesellschaft Nutzen bringt, derzeit zustande? Je nachdem, welche institutionellen Rahmenbedingungen zwischen Wissenschaft und Wirtschaft geschaffen und genutzt werden, finden mögliche Transaktionsbeziehungen in die eine oder die andere Richtung statt. Dabei getätigte Investitionen in Forschung und Entwicklung gelten zwar heute gemeinhin nicht mehr als Luxus, den sich eine Gesellschaft zu leisten pflegt, zeichnen aber auch nicht einzig dafür verantwortlich, eine innovative Vorreiterrolle einzunehmen.[1] Es werden zwar Governance-Strukturen[2] gebildet, die dazu beitragen können, dass in der Forschung erzeugtes Wissen dem Markt leichter verfügbar gemacht wird,[3] doch ein Konnex zwischen Forschung, Kreativität und Schutzrechten wird damit nicht notwendig ausreichend hergestellt.[4] Damit aber ökonomische Handlungsoptionen lanciert werden können, darf der Fokus etwa beim geistigen Eigentum nicht einzig auf der juristischen Ebene liegen, sondern muss primär auf eine Perspektive als mögliche Innovationsquelle und auf Maßnahmen gerichtet sein, die mithelfen können, Schnittstellen zwischen Wissenschaft und Praxis zu optimieren oder durch Brückenbeziehungen neu zu gestalten, damit wirtschaftlich nutzbare Forschung nicht brachliegt, umso mehr, als in der Wissensgesellschaft Immaterialgüterrechte den tangiblen Wirtschaftsgütern zunehmend den ökonomischen Rang ablaufen. Universitäten produzieren Wissen im öffentlichen Interesse, weshalb Ihrer Position gegenüber auf Gewinn ausgerichteten Institutionen eine besondere Funktion zukommt.[5]

Eine grobe Einteilung hinsichtlich universitärer Partnerschaften könnte zwischen oft institutionalisierten, längerfristigen Rahmenverträgen mit Projektabfolgen („cooperative research“), Kooperationen mit geteiltem Forschungsinteresse bei schwer vorhersehbaren Transfernutzen („translational research“) und solchen mit eher geringem Forschungsrisiko bei deutlichem Anwendungsbezug mit klar erwartbarem Transfernutzen („research transfer“) erfolgen.[6] Varianten der Institutionalisierung kooperativer Forschung aus dem Blickwinkel einer Universität illustrieren neben internen *Technologietransfereinrichtungen* (TTO) *[4.1] und möglichen Wissenschaft/Industrie- (*UIL*-) Clustern [4.2] gezielte Kooperationsförderungen [4.3]. Abgerundet wird die Darstellung durch eine Konzeptstudie „quasi-intermediärer“ Strukturen an der größten Forschungsstätte Österreichs [4.4].*

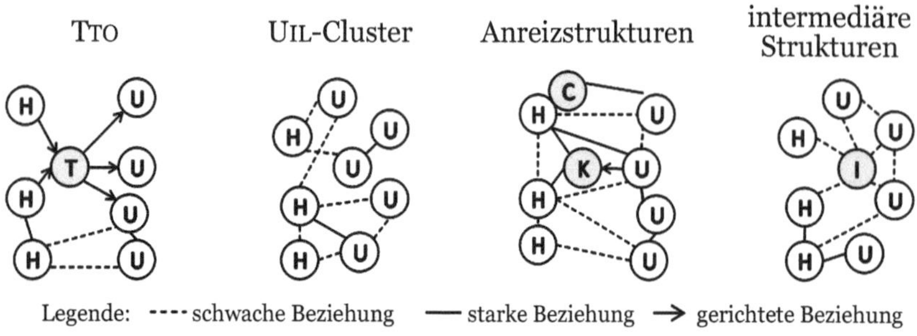

Abbildung 4-1: Beziehungsstrukturen verschiedener Kooperationsformen

Mit Blick auf das für Universitäten am besten geeignete Modell der Institutionalisierung von kooperativer Forschung und der damit verbundenen Einwerbung von Drittmitteln kann auf die generell sehr unterschiedlichen sozialen Zugänge der Hochschulforscher (H), Unternehmenspartner (U), Vertretern von Institutionen wie z.B. Kompetenzzentren (K), angeschlossenen Institutionen wie z.B. den Christian Doppler-Laboratorien (C), oder intermediären Strukturen (I) verwiesen werden. Einen typologischen Überblick der nun in der Folge besprochenen Formen von Institutionalisierung kooperativer Forschung bietet Abb. 4-1 mit vier charakteristischen Ausprägungen von Kooperationstopologien.

Die in diesem Kapitel eingeflochtenen illustrativen Beispiele weisen überwiegend (ost-)österr. Bezüge auf, was ihre Aussagekraft aber in keiner Weise relativiert.

4.1 Inneruniversitäre Technologietransferbüros

Universitäten stehen vor dem grundsätzlichen Dilemma, Wissen einerseits als öffentliches Gut möglichst breit, aber gleichzeitig im Rahmen der Drittmittelakquise andererseits auch möglichst ausschließend am Markt weiterzutragen, denn der grundsätzlichen Nichtausschließbarkeit sowie der Kumulativität[7] des Produktionsfaktors Wissen steht längst eine künstlich erzeugte Knappheit durch Einführung von „intellektuellen" Eigentumsrechten gegenüber.[8] Aufklärungsarbeit über und effektive Handhabe solcher Schutzrechte sind ein Hauptzuständigkeitsbereich von universitären Technologietransferbüros, wobei mögliche Patentierungen und das Technologie-Marketing selbst oft wiederum an externe Dienstleister ausgelagert werden.

Neben ihrer im Kapitel 2 bereits beschriebenen Funktion solcher Büros als Wissensintermediäre mit dem extern wahrgenommenen Parteilichkeitsproblem, das solchen Zentralstellen unvermeidlich anhaftet, wird nun die „kooperative" Blickrichtung aus Sicht von Technologietransferbüros dargestellt, die bei Kooperationen sehr stark vertragsbasierend agieren, d.h. Pflichten und Leistungsinhalte werden recht eng festgelegt. Die daraus resultierende mangelnde Flexibilität stellt den wesentlichen Schwachpunkt des Konzepts dar: da der Fokus auf punktuellen Kooperationen liegt, die generell mit hohem Anlaufaufwand verbunden sind, ist das Modell allenfalls geeignet, wenn in der Kooperation geringe Partnerinteraktion zu erwarten ist.[9] Zuzuordnen sind hierbei in erster Linie Forschungsaufträge *(„incoming")* und IPR-Verwertung *(„outgoing")*. SPESER[10] nimmt in ihrem Konzept des Technologietransfers als Ausgangspunkt an, dass eine grundsätzlich vermarktbare Technologie bereits vorliegt und dem Transferbüro sodann die Aufgabe zukommt, entsprechende „deals" einzufädeln, wobei die Erfordernis einer gründlichen Marktkenntnis als Voraussetzung für erfolgreichen Technologietransfer angesehen wird. Dabei werden drei Faktoren genannt, die maßgeblich den Transfer-Erfolg beeinflussen: wie attraktiv ist die Technologie für den Nachfrager („desirability"), wie ist seine psychologische Bindung zu ihr bzw. Identifikation mit ihr („attachment") und welchen Marktpreis ist ein Unternehmen im Kontext einer Ersetzbarkeit bereit, für sie zu bezahlen („available substitutes"). Der Industriekontakt über Technologietransferbüros hemmt die Ausbildung partnerschaftlicher Transferbeziehungen nicht zuletzt infolge der Natur solcher Büros, die sich in ihrer Rolle als Interessenswahrer der Universität verstehen und diese – rechtlich ausgetragene – Parteilichkeit den Erfordernissen der Vernetzung in der Tendenz im Wege steht.[11]

An der UNIVERSITÄT WIEN bspw. finden im Vergleich zu anderen österreichischen Hochschulen relativ wenige Erfindungsmeldungen statt,[12] was primär darauf zurückzuführen ist, dass – neben einer fachlichen Diversität, die viele geisteswissenschaftliche Fächer umfasst – die Forschung stark auf die Einwerbung von Fördermitteln ausgerichtet ist, die keine kooperative Struktur der Projektumsetzung voraussetzen und die vorwiegend an innerwissenschaftlichen Zielen (und damit publikationsorientiert) ausgerichtet ist. Oft werden die Projekte – etwa in der Molekularbiologie, Chemie, Physik, oder den Life Sciences – aber dann auch ohne Einbindung von Praxispartnern dazu genutzt, um in Richtung Anwendung zu entwickeln, weshalb *spin offs* als weiterführende kooperative Perspektive daraus hervorgehen können. „Großformatige" Veranstaltungen zur Einwerbung neuer Partnerschaften erweisen sich hingegen als eher unzweckmäßig; erfolgsversprechender sind demgegenüber

Kontakte auf persönlicher Ebene, weshalb die persönliche Vernetzung eine wichtige Basis für das Projektgeschäft ausmacht.

4.2 UIL-Cluster

Der Vernetzungsaspekt bildet auch eine Voraussetzung für die Bildung eines Clusters.[13] In Österreich etwa haben sich beginnend mit dem Automobilcluster Steiermark in den letzten Jahren viele Cluster konstituiert. CLEMENT[14] definiert wirtschaftliche Cluster als Netzwerke von Produzenten, Zulieferern, Dienstleistern, wie Consulter, sowie Forschungseinrichtungen (wie eben Universitäten und Fachhochschulen), wobei die Intensivierung der Zusammenarbeit mit F&E-Einrichtungen als eine zentrale Rolle angesehen wird, um frühzeitig die wettbewerbsbestimmenden Entwicklungen und Trends zu erfassen. TOUHILL et al[15] stellen anhand einschlägiger Fallbeispiele[16] in ihrem Modell kooperativer Forschung den Aspekt der Innovations*genese* in den Vordergrund: bezogen auf eine Hochschule wird thematisiert, wie aus einer einmal entstandenen Idee heraus ein Prozess in Gang kommt und in ein wirtschaftlich verwertbares Asset einmündet. Im Vordergrund der Betrachtung steht dabei das „innovation team“ mit seinen vier idealisierten Hauptrollen (i) Erfinder bzw. Innovator als Ideenlieferant, (ii) Investor,[17] (iii) Technologe[18] und (iv) Entrepreneur samt deren Erfolgsfaktoren. Analysiert werden sowohl die einzelnen Rollen als auch die des Teams insgesamt, gerade ein bei einem Cluster nicht unwesentlicher Sachverhalt.

Beteiligungen von Hochschulen in einem Cluster nehmen ihren Anfang nicht selten in ▸ *University-Industry Linkages* („UIL“), die zuvor aus geförderten Projekten entstanden sind, z.B. aus Förderungen der EU-Rahmenforschungsprogramme oder auch nationalen Förderlinien, die ebenfalls Kupplungen aus Wissenschaft und Industrie anstoßen und aus denen in der Regel durchaus mittel- und längerfristige Kooperationen resultieren. Je nach ihrer inhaltlichen Ausrichtung sind Universitäten wie die Universität Wien oder die Medizin-Universität Wien in den MAX F. PERUTZ Laboratories, Universitäten in den Bereichen Nahrungsmittel- und Veterinärwissenschaften im AUSTRIAN AGRICULTURE CLUSTER oder technische Lehranstalten und Fachhochschulen im Cluster „VIENNA IT ENTERPRISES“ Partner von Industriebetrieben.[19]

Die folgende Abb. 4-2 zeigt – in Präzisierung von Abb. 4-1 – mögliche Konstellationen von Clustern und weiteren, nachstehend skizzierten in-

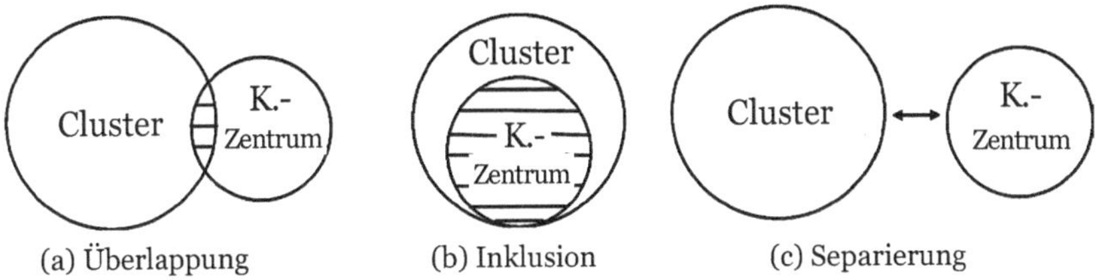

Abbildung 4-2: Beziehungen zwischen Clustern und Kompetenzzentren[20]

stitutionalisierten Kooperationsformen wie Kompetenzzentren, außeruniversitären Forschungseinrichtungen (in Österreich etwa AUSTRIAN INSTITUTE OF TECHNOLOGY oder JOANNEUM RESEARCH) oder an Universitäten angekoppelte transferorientierte Forschungslabors (z.B. jene der CHRISTIAN DOPPLER GESELLSCHAFT in Österreich); festzuhalten ist dabei, dass die österr. Cluster – anders als etwa in den USA – nicht aus dem Marktgeschehen heraus entstanden, sondern von öffentlichen Initiativen getragen und begleitet sind.[21] Denkbare Konstellationen umfassen (Unternehmens-) Akteure, die sowohl im Cluster als auch im z.B. Kompetenzzentrum engagiert sind (Abb. 4-2 a), Cluster mit darin integrierten Kompetenzzentren (Abb. 4-2 b) oder partnerdisjunkte Strukturen.

Der Kerngedanke dieser Initiativen ist, dass neben soziokulturellen auch institutionalisierte Strukturen einer Agglomeration den Boden zum Austausch von Wissen bereiten, dass also eine geschaffene *räumliche* Nähe die Basis für den Wissenstransfer bildet, in weiterer Folge in der Region Zusammenarbeit fördert und so Innovationen entstehen lässt.[22] Tatsächlich kommt eine empirische Studie auch zu dem Ergebnis, dass räumliche Nähe eine notwendige Bedingung für den Wissenstransfer darstellt.[23] Dabei scheint die Pfadabhängigkeit insbesondere des Wissens eine bedeutende Stellung einzunehmen.[24] Regelmäßige Kontakte, sowie die Bildung von Vertrauen zwischen den Akteuren soll dabei durch die Vernetzung induziert werden.

Doch gerade in jüngster Vergangenheit belegen empirische Arbeiten auch, dass einige für Cluster als wesentlich angenommene Elemente und Mechanismen nicht so klar und stabil zu sein scheinen wie ursprünglich vermutet. Kritisch wird etwa angemerkt, dass die vertrauensbildende Funktion von Clustern sich nicht hinreichend fundieren lässt, hingegen verstärkt ein *reverse engineering* benachbarter Unternehmen beobachtbar ist und innovative *high tech*-Unternehmen in Deutschland die Nähe anderer Unternehmen aus diesem Grund sogar scheuen.[25] Auch wird die eher seltene und wenig koordinierte Zusammenarbeit bemängelt[26] bzw.

– wenig überraschend – festgestellt, dass sich bspw. die Relevanz räumlicher Nähe beim Transfer kodifizierten Wissens reduziert.[27]

4.3 Anreizstrukturen

Als strategische Antwort auf eine Reihe signifikanter Schwächen des Innovationssystems wurde – auch in Österreich – durch die Politik Ende der 1990er mit den Kompetenzzentren-Programmen eine Initiative zur Stärkung der wissenschaftlich-wirtschaftlichen Kooperation gestartet, die insb. auf eine Intensivierung der Wissensnutzung und Innovationsneigung der österr. Wirtschaft und Industrie abzielt, somit eine Anreizförderung darstellt. Das von mehreren Ministerien gemeinsam aufgestellte und von der nationalen Forschungförderungsgesellschaft (FFG) abgewickelte Programm „Competence Centers for Excellent Technologies" (kurz: COMET) fördert als Nachfolger der vorgängigen K*plus*- und K*ind*-Initiativen den Aufbau von Kompetenzzentren in einzelnen thematischen Schwerpunktbereichen. Ein Kompetenzzentrum fungiert insbesonders in der Rolle eines anwendungswissenschaftlichen und innovationsfokussierten Vermittlers als Netzwerk-Einrichtung. Genauer liegt diese Vernetzungsfunktion auf drei unterscheidbaren Ebenen wie in Abb. 4-3 dargestellt.

Bei den Partnerschaften herrschen – wie bei den Technologietransferbüros – starke vertragliche, zugleich aber eher mittelfristige oder längerfristige Bindungen vor. Die dabei typische Multi-Partner-Struktur entsteht, weil sie von den Förderprogrammen im Hinblick auf die Erzielung von *spillover*-Effekten vorgeschrieben wird. Ein entscheidendes Merkmal der Kompetenzzentren ist der dabei auftretende „institutionalisierte Konflikt" der Partnerinteressen: die Industrieparter streben verwertbares, möglichst durch Schutzrechte abgesichertes Wissen auf eher kurze Frist an, die Wissenschaftspartner hingegen akademisch validiertes Wissen. Die öffentliche Förderung verfolgt das Ziel, den Wissensfluss von der wissenschaftlichen Forschung zur Praxis zu steigern, und will durch regulatorische Effekte auch eine stärkere Bündelung der Forschung in für den Standort relevanten Industriebranchen erreichen. Die thematisch fokussierte Auslobung von Fördermitteln bedeutet für die Universitäten, die aufgrund der veränderten Rahmenbedingungen zu ihrer Finanzierung[28] verstärkt auf die Einwerbung von Drittmitteln (gerade auch zur Erzielung der Forschungserfolge, an denen ihre „Exzellenz" gemessen wird) angewiesen sind, naturgemäß eine (Re-) Orientierung der Forschungsthemen und inhaltlichen Schwerpunkte (die durch das Planungsmodell der „top down"-Zielvereinbarungen bis in die einzelnen Arbeits-

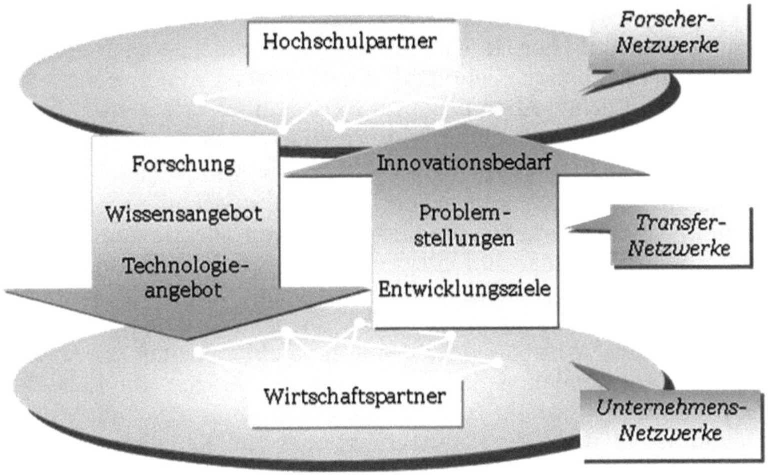

Abbildung 4-3:Vernetzungsebenen innerhalb eines Kompetenzzentrums

gruppen durchsickern). Damit wird auch der deutliche inhaltliche Autonomie-Verlust der Universitäten evident, den das nominelle „Autonomie"-Statut mit sich bringt: die indirekte Steuerung der universitären Forschung über die durch die Fonds politisch zum Ausdruck gebrachte Ressourcenallokation.[29]

Einen ähnlichen Ansatz verfolgt die CHRISTIAN DOPPLER-Forschungsgesellschaft (CDG), die als gemeinnütziger Verein aufgestellt ist und Mitglieder aus Wissenschaft, Industrieunternehmen und der öffentlichen Hand koppelt. Aus den Forschungsbereichen Chemie, Medizin/Life Sciences, Mathematik/Informatik/Elektronik, Metalle und nichtmetallische Werkstoffe, sowie Maschinen- und Instrumentenbau kann ein CD-Labor an einer Universität oder außeruniversitären Forschungsinstitution für maximal sieben Jahre eingerichtet werden. Voraussetzung dafür bildet der Bedarf eines Unternehmens in Grundlagenforschung.[30] Die direkte Anbindung der Labore an einen universitären Lehrstuhl oder ein Institut akzentuiert – im Unterschied zu den Kompetenzzentren – den Diffusionsansatz des Wissenstransfers in der Konzeption des linearen Transformationsmodells von Vannervar BUSH.[31]

EXKURS: Kompetenzzentrum „EC3"

Als anwendungswissenschaftlicher und innovationsfokussierter Intermediär fungiert das industrielle Kompetenzzentrum „Electronic Commerce Competence Center“ (kurz: EC3), das sich der Entwicklung und Umsetzung elektronischer Geschäftsformen und -modelle auch und gerade im Bereich der österr. Klein- und Mittelbetriebe widmet, wobei – im Sinne einer inhaltlichen Abgrenzung zu sonst ähnlich orientierten Kompetenzzentren – eine durch Informations- und Kommunikationstechnologie bestimmte Ausrichtung im Vordergrund steht.[32]

Angewandte Forschung und experimentelle Entwicklung im Bereich des eCommerce[33] sind – neben der Verbindung von Theorie und Praxis – immanent multidisziplinär und integrieren insbesonders Themengebiete wie Informatik, Betriebswirtschaft, Volkswirtschaft und Recht. Die konkrete Herausforderung liegt dabei in der Entwicklung eines geeigneten Methodenmix bzw. Arbeitsmodells des Kompetenzzentrums zur Abdekkung der sich ergebenden vielfältigen Aufgabenstellungen. Die Rolle des Kompetenzzentrums besteht hier einerseits in der Komplexitätsreduktion, andererseits in einer Katalysefunktion[34] zur Kanalisierung von Problemlagen und der Organisation des Wissenstransfers und nicht zuletzt in der Anbahnung von Kooperationen und der Vernetzung von Akteuren. Gleichzeitig bemüht sich das Kompetenzzentrum, genuine Eigenforschung dort zu betreiben, wo eigene Stärken – etwa durch den Verbund der universitären Forschungspartner – dies ermöglichen oder auftretende Fragestellungen im Sinne eines Kompetenzaufbaus erforderlich machen.

In ökonomischer Hinsicht verfolgt das Kompetenzzentrum als primäres Ziel die Nutzengenerierung für die EC3-Partner und hier wiederum in besonderer Weise der Wirtschaftspartner. Diese Nutzen werden in verschiedener Weise angestrebt, die sich letztlich alle auf netzwerkökonomische Argumente zurückführen lassen, wie die durch das Zusammenspiel eingebrachter Kernkompetenzen und Geschäftsfelder entstehenden Synergien (d.h., Komplementarität), Risikostreuung durch gemeinschaftliche Vorexploration neuer Technologien, sowie gegenseitiges Lernen (*spillover*-Konzept). Als externer Nutzen für die Partner kann insbesondere die Förderung qualifizierten Nachwuchses genannt werden.

Im Gründungsmodell des Kompetenzzentrums wurde als Konzept zur Generierung innovatorischer Nutzenbeiträge eine Reihe parallel laufender, im Wesentlichen akademisch definierter Forschungsprojekte aufgesetzt, aus denen einerseits über entsprechende IKT-basierende Produkt- und Serviceideen vermarktbare Lösungen bis hin zu ausgründbaren *start-ups* und andererseits methodisch-empirische Modelle zur Validierung bzw. zur Prognose der Marktfähigkeit neuer Produkt- und Serviceideen hervorgehen sollten. Dieses Modell der „externen Wirkung“ zeichnet das Bild eines kreisrelationalen Wirkmechanismus, indem Nutzen-

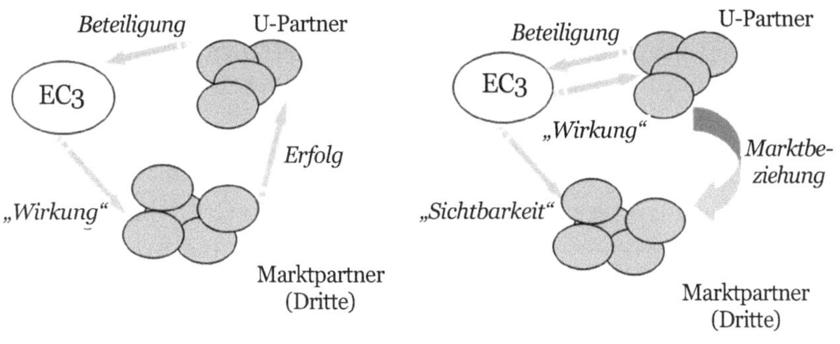

Abbildung 4-4: a) Ursprüngliches; b) revidiertes EC3-Arbeitsmodell

effekte für die Wirtschaftspartner („U-Partner“) indirekt vermittels der durch die Tätigkeit des Kompetenzzentrums auf dem Zielmarkt induzierten Effekte – sozusagen durch „Einwirkung“ des Kompetenzzentrums auf den Markt; vgl. Abb. 4-4 a) – vornehmlich dadurch realisiert werden, dass neue Geschäftsmodelle über die Ausgründungen zusätzliche Umsätze und Geschäftsfelderweiterungen bei den U-Partnern ergeben.

Die sich de facto parallel zum Aufbau des Kompetenzzentrums in den Jahren 2000/01 dramatisch verändernden Außenbedingungen der sogenannte *new economy*[35] haben allerdings einen wirtschaftlichen Erfolg dieses in sich durchaus stimmigen Konzepts leider weitestgehend vereitelt; nicht zuletzt infolge des sodann ausbleibenden Risikokapitals war mit neuen „dotcom“-Ideen kaum noch schnell zu reüssieren.[36] Nach diesen Erfahrungen, aber auch geänderten äußeren Notwendigkeiten wurde im Kompetenzzentrum daher ab etwa 2002 systematisch ein zweites Arbeitsmodell entwickelt und eingeführt, das durch eine enge Kooperation der Unternehmenspartner mit dem Kompetenzzentrum selbst gekennzeichnet ist. Gemäß diesem Modell der „internen Wirkung“ – wie in Abb. 4-4 b) dargestellt – entspringen die Effekte der Innovationskooperation im EC3 für die Wirtschaftspartner durch sie selbst auf deren eigenen Märkten.

Kernpunkt dieses nunmehr dominanten und ganz offensichtlich erheblich nachhaltigeren Arbeitsmodells ist eine enge Verschränkung betrieblicher Innovationsbedürfnisse mit Kompetenzangeboten des Zentrums selbst oder seiner eingebundenen akademischen Partner. Fundamentale Erfolgsvoraussetzung dieses Kooperationsmodells ist freilich ein gutes, wechselseitiges Verständnis der Protagonisten, d.h. das Kompetenzzentrum operiert aufgrund seines Verständnisses der Geschäftsmodelle und daraus ableitbaren Innovationsbedürfnisse seiner Wirtschaftspartner, während die Wirtschaftspartner ihrerseits sich nicht nur dem Kompetenzzentrum und den anderen Partnern vertrauensvoll (bis zu einem gewissen Grad) öffnen, sondern auch aktiv an den Innovationsprozessen Anteil nehmen, insbesonders in der Problemdefinition und der Ergebnisaneignung.[37]

Um die sich aus dieser Kooperationsform ergebenden Nutzenpotentiale effektiv heben zu können, bedarf es allerdings einer Reihe erfüllter Vorbedingungen an die beteiligten Wirtschaftspartner. Als wesentlichste – und im Übrigen wohl allgemeiner gültige – Erfolgsfaktoren haben sich erfahrungsgemäß die Fähigkeit zur Erkennung der Relevanz von Innovationsbeiträgen, die Kommunikation von Innovationsbedarfen, inhaltliche Übereinstimmung, Absorptionsfähigkeit, Schnittstellen zum Innovationsprozess, Kostenexternalitäten, sowie ein nachhaltiges Commitment gegenüber dem Kompetenzzentrum herausgestellt. Insoweit einige dieser genannten Bedingungen durch ein Unternehmen nicht bzw. nur unzureichend erfüllt werden, bestehen berechtigte Zweifel über den Nutzen einer Partnerschaft.[38]

Von letztlich entscheidender Bedeutung für die Bewertung eines Kompetenzzentrums sind die über die Zeit generierten Innovationsbeiträge für einerseits die wirtschaftlichen und akademischen Partner, andererseits aber auch für die breitere Öffentlichkeit im Sinne von allgemein belebenden und möglichst nachhaltigen Technologie- und Wirtschaftseffekten. Mit anderen Worten, der Erfolg des Kompetenzzentrums hängt entscheidend davon ab, welche „Innovationsperformanz" erzielt werden kann bzw. wie die Umwelt die Tätigkeit des Kompetenzzentrums wahrnimmt und beurteilt. Die anzuwendenden Bewertungskriterien beziehen sich insb. auf erzielte *Additionalitätsbeiträge*, also: die Stimulierung privatwirtschaftlicher Innovationsfinanzierung, die wachsende Bereitschaft zum Innovationsrisiko und das Aktivitätsniveau von Forschungskooperationen sowie deren Vernetzungsgrad.

Für die *Wirtschaftspartner* sind es insbesonders Kostenexternalitäten im Bereich der vorwettbewerblichen Innovationskooperation, die sie dazu bewegen, am Kompetenzzentrum teilzuhaben. Solche Externalitäten können insb. für kleinere Unternehmen mit Innovationspotential, aber ohne eigene F&E-Abteilung schlagend werden, die hinsichtlich der Nutzenmotive in der Hauptsache folgende Vorteile anführen: die Beteiligung an originärer Eigenforschung, eine Schnittstelle zur Wissenschaft, ein offener und mitgestaltbarer Zugang zu Hilfestellung, vertrauensvolle und mitgestaltbare Unterstützung, eine Einbindung von EC3 in bestehende eigene Geschäftsbeziehungen, die generelle Vernetzung mit Partnern, Erfahrungsaustausch und wechselseitiges Lernen, sowie nicht zuletzt auch ein Nutzen als Marketingmaßnahme.

Selbstverständlich trachten auch die beteiligten *Wissenschaftspartner* nach entsprechendem Mehrwert aus dem Engagement am Kompetenzzentrum. Rollenbedingt stellen sich die Potentiale zur Generierung von Mehrwert allerdings im Vergleich zu den Wirtschaftspartnern deutlich anders dar: als „Schnittstelle" zwischen Unternehmen und Universitäten mit „Problemtransfer" aus der Praxis an die Forschung (vgl. Abb. 4-3), Verschränkung von Lehre und Unternehmenspraxis innerhalb von Lehrveranstaltungen, Legitimation theoretisch orientierter Forschung aufgrund konkreter Fragestellungen aus der Praxis, sowie vereinfachter Zugang zu Forschungsnetzwerken mit Wirtschaftspartnern.

Neben den Nutzen für die Partner verfolgt das *Kompetenzzentrum* außerdem noch genuine Eigenziele. Diese sind teils gemeinwirtschaftlicher Natur (als Gegenleistung für die Subventionierung aus Mitteln der öffentlichen Hand), teils aber auch betriebswirtschaftlich im Sinne der Generierung von Wettbewerbsvorteilen im Innovationsgeschäft selbst – mit anderen Worten, das Kompetenzzentrum versucht, für sich eine nachhaltige Position im Innovationssystem durch nicht oder nur schwer imitierbare Markt- bzw. Kostenvorteile (im weitesten Sinn) zu erreichen. Diese Vorteile beruhen, allgemein gesprochen, auf (Innovations-) Kompetenzen, also primär auf Art und Methodik der Allokation von innovationsspezifischen Ressourcen wie insb. epistemisches Wissen und Handlungsfähigkeiten, die in der Hauptsache durch Human- und Beziehungskapital realisiert werden. Wesentliche Elemente dieser Kapitalisierung sind bspw. die Promotortätigkeit risikobehafteter experimenteller und vorwettbewerblicher Entwicklung oder längerfristige Bindungen der Partner an das Zentrum. Inwieweit die Zielsetzung der Generierung von Eigennutzen letztlich erreichbar ist, hängt nicht zuletzt davon ab, dass das Kompetenzzentrum eine nachhaltige Innovationslogik – im Sinne eines Geschäftsmodells wie oben bereits beschrieben – realisieren kann. Gegenüber der Öffentlichkeit, speziell der Fördergeberseite, steigen jedenfalls die Anforderungen an die Erbringung konkreter Wirkungsnachweise – hier ist vor allem ein zunehmend deutlicherer Ausweis der volkswirtschaftlichen Nutzenbeiträge zu erbringen. Die Funktionsfähigkeit des Kompetenzzentrums vorausgesetzt, lassen sich derartige Erfolgsausweise typischer Weise über entsprechende Kapitalbilanzierungen (insbesonders Human- und Beziehungskapital) repräsentieren.

Im Aufbau gliedert sich EC3 in die beiden Organisationsbereiche „Operations & Partners" (laufende F&E des Forschungsvereins gemeinsam

Tabelle 4-1: Forschungsorganisation eines Kompetenzzentrums

Organisationsbereich	*Operations & Partners*	*Networking & Projects*
Aufgabe	Abwicklung von Arbeitsaufträgen und Projektvorhaben mit den Vereinsmitgliedern, dotiert aus den Mitteln des ordentlichen Vereinsbudgets (Firmen- und Fördermittel)	Abwicklung von Netzwerkaktivitäten und Projektvorhaben unter Einbeziehung EC3-externer Partner (Drittpartner), die zumindest anteilig durch Drittmittel gefördert oder durch die Drittpartner kofinanziert werden
Projektformen	*strategische FTE*, die den statutengemäßen Zielsetzungen des Forschungsvereins (Kompetenzaufbau, anwendungsorientierte FTE) entsprechen und mit den Vereinsmitgliedern durchgeführt werden („Vereinsprojekte")	strategische *Drittmittel-Projekte*, die den statutengemäßen Zielsetzungen des Forschungsvereins (Kompetenzaufbau, anwendungsorientierte FTE) entsprechen und in Form der Beteiligung an (insb. Internationalen) Forschungskonsortien durchgeführt werden („Beteiligungsprojekte")
	Antragsprojekte, die aufgrund von Anträgen einzelner oder Gruppen von Unternehmenspartnern eingebracht werden, aber von der Generalversammlung nicht als Vereinsprojekte genehmigt werden und kostendeckend zu führen sind („Mitgliederprojekte")	*Verwertungs- und Erlösprojekte* zu Marktbedingungen, die unter Einbeziehung von Drittpartnern zumindest kostendeckend zu führen sind und der Refinanzierung des die Verwertungs-GmbH tragenden Forschungsvereins EC3 dienen.

mit den Mitgliedern) und „Networking & Projects" (drittmittelgeförderte F&E, im Allgemeinen unter Einbeziehung von Drittpartnern). Die sich ergebende Aufteilung der Zuständigkeiten verdeutlicht Tab. 4-1, die sich auch als allgemeine Beispielstruktur für ein Kompetenzzentrum verstehen lässt.

Die Unternehmenspartner des Kompetenzzentrums sind in das Projektgeschehen sowohl direkt als auch indirekt involviert; direkt über unmittelbare Kooperationen in den einzelnen Arbeitsaufträgen, indirekt über die den einzelnen Projekten zugeordneten Lenkungsausschüsse, denen die kollektive Überwachung der Forschungs- und Entwicklungsaktivitäten obliegt und die zu diesem Zweck mehrmals jährlich zusammentreten. Während die Lenkungsausschüsse eine Kontrolle der Zielerreichung auf hoher Ebene sicherstellen, erfolgt die kurzfristige und aufgabenbezogene Interessensabstimmung unterhalb in den einzelnen Arbeitsaufträgen direkt zwischen den EC3-Arbeitsgruppen und den sich dort beteiligenden Unternehmenspartnern, da sich diese Form der laufenden Interaktion als sehr wirksam und kooperationsfördernd erwiesen hat.

Innerhalb der etablierten Themenschwerpunkte entscheidet die Generalversammlung des Forschungsvereins (im Wesentlichen) jährlich über das konkrete Arbeitsprogramm des Folgejahres. Erfahrungsgemäß erstrecken sich viele Projekte über mehrere Arbeitsperioden; mitunter wird auch die unterjährige Einplanung neuer Aufgaben erforderlich, so wie auch einzelne Arbeitsaufträge frühzeitig eingestellt werden können, wenn deren Grund wegfällt oder die Erfolgsperspektive fehlt. Die Definition neuer Arbeitsaufträge ergibt sich aus der strategischen Themenentwicklung, entsteht aus dem Vollzug oder der Weiterentwicklung bestehender Projekte, oder es handelt sich um neue Vorschläge der Mitglieder des Forschungsvereins.

Der beschriebene Planungsablauf und die Steuerungsinstrumente gelten generell; in den beiden Organisationsbereichen ergeben sich aufgrund der etwas unterschiedlichen Natur der Aufgabenstellung jedoch spezifische Anpassungen. Während der Bereich „Operations & Partners" die kontinuierliche Vereinsarbeit beheimatet und daher auf ein für die Umsetzung im Wesentlichen innerhalb der einzelnen Arbeitsjahre stabiles Forschungsprogramm Bezug nehmen kann, ist das Management des Bereichs „Networking & Projects" von kürzerfristigen Prioritäten geprägt. Dies ergibt sich allein schon daraus, dass die Anbahnung neuer Kooperationen oder die Abwicklung bestimmter Auftragsarbeiten oft spontan auf den Plan treten und daher grundsätzlich eine relativ flexible Allokation der verfügbaren Ressourcen erforderlich machen. Darüber hinaus besteht ein tendenzieller Konflikt in der Beanspruchung der Ressourcen der Forschungsgruppen durch beide Organisationsbereiche, der im Einzelfall je nach den Gegebenheiten aufzulösen ist.

Inhaltlich richtet sich die Forschungsplanung innerhalb der abgesteckten Themenschwerpunkte simultan nach folgenden Prioritäten:

- In der Vorbereitungsphase der Planung des jeweils folgenden Arbeitsjahres werden die artikulierten Interessen der Partner, insbesonders der Unternehmenspartner, erhoben und auf ihren Fit mit den Themenschwerpunkten beurteilt; unter Berücksichtigung der sich aus diesen Interessenlagen ergebenden Interaktionen kann die grobe Programmplanung vorgenommen werden.
- Zum Kompetenzaufbau und der Beteiligung an Forschungskooperationen mit Dritten (Organisationsbereich „Networking & Projects") sehen die einzelnen Forschungsgruppen generell eine bestimmte Kapazitätsreserve vor, die anteilig jedoch durch mittelfristige En-

gagements determiniert sind. Eine weitere Kapazitätsreserve in sehr kleinem Umfang bleibt unvorhergesehenen Aktivitäten wie der Mitwirkung an der Anbahnung neuer Kooperationen und dergleichen vorbehalten; soweit diese Reserven nicht ohnehin im Jahresverlauf aufgebraucht werden, fließen sie dem weiteren internen Kompetenzaufbau zu.

- In einem Gesamt-Abstimmungsvorgang werden die Interessen der Partner ebenso wie jene der Forschungsgruppen auf der Grundlage strategischer Ziele mit der Ressourcenbasis abgeglichen und in das Forschungs- und Arbeitsprogramm der jeweiligen Periode gegossen, welches das Aufgabenportfolio samt allfälliger neuer Schwerpunkte in Forschung und Entwicklung manifestiert.

Die ausdefinierten Forschung- und Arbeitsprogramme werden schließlich formell durch Beschlüsse der Generalversammlung fixiert und in ihrer Umsetzung durch die Lenkungsausschüsse überwacht.

Die Richtlinien des *Kind*-Programms gaben im Detail keine Vorgaben in Bezug auf den Umgang mit Eigentums- und Nutzungsrechten an im Kompetenzzentrum erarbeiteten F&E-Ergebnissen vor, sodass derartige Regelungen Sache des Kompetenzzentrums selbst bleiben. Dementsprechend sind in den EC3-Vereinsstatuten grundsätzliche Regelungen mit folgendem Bestimmungsumfang enthalten:

- Beschließen die Vereinsmitglieder gemeinschaftlich ein Projekt bzw. Arbeitsprogramm, sind die Kosten der Durchführung gemeinschaftlich und anteilsmäßig zu tragen. Forschungserträge bleiben Eigentum des Vereins und stehen somit allen Mitgliedern zur nicht übertragbaren, kostenfreien eigenen (d.h. nichtausschließenden) Nutzung zur Verfügung. Es ist dem Verein vorbehalten, über die Nutzungs- und Verwertungsrechte im Sinne der Vereinsziele zu verfügen, insbesonders auch die Übertragung solcher Rechte an entweder ein oder mehrere Vereinsmitglieder oder an eine entsprechende für diese Zwecke vorgesehene Einrichtung vorzunehmen.
- Der Verein kann jedoch mit der Durchführung eines Projektes von einem Mitglied oder von einer Gruppe von Mitgliedern *beauftragt* werden. In diesem Fall sind die durch das Projekt anfallenden Kosten von den jeweiligen Auftraggebern zu tragen. Das Recht zur kostenfreien Nutzung steht in diesem Fall ausschließlich den Projektauftraggebern zur Verfügung. Den übrigen Mitgliedern, welche sich nicht am Projekt beteiligt haben, wird aber gegen angemessenes Entgelt die Möglichkeit eingeräumt, eine Nutzungslizenz der erreichten Projektergebnisse zu erhalten, sofern nicht wesentliche Interessen der Projektauftraggeber dem entgegenstehen. Die Erlöse

aus den im Rahmen dieser Bestimmung lizenzierten Ergebnisse stehen zu gleichen Teilen jeweils den Projektauftraggebern und dem Verein zu. Der Verein ist verpflichtet, diese Erlöse ausschließlich zu vom Vereinsvorstand gemeinschaftlich bestimmten Zwecken des Vereins zu verwenden.

Mit der Errichtung einer angegliederten Kapitalgesellschaft noch innerhalb der Förderperiode strebte der Forschungsverein EC3 eine Trennung der Aktivitäten in einerseits subventionierte vorwettbewerbliche F&E des Kompetenzzentrums und verwertungsbezogene und somit erwerbswirtschaftlich zu klassifizierende Entwicklung und Auftragsarbeit andererseits an. Sinngemäß sind Forschungserträge, deren Genuss der Verein nicht einzelnen Mitgliedern zur Verwertung gegenüber Dritten zukommen lässt, dieser Kapitalgesellschaft zur Verwertung zu übertragen, wobei eine eigene Überlassungsregelung den Übergang des geistigen Eigentums vom Verein an die Gesellschaft definiert.

4.4 Quasi-intermediäre Strukturen

Die in Abb. 4-1 dargestellten unterschiedlichen Beziehungsstrukturen bieten den wesentlichen Anknüpfungspunkt für die weiteren Überlegungen zur Institutionalisierung kooperativer Forschung. Während die Technologietransferbüros in erster Linie um einen *science push* bemüht sind, steht bei UIL-Clustern entweder eine oft durch Projekte initiierte oder durch Auftragsforschung (*market pull*) lose angeregte Zusammenarbeit im Fokus. Bei den Anreizsystemen wie den exemplarisch dargestellten Kompetenzzentren bildet typischer Weise ein zentrales Unternehmen mit seinen vor- und nachgelagerten Stufen in der Wertschöpfungskette den Angelpunkt für mögliche Forschungspartnerschaften.[39] Auch Anreizstrukturen wie die CHRISTIAN DOPPLER-Labors werden – zumindest formal – aufgrund eines Unternehmensantrages mit einer konkreten Forschungsproblemstellung aus der Wirtschaft für einen Zeitraum von bis zu 7 Jahren gegründet.

Die beschriebenen Institutionalisierungsformen lassen es zumindest zweifelhaft erscheinen, ob die etablierten Strukturen des Wissens- und Technologietransfers – unbeschadet ihrer bekannten Vorzüge – den wettbewerblich getrieben stark zunehmenden *open innovation*-Neigungen vieler Unternehmen Rechnung tragen können, bzw. ob sie den veränderten Rahmenbedingungen auch der Universitäten annähernd gerecht werden. Gerade bei KMU besteht aufgrund des zunehmenden Innovationsdruckes ein erhöhter Bedarf an Forschung, der von Hochschulen

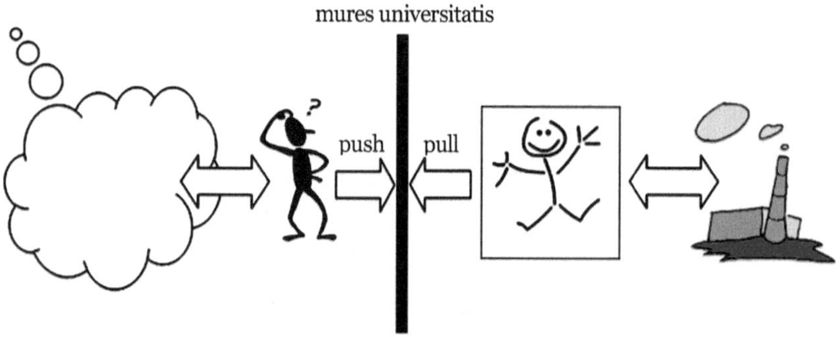

Abbildung 4-5: Quasi-intermediäre Wissenskopplung

in vielen Bereichen ideal gedeckt werden könnte. Doch die vorhandenen Mechanismen überbrücken bestehende Hemmungen nicht immer ausreichend und fördern auch die notwendige zunehmende Vernetzung nicht breit genug. In Deutschland bilden sich als Antwort auf die aktuellen Entwicklungen zunehmend über das gesamte Bundesgebiet intermediäre Strukturen, auf die an späterer Stelle[40] noch eingegangen wird.

Als eine auf den lokalen Kontext der UNIVERSITÄT WIEN abgestimmte Konzeptstudie wird nachstehend ein spezifisch entwickeltes Projekt unter dem Arbeitstitel „U27W" beschrieben, das einen konkreten Beitrag zur strategischen Zielsetzung der *unternehmensorientierten* kooperativen Forschung dieser Universität in Richtung nachhaltiger Strukturen zu leisten beabsichtigt.[41] Den inhaltlichen Anknüpfungspunkt der Konzeptstudie bildet die 2007 formulierte Drittmittelstrategie der Universität Wien, die bei wissenschaftlichen Stärkefeldern und Interessen an Wirtschaftskooperationen in den Fakultäten ansetzt und von einer systematischen Analyse möglicher Themen ausgeht, mit denen die Universität an die Wirtschaft und andere externe Interessenten herantreten kann.

Leitendes Motiv der Konzeptformulierung ist das eines *Geschäftsmodells:* ausgehend von seinen Kernelementen (i) Nutzenversprechung, (ii) Wertschöpfungsarchitektur und (iii) Erlösmodell verfolgt das Konzept insgesamt eine markante und nachhaltige Steigerung der Drittmitteleinwerbung im Rahmen von Aktivitäten der Universität gemäß §27 (1), insbesonders Z. 2 und 3, UG 2002 in Bezug auf Unternehmenskooperationen, sei es in Form geförderter oder beauftragter Forschung.

Dieser Prämisse folgend siedelt die Konzeptstudie die Anbahnung und Koordination kooperativer Forschung wohl innerhalb der Universität an, koppelt diese jedoch bewusst mit extramuralen *gatekeepern* (also: Konsulenten mit Fachexpertise), die den Kontakt zu den Industrie- und Wirtschaftspartnern herstellen und über die Dauer der Forschungszusammenarbeit pflegen bzw. weiterentwickeln. Die Kernidee des Ansatzes ist in Abb. 4-5 veranschaulicht. Die „Mauer" symbolisiert zugleich die organisatorische Außengrenze der Universität wie auch deren universitäre Identitätsabgrenzung gegenüber der außeruniversitären Umwelt;[42] anstelle eines expliziten und eigenständig auftretenden Intermediärs bildet die Koppelung ausgewiesener interner und externer Kontaktpunkte eine Art von *Quasi-Intermediär*, dessen Rolle durch die bilaterale Kommunikation zwischen den Parteien beidseits der Mauer konstituiert wird. Die Struktur des Quasi-Intermediärs kann sicherlich auch als Möglichkeit einer Integration der vorhin beschriebenen Gestaltungselemente für kooperative Forschung gesehen werden – also z.B. auch Funktionen eines Technologietransferbüros oder die Einbindung in Kompetenzzentren miteinbeziehen.

Als *Erfolgskriterien* der Projektumsetzung zählen (i) eine langfristig entscheidende Verbesserung der Verankerung und Sichtbarkeit der Universität Wien in den Bereichen der kooperativen Forschung und des Wissens- und Technologietransfers sowie (ii) die nachhaltige Positionierung der Institution als fixe Größe in den Überlegungen forschungsaffiner Wirtschaftsunternehmen in der Region und darüber hinaus. Ihren klaren Niederschlag finden die Projektambitionen in deutlichen Steigerungen an qualitativ herausragenden Forschungskooperationen, vornehmlich mit Technologieführern und innovativen Branchenleitbetrieben. Messbare Parameter sind die Anzahl eingeworbener Projekte, das umgesetzte finanzielle Volumen und die Palette realisierter Transfer- und Innovationsbeiträge. Als Ausgangspunkt für eine Umsetzung von U27W stellt die Einwerbung von forschungsbezogenen Drittmitteln im insbesonders durch das UG 2002 definierten Umfeld (wie Formelbudget und Wissensbilanz), darüber hinaus aber im generellen Wandel der gesellschaftlichen Position (Legitimation) von aus Steuermitteln getragenen Bildungs- und Forschungseinrichtungen ein wichtiges Element der finanziellen Gebarung, vor allem auch hinsichtlich der Durchführung und Finanzierung qualitativ hochwertiger Forschung (Personal, Ausstattung), dar. Nicht zuletzt jedoch sind unternehmensbezogene Forschungskooperationen auch wichtige Impulsgeber für wissenschaftlich fruchtbare Fragestellungen; neben den unternehmensorientierten Wissens- und Technologietransfer tritt somit als nicht unwesentlicher Aspekt die bessere Verschränkung von Wissenschaft und Industrie/Wirtschaft in beiderseitigem Interesse zum gemeinwirtschaftlichen Nutzen.

Eine *Abgrenzung* des Projektzieles ergibt sich in zweierlei Hinsicht, nämlich einerseits bzgl. aller Drittmittelaktivitäten im Sinne des §26 UG 2002[43] sowie andererseits hinsichtlich der administrativen Organisation, wie sie durch die Dienstleistungseinrichtungen des Hauses wahrgenommen wird. In beide Richtungen entstehen jedoch gleichzeitig auch Berührungspunkte: zum einen ist bzgl. *strategisch orientierter* Drittmittel-Projekte die Grenze zwischen den durch die §§ 26 und 27 leg.cit. definierten Bereichen bewusst durchlässig konzipiert; zum anderen bringt die Abwicklung von Drittmittel-Projekten generell eine Reihe von Interaktionen auch mit internen Dienstleistungseinrichtungen mit sich, die im Hinblick auf die operativen Ziele der kooperativen Forschung ggf. auch gemeinsam mit diesen weiterzuentwickeln sind. Im Gegensatz zu den Aktivitäten in den Bereichen der kooperativen und der Auftragsforschung klammert die Konzeptstudie Agenden des Sponsoring aus.

In der Formulierung des Konzepts steht die Entwicklung von *Beziehungskapital*, fokussiert auf den Bereich der kooperativen Forschung – allenfalls auch der Auftragsforschung – mit Unternehmenspartnern, im Blickpunkt. Die Entwicklung des Konzepts erfolgt im Bewusstsein um eine Reihe von Umgebungsbedingungen. Zu diesen zählt insbesonders der Umstand, dass die UNIVERSITÄT WIEN sich in einem wettbewerblichen Umfeld mindestens zwei ortsansässigen Universitäten – der TECHNISCHEN UNIVERSITÄT WIEN und der WIRTSCHAFTSUNIVERSITÄT WIEN – gegenübersieht, die jedenfalls in einigen disziplinären Feldern eine vorteilhafte Position entsprechend ihrer Anbindung an und Interaktion mit Unternehmenspartnern genießen. Unbeschadet dessen muss die strategische Entwicklung der Forschungskooperationen auf *qualitativ hochwertige* Kooperationen abzielen, die der Universität neben der erwünschten Einwerbung von Drittmitteln den Auf- und Ausbau einer hohen Reputation im Bereich des Wissens- und Technologietransfers ermöglichen.

Die Grundlage des Konzepts bildet (naturgemäß) die vorhandene Forschungsinfrastruktur, d.h. die hauseigenen Fakultäten und Zentren mit ihren für die Forschung nutzbaren Binnenorganisationen und wissenschaftlichen Schwerpunkten. Welche Teile davon spezifisch im Sinne der Konzeptzielsetzung ansprech- und nutzbar sind, bedarf zweifellos einer gesonderten Analyse. Unabhängig davon ist im Drittmittelbetrieb ein beständiger Informationsfluss aufrecht zu erhalten, der den Wissenschaftlern die strategische Thematik der kooperativen Forschung (stärker als bisher) bewusst macht und über laufende Entwicklungen, Ereignisse

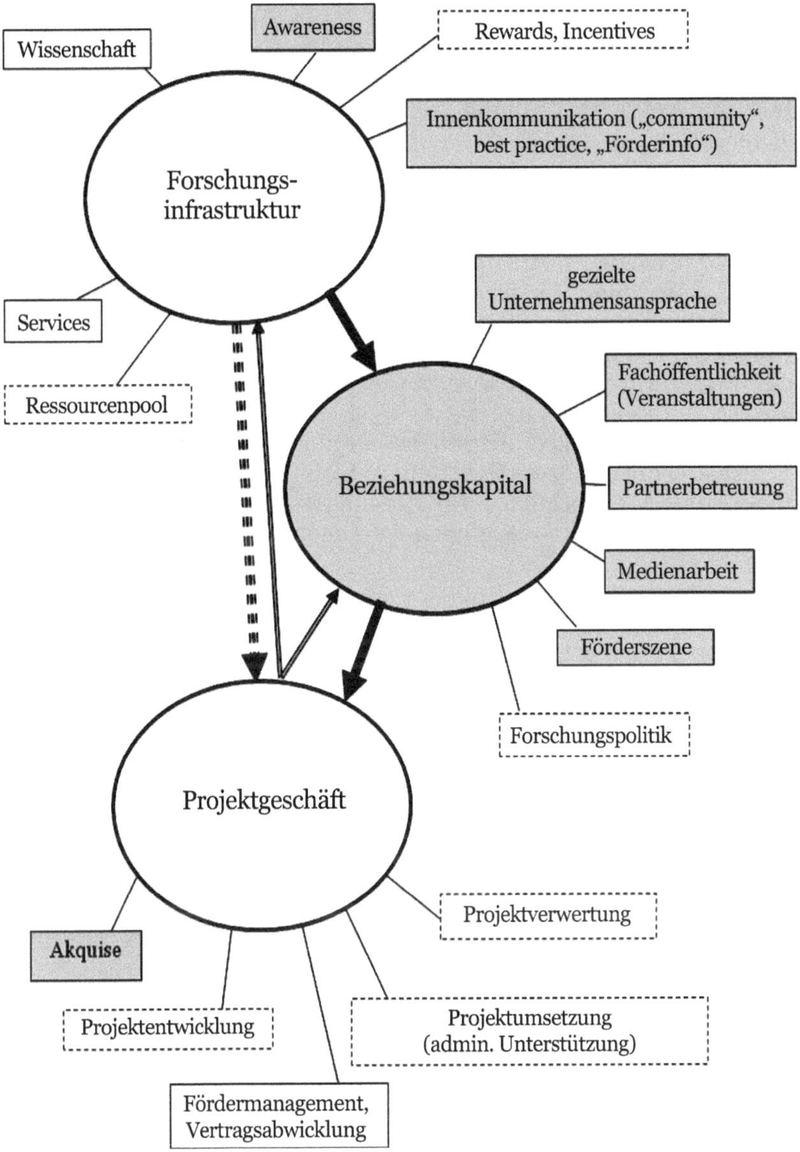

Abbildung 4-6: Struktogramm der Konzeptstudie U27W

usw. unterrichtet; anzudenken ist eine „innere Öffentlichkeit“ aller sich in diese Form von Drittmittelaktivitäten einbringenden internen Personengruppen. Solche Komponenten sind im Rahmen von U27W erst zu entwickeln und in Abb. 4-6 daher formal grau ausgezeichnet. Hingegen bezieht sich eine gestrichelte Umrandung auf Komponenten, die projektbegleitend nützlich oder geboten scheinen und daher ebenfalls entsprechend zu entwickeln sind, dabei aber am Rande oder eigentlich außerhalb des engeren Konzeptfokus liegen (und die zudem von anderen Verantwortlichkeiten wahrzunehmen sind). Dazu zählen ein Ressourcenpool der Universität, der für Drittmittelaktivitäten verfügbar ist (insb. Infrastruktur in Form von Raum, EDV, Labors, etc.) und über Deckungsbeiträge (Gemeinkosten) bzw. Kostenersätze (Direktkosten) aus den Projektabwicklungen finanziert wird, sowie auch verschiedene „rewards/incentives“, die in erster Linie der extrinsischen Motivation der Wissenschaftler dienen (Zulagen, dienstliche Vergünstigungen usw., die vor allem dienstrechtliche Aspekte betreffen, wohingegen intrinsische Motivatoren – wie hohe Sichtbarkeit in der internen *community* etc. – engagierter Forscher durch Maßnahmen der Innenkommunikation sicherzustellen wären).

An die Forschungsinfrastruktur angegliedert sind verschiedene im Kontext relevante Services, die über die Dienstleistungseinrichtungen des Hauses eingebracht werden. Traditionell entstehen Drittmittelaktivitäten im hier angesprochenen Sinne vor allem *ad hoc* aus unterschiedlichen lokalen Initiativen, wobei die Projekte unter Inanspruchnahme der Services verschiedener Dienstleistungseinrichtungen (insb. Forschungsservice, Finanzen, Personal) auf- und umgesetzt werden. Diese Services begleiten die Projekte aber eher *passiv*-administrativ; ansonsten scheint es nur wenig Interaktion auf der Ebene des eigentlichen „Projektgeschäfts“ zu geben.

Um dieses, als der eigentlichen Zielgröße des Konzepts, entscheidend zu beflügeln, sind folglich Maßnahmen in zwei Dimensionen vordringlich, nämlich –

- eine fühlbare Unterstützung und Entlastung der WissenschaftlerInnen im gesamten Projekt-Zyklus (von der Akquise bis hin zur Verwertung) im Sinne der Implementierung einer effektiven Aufgabenteilung zwischen Inhalts- und Organisationskomponenten in der Form, dass die Wissenschaft von administrativen Agenden weitestgehend freigespielt wird (Bündelung der administrativen Kompetenz auch zur Realisierung entsprechender Skaleneffekte);

- im Aufbau von „Beziehungskapital"; dieser – für eine nachhaltige Strategie essentielle – Bereich ist von Grund auf zu erarbeiten und zu institutionalisieren, was den zentralen Konzeptkern ausmacht.

Das Beziehungskapital einer Institution wird hier aufgefasst als eine Art Integral über alle Kontakte, Kenntnisse und (soziale) Optionen, die dieser Institution zur Erreichung operativer und strategischer Ziele zur Verfügung stehen. Dieses Kapital umfasst eine Aktivseite in Form eines nutzbaren Handlungsraums („outgoing") sowie eine Passivseite, die sich darin äußert, dass andere die Institution konstruktiv in deren Zielerfüllungsoptionen miteinbeziehen („incoming").

Das universitäre, für unternehmensorientierte Drittmittel-Forschungsaktivitäten nutzbare Beziehungskapital setzt sich aus einer Reihe unterschiedlicher *Zielgruppen* zusammen. Neben der im Vordergrund stehenden Zielgruppe der forschungsgeneigten Unternehmen sind weitere Zielgruppen (i) spezifische Fachöffentlichkeiten, (ii) die (facheinschlägigen, aber auch populärwissenschaftlichen und allgemeinen) Medien sowie natürlich auch (iii) die Szene der regionalen, nationalen und internationalen (insbesonders europäischen) Fördereinrichtungen. Darüber hinaus besteht ein wünschenswerter Konnex auch zur Forschungspolitik als hochwertigem Informationskanal, aber auch als Lobby-Instrument zur Mitgestaltung von forschungspolitischen Linien und Förderprogrammen; dieser Bereich bleibt infolge seiner primär strategischen Position jedoch aus dem Projektkern ausgeklammert.

Unter den genannten zu entwickelnden Komponenten des Beziehungskapitals sind (i) die *gezielte Unternehmensansprache* und (ii) die (laufende) *Partnerbetreuung* hervorzuheben. Diese Unterscheidung grenzt die Maßnahmen zur Netzwerk-Erweiterung von denen zur Netzwerk-Pflege ab; beide sind aber gleichermaßen essentiell zur Kapitalentwicklung. Als eine weitere wesentliche Arbeitshypothese der Konzeptstudie ist hervorzuheben, dass die durchgehende administrative Unterstützung laufender Forschungskooperationen zweifellos auch ein wichtiges wettbewerbliches Kriterium zur Gewinnung attraktiver Partner und Projekte darstellt, abgesehen davon, dass die wissenschaftliche Projektqualität davon profitieren sollte, wenn die Forschenden ihr Augenmerk auf diese Weise ganz den inhaltlichen Forschungsaspekten widmen können.

Ein entscheidendes Element – und damit ebenfalls zentrales Konzeptanliegen – ist der Bereich der *Projektakquise*. Neben Aufbau und Pflege von Beziehungskapital liegt hier der Schlüssel zur Einwerbung attraktiver Drittmittelprojekte, die schließlich ihrerseits eine wesentliche Grundlage zum Aufbau des angestrebten Beziehungskapitals bilden und überdies Rückflüsse (auch materieller Art) an die Forschungsinfrastruktur liefern.

Akquise-fokussierte Umsetzungsmaßnahmen entscheiden über Tempo, Dynamik und Volumen der aufbringbaren Drittmittelflüsse. Das daraus entspringende Beziehungskapital führt erst mittel- und längerfristig zu Erträgen in Form auch nicht-aktiv akquirierter Einwerbungen.

Zusammenfassend lässt sich die Konzeptstruktur somit in zwei große, weitgehend parallel anzusetzende Aufgabenbereiche gliedern, nämlich

- (im Innenbereich) eine *Angebotskoordination* unter Einbeziehung einer Reihe flankierender Vorkehrungen, sowie
- (im Außenbereich) konkrete *Akquise-Maßnahmen.*

In der Überlegung zur Umsetzung der Konzeptstudie U27W wäre in organisatorischer Hinsicht eine direkte Berichtslinie zum Vizerektorat für Forschung vorzuschlagen. Selbstverständlich ist dabei in allen Belangen eine möglichst umfassende Koordination mit allen intramuralen Einrichtungen und für derartige Projekte belangvollen laufenden Maßnahmen herzustellen, um Ressourcen zu schonen und ein kohärentes Auftreten auch im Innenbereich zu gewährleisten; U27W versteht sich damit als *Unterstützung* der bestehenden Einrichtungen und Organisationseinheiten im Zuge der Umsetzung eines konkreten strategischen Ziels des Rektorats der UNIVERSITÄT WIEN.

ANMERKUNGEN ZU KAPITEL 4

[1] Vgl. Invent (2010). Österreich gilt derzeit trotz eines verhältnismäßig hohen Inputs bei FTI hinsichtlich des Outputs lediglich als „Innovation Follower."

[2] Lissabon Strategie auf EU-Ebene

[3] Erst 22 Jahre nach den USA definierte das Universitätsgesetz (UG) 2002 die Eigentumsverhältnisse von geistigem Eigentum für die österreichische Jurisdiktion neu.

[4] Vgl. z.B. Knol (2010) oder Ghafele (2010) stellvertretend für den institutionellen Innovationsansatz nach Grupp.

[5] Foray (2004), S. 118ff, beschreibt die Notwendigkeit institutioneller Diversität und differenziert dabei bzgl. der kollektiven Produktion von Wissen zwischen: Subventionen (Patronage), direkter staatlicher Produktion und Wissensmärkten.

[6] Vgl. auch Abb. 1-2 bzgl. dieser begrifflichen Einteilung. Als Sonderfall und weitere denkbare Kategorie sei noch *research sponsoring* erwähnt, in dem der Nutzen jedoch nicht so sehr auf der inhaltlichen Ebene liegt, sondern eher auf einem Image-Interesse (bzw. Image-*Transfer*) des Sponsors beruht.

[7] Vgl.Foray (2004), S. 122

[8] Vgl. Kap. 3

[9] Basierend auf dem österreichischen UG 2002 findet bei Technologietransferbüros an österreichischen Universitäten eher eine „top down"-Steuerung von Forschungs-

kooperationen mit der damit einhergehenden Bürokratie statt, was sich bspw. dadurch ausdrückt, dass der zuständige (Vize-)Rektor ab einem bestimmten Transaktionsvolumen in den Ablauf zwingend eingebunden ist.

10 Vgl. Speser (2006)

11 Vgl. dazu Unterabschnitt 1.3.1 und insbesonders die dort zitierten Ausführungen von Badaracco (1991).

12 Die TU Graz hatte 2008 75 Erfindungsmeldungen, die TU Wien 50, die Universität für Bodenkultur 17, die Universität Wien 15; vgl. dazu AWS (2008).

13 Vgl. Unterabschnitt 2.2.1

14 Vgl. Clement (2009)

15 Vgl. Touhill et al (2008)

16 Wie z.B. den „Traitorous Eight", in deren Sog die Transistor-Entwicklung erst das Silicon Valley-Cluster ermöglichte.

17 Bzw., in Österreich, eher in Form von Förderprogrammen (verlorene Zuschüsse der öffentlichen Hand).

18 Die im Englischen verwendete Bezeichnung des ‚technologist' trifft den Punkt allerdings erheblich besser als die Übersetzung.

19 Vgl. LISA VR (2010), Vite (2010), Lebensmittel-Cluster (2010), ACV (2010).

20 Aufbauend auf Clement (2009), S. 11

21 Diese sind durchwegs staatlich initiiert und werden von Clustermanagern geleitet. Vgl. Clement (2009), S. 10, zur Abgrenzung zu den anderen Kooperationsformen: „Durch die Einbindung von öffentlichen Institutionen, wie Landesregierungen, Verbänden, Forschungseinrichtungen, Bildungsinstitutionen usw. sind Cluster ein *public/private Konstrukt*, unabhängig davon, wie die juristische Organisationsform gestaltet wird. Cluster gehen aber jedenfalls über eine Arbeitsgemeinschaft von Firmen oder über einen Technologiepark oder ein Kompetenzzentrum hinaus."

22 Vgl. dazu Unterabschnitt 3.3.2

23 Vgl. Audretsch und Keilbach (2008)

24 Vgl. dazu Abschnitt 6.1

25 Vgl. Wrolich (2009), S. 86ff, und die darin dargestellte Kritik an der Cluster-„Euphorie".

26 Vgl. Schabasser (2010), vor allem Kapitel 4

27 Vgl. Audretsch/Lehmann (2005b), S. 9ff

28 Stichwort: UG 2002, Autonomie der Gestion

29 Vgl. dazu die Einleitung

30 Vgl. CDG (2010); die Begrifflichkeit der ‚Grundlagenforschung' bezieht sich auf die von der CDG selbst vorgenommene Interpretation.

31 Vgl. dazu die Ausführungen in Abschnitt 1.1 und insbesonders auch Fußnote 72

32 Die Darstellung greift auf Erfahrungen des einen Autors (KAF) in den Jahren 2002-2007 zurück. Das Fallbeispiel dieses mit Mitteln des österreichischen *Kind*-Programms geförderten industriellen Kompetenzzentrums eignet sich in diesem Zusammenhang nicht zuletzt deshalb gut, weil – unter Wahrung der Interessen aller Beteiligten – mit dem Auslaufen der Förderung nach der siebenjährigen Laufzeit 2007 eine stärker wettbewerblich orientierte Form der Geschäftsgebarung die im Exkurs charakterisierte Situation abgelöst hat.

33 Vgl. bspw. Zerdick et al. (2001)

[34] In Abschnitt 1.1 wird diese Katalyse-Funktion primär dem Intermediär zugeschrieben; indirekt kann aber natürlich auch ein Kompetenzztrum aufgrund seiner spezifischen Stellung zwischen Wissenschafts- und Wirtschaftspartnern bis zu einem gewissen Grad eine katalytisch-intermediäre Funktion wahrnehmen.

[35] D.h., dem vielzitierten Platzen der „dotcom"-Spekulationsblase; vgl. dazu auch Bischoff (2001).

[36] Vgl. Bischoff (2001), insbesonders Kapitel 2

[37] Dies entspricht im Grunde der Interaktion einer ausgegliederten Kooperationsorganisation mit den diese tragenden Wissenschafts- und Unternehmensorganisationen wie in Abb. 1-5 b) dargestellt (wobei allerdings nicht notwendig auch ein Intermediär miteinbezogen zu denken ist): diese Anbindung der gemeinsamen Kooperationsorganisation an die internen Strukturen der beteiligten Trägerorganisationen ist essentiell für eine effektive Wissenskoppelung. Ein analoges Bild ergibt sich übrigens auch für den Fall durch Venturekapital finanzierter Ausgründungen, sofern sich daran auch Forschungspartner beteiligen.

[38] Vgl. dazu auch Abschnitt 2.4 und hier insbesonders Unterabschnitt 2.4.4

[39] So entstand etwa auch das im Fallbeispiel diskutierte Kompetenzzentrum EC3, nachdem das mittlerweile von der dt. T-Mobile übernommene Telekommunikationsunternehmen max.mobil mit Forschungsfragen an die Wissenschaft herangetreten war.

[40] Siehe Abschnitt 5.2

[41] In der Entwicklung des Projekts ist die Zusammenarbeit mit Mag. Karl Neumayer, KOGNOS Consulting GmbH (Wien) hervorzuheben; im Rahmen der Arbeitsteiligkeit wurde von Mag. Neumayer die Unternehmenssicht des Modells eingebracht.

[42] Vgl. dazu insb. Abb. 1-4 und die darin verwendete, auf Tilly zurückgehende Symbolik.

[43] Diese betreffen drittmittelgeförderte Forschungsprojekte oder Forschungsaufträge bzw. Vorhaben finanziert durch Zuwendungen Dritter, die von den Forschenden im Rahmen ihrer universitären Forschungstätigkeit unter direkter Disposition über die dafür eingeworbenen Projektmittel durchgeführt werden; die Universität tritt in diesem Zusammenhang rechtlich nur indirekt (als Dienstgeber und Treuhänder) in Erscheinung.

5 Fallbeispiele

Die mit dem Internet veränderte Medialität nimmt entscheidenden Einfluss auf die Wandlung ganzer Branchenstrukturen. Die Vermittlerfunktionen beschreibenden Schlagworte wie Inter-, Cyber- und Disintermediation verdeutlichen den IKT-induzierten Entfall ganzer Abschnitte ökonomischer Wertschöpfungsketten innerhalb kürzester Zeit; andere Bereiche – z.B. die Printmedien – werden durch ihre digitalisierten Pendants ersetzt. Umgekehrt etablieren sich in raschem Tempo neue Geschäftsmodelle, wobei eine eindeutige kategoriale Zuordnung hinsichtlich Substitution, Wegfall oder Neuartigkeit in den Verbindungen zwischen Anbietern und Abnehmern zwar zumeist nicht ganz geklärt scheint, jedenfalls aber fast jedes Element der Lieferketten durch Internet und eBusiness hinterfragbar wird. In Bezug auf die Forschungskooperationen reicht nach heutigem Wissensstand die Bandbreite des Einsatzes von IKT von einer begleitenden Förderung der Kontakte bis hin zu Geschäftsmodellen, welche pivotale Stellen des Wissenstransfers besetzen.

Der empirische Teil dieses Buches richtet seinen Schwerpunkt nun auf die unterschiedlichen Aspekte solcher Modelle und unterteilt die verfügbaren IKT-Plattformen taxonomisch (Tab. 5-1), wobei die Bandbreite der vorfindlichen online-Plattformen in den letzten Jahren rasant zugenommen hat. Zunächst werden die gegenwärtig anzutreffenden Portale hinsichtlich ihrer Funktionalität und Anforderungen analysiert [5.1].

Den Schwerpunkt stellt danach das erste Fallbeispiel dar, das anhand des spezialisierten Intermediärs TRANSMIT mögliche Vorteile der Forschungspartner, die durch die Hinzunahme eines Mittlers entstehen können, wiedergibt. Darin wird das Internet vor allem als Informationsquelle und zur Unterstützung der Erstkontaktvermittlung genutzt [5.2], ganz im Gegensatz zu einem der anderen drei Fallbeispiele – der schweizerischen Ausgründung ATIZO –, in der das Web als zentrales Element des Geschäftsmodells genutzt wird [5.3]. Das Fallbeispiel der UNIVERSITÄT TOKIO mit ihrer direkten, in drei Abteilungen gegliederten Hochschultransferstelle, die mit externer Unterstützung Forschungsergebnisse der Gesellschaft zugute kommen lassen möchte [5.4], sowie die – im Entstehen begriffene – fin. Turku Innovation Plattform [5.5], die in einigen Jahren auch als ökonomisch regional eingebetteter Wissensdreh- und Angelpunkt fungieren könnte, runden das Kapitel ab.

5.1 Gegenwärtig anzutreffende Geschäftsmodelle

Eine der zentralen Herausforderungen des Wissens- und Technologietransfers besteht generell in der effektiven Koordination von Angebot und Nachfrage. Das Angebot bezieht sich diesfalls auf Forschungserträge, die – in aller Regel in mehreren Stufen – in neue Produkte, Verfahren oder Dienstleistungen mit einem (mehr oder weniger) nachhaltigen Geschäftsmodell einfließen. Im Unterschied zur Forschungsseite, die auf Basis wissenschaftlicher Prinzipien erkenntnisgeleitete Vorschläge, strukturelle Beziehungen und methodische Ansätze (weiter-) entwickelt, die zunächst oft allein nach innerwissenschaftlichen Kriterien entstehen und ausgefiltert werden, bedeutet Technologietransfer die Übersetzung derartiger Erträge in marktorientierte Konzepte und Prozesse. Die Inhaber von Geschäftsmodellen oder unternehmerischen Entdecker aussichtsreicher Markt- bzw. Geschäftsgelegenheiten bilden dementsprechend die Nachfrageseite. Eine unverzichtbare Voraussetzung für den effektiven Abgleich von Angebot und Nachfrage sind effiziente Intermediäre (*market makers*), indem sie die Transaktionskosten der Partnerfindung durch ihr Marktwissen soweit senken helfen, dass auf dem Markt eine hinreichende Liquidität entsteht. Selbstverständlich setzt die Wirkung von Intermediären voraus, dass ein (möglichst) umfangreiches Angebot und eine ebensolche Nachfrage (d.h. kritische Massen) bestehen oder geschaffen werden, damit entsprechende Transaktionen überhaupt einmal in Gang kommen können. Das Bild eines allgemeinen Marktplatzes lässt sich in analoger Weise auch auf die Situation einer Hochschule übertragen, indem der Forschungsertrag der Institution auf der Angebotsseite der potentiellen Nachfrage nach Forschungsleistungen auf Seite der Wirtschaft gegenübergestellt wird. Wesentlich für die Entwicklung einer funktionellen intermediären Struktur sind sowohl die Aufbereitung der Angebotsseite als auch die Adressierung der Angebotsseite. Kooperationen entstehen dabei sehr oft aus bereits vorhandenen Beziehungsstrukturen (Netzwerken), wobei sie dabei regelmäßig mit Erfolg aus dem schon etablierten wechselseitigen Vertrauen und allgemein der guten wechselseitigen Einschätzbarkeit Nutzen ziehen.

Ein Intermediär, der über einen entsprechend großen Pool an Partnerressourcen verfügt, könnte in vielen Fällen ausgehend von konkreten Fragestellungen und Anforderungen aus bestehenden Netzwerken heraus eine koordinierende Funktion bei Angebot und Nachfrage anstreben, wobei elektronische Plattformen unterstützend eingesetzt werden können. Dabei zeichnen sich diese Plattformen durch (graduell) unterschiedliche Zugänge zur Thematik aus, fungieren aber prinzipiell im Sinne von Clearing-Stellen, die darauf setzen, dass es (i) möglich ist, konkrete Forschungs- oder Innovationsprobleme auf einfache Weise als Angebote zu charakterisieren und es (ii) frei verfügbare, spontan allozierbare Lösungskompetenz gibt. Grundsätzlich ist ein Angebot (an Lösungskompetenz) auch in die Gegenrichtung vorstellbar, aber augenscheinlich schwerer konkretisierbar. Analog bestehen Agoren, die konkrete Ausprägungen von geistigem Eigentum (IPR) offerieren. Hinsichtlich ausgelobter Problemstellungen werden in der Regel auch Entgelte für den Erfolgsfall versprochen. Durch die Effizienz der Suchfunktionalität des Intermediärs soll in jedem Fall die Chance deutlich erhöht werden, möglichst schnell möglichst erfolgsversprechende und ggf. auch „überraschende" (d.h. relativ zum eigenen Wissens- oder Kompetenzbestand originelle oder unerwartete) Lösungsalternativen in Erfahrung zu bringen, obwohl dadurch unter Umständen für den Mitbewerb aufgrund der ausgelobten Fragestellungen oder angebotenen IPR auch Aspekte des strategischen Verhaltens des Auslobers oder Anbieters erkenntlich werden. In vielen Fällen dienen die Plattformen allerdings primär der ersten Kontaktanbahnung.

Als konkretes Beispiel hinsichtlich der Funktionsweise elektronischer Portale sei für die weiteren Ausführungen die Plattform INNOCENTIVE beleuchtet, bei der sich der Marktplatz im Wesentlichen in vier Bereiche unterteilt, nämlich: (i) *products*, (ii) *seekers*, (iii) *solvers* und (iv) *marketplace*, der seinerseits wiederum in *disciplines* und *pavilions* untergliedert ist (in letzterem Bereich wird übrigens die Allianz zwischen dem Marktplatz und SAP ersichtlich). INNOCENTIVE gliedert den Innovationszyklus in vier grobe Abschnitte, denen jeweils ein Typ von *challenge* zugeordnet wird, nämlich: die Idee (1 – *the ideation challenge*); das ideenimplementierende Design (2 – *theoretical challenge*); der *proof* Abschnitt, in welcher eine konkrete Umsetzung hinsichtlich der Funktionalität z.B. durch Prototypenerstellung überprüft wird *(3 – RTP challenge);* sowie das *Endprodukt* (4 – eRFP challenge) in dem INNOCENTIVE bspw. bei der Suche nach Lieferanten unterstützend mitwirkt. Insoweit die Schritte keine Übertragung an IPR (an INNOCENTIVE) erfordern (das sind Schritte 1 und 4), genügt ein einfaches *master services agreement* als Arbeitsübereinkunft. Die Angebots- bzw. Nachfrageseite dieses Technologietransfer-Marktes charakterisieren die beiden Bereiche *seekers* and *solvers*, wobei die seekers noch weiter in kommerzielle und ‚*not for profit*'-Anbieter unterschieden werden. Bei den solvers werden zum Teil nochmals die verschiedenen Problemtypen dargestellt, aber auch besonders erfolgreiche Problemlöser (*top solvers*) vor den Vorhang gebeten.

Im Bereich *marketplace* schließlich finden sich, untergliedert nach Disziplinen bzw. Pavilions, die eigentlichen ausgelobten Forschungsprobleme; Hier wird neben dem Datum der Veröffentlichung der INNO-

CENTIVE-Problemtyp und das Ende der Frist zur Einreichung von Lösungen angeführt sowie der ausgelobte *award*, der manchmal auch *varied* lautet. Die Auslobungen sind teilweise mehreren Disziplinen zugeordnet. Die seekers werden in den Problembeschreibungen anonym gehalten, außer natürlich in den einzelnen Firmen zugeordneten pavilions. Innerhalb der für ein ausgelobtes Problem gesetzten Frist können Lösungsvorschläge eingereicht werden, wobei die Bewertung allein durch den Auslober (*seeker*) vorgenommen wird; INNOCENTIVE stellt lediglich Formalia (Erfüllung der Auslobungskriterien) sicher. Unbefriedigende Lösungen werden kommentiert an die Einreicher zurückgegeben.

Eine wichtige Rolle spielt natürlich der Übergang von Rechten an geistigem Eigentum. Wo immer erforderlich, veranlasst INNOCENTIVE die involvierten Parteien zum Abschluss einer Vertraulichkeitserklärung. Sobald ein eingereichter Lösungsvorschlag vom Auslober (*seeker*) als bester ausgewählt worden ist, müssen die IPR rechtsgültig vom Einreicher an den Auslober übertragen werden (d.h. der Einreicher muss eidesstattlich erklären, Inhaber der zu übertragenden IPR zu sein usw.), ehe der ausgelobte Geldbetrag dem Einreicher überwiesen wird. Für Dienstnehmer gelten analoge Bestimmungen (Dienstgeberzustimmung). Alle Plattformteilnehmer sind übrigens registriert; anonyme Einreichungen von Lösungsvorschlägen sind nicht möglich. Ergänzend bietet diese Plattform auch eine Reihe von *contests* an, d.h. von verschiedenen Seiten ausgelobte Wettbewerbe, u.a. auch für Kinder. Mittlerweile haben sich neben INNOCENTIVE eine Vielzahl ähnlicher Portale mit intermediären Strukturen, wie z.B. NINESIGMA, YET2.COM usw. und unterschiedlichstem Funktionsumfang am elektronischen Marktplatz konstituiert.

Doch während sich diesbezügliche Einteilungen primär auf Funktionalität und angebotene Leistungen bezogen haben,[1] folgt diese Arbeit dem Intermediär-Ansatz von KRIEGESMANN et al und differenziert nach der Zugehörigkeit der aus der Wissenschaft oder Wirtschaft kommenden Plattform-Gründer, da dies bei der Errichtung eines Portals die potentiellen Geschäftsmodell-Überlegungen weniger einschränkt. Vor diesem Hintergrund werden die von wirtschaftsnahen, wissenschaftsnahen, oder eigenständigen Gründern erstellten Internetseiten in sechs Kategorien unterteilt, von denen zumindest drei eher der Wirtschaft zugerechnet werden können, wobei auch dort der Anstoss der Forschung durchaus in der Wissenschaft seinen Ausgangspunkt genommen haben kann. Nicht der Fall ist dies jedoch bei den auf Kundenwünschen spezialisierten *market pull*-Portalen, sondern trifft eher auf allgemeine oder auch auf nur einzelne Branchen spezialisierte *Patentsuchmaschinen* bzw. *Lizenzplattformen* zu, in denen häufig Großunternehmen bzw. Konzerne dar-

Tabelle 5-1: Taxonomie der Internetportale

ART DER PLATTFORM	BEISPIELE *(http://www...)*	AUSRICHTUNG
Patentsuchmaschinen *Allgemein*	google.com/patents (*Google, 7 Mio. Patente*), delphion.com (*Thomson Reuters, 54 Mio. Patente*), patent-cafe.com (*Pantros*),	wirtschaftsnah
Spezialisiert	thomsonpharma.com (*Pharmazie*)	wirtschaftsnah
Lizenzplattformen *Allgemein*	birchbob.com (*Birchbob, 52 Länder*) , yet2.com (*Yet2, >100.000 reg. Benutzer*)	wirtschaftsnah
Spezialisiert	pharmatransfer.com (*Pharmazie und Biomedizin*), emar-ket.knowledgeexpress.com (*Biomedizin*)	wirtschaftsnah
market pull-Portale	ninesigma.com (*Netzwerk > 1000 Konzerne*), newideatrade.com (*„Idea Trade Network“*), *atizo.ch Atizo*	wirtschaftsnah
Hochschulportale *Eingebettet*	yale.edu/ocr (*YALE*), *ducr.u-tokyo.ac.jp/pp/ Universität Tokio*	wissenschaftsnah
Eigenständig	techtransfer.harvard.edu (*Harvard*), transfer.ethz.ch (*ETHZ*), uclb.com (*UCL*)	wissenschaftsnah
mehrerer Hochschulen	unitectra.ch (*Universitäten von Bern und Zürich*), ipal.de (*Berliner Hochschulen*), pipra.org (*US-Universitäten, Agrikultur*)	wissenschaftsnah
Andere Forschungseinrichtungen	dkzf.de (dt. Krebsforschungszentrum), helmholz.de (Helmhotz Gemeinschaft)	wissenschaftsnah
Regierungsplattformen *(Portale institutioneller Intermediäre)*	ncet2.org (*USA*), ittc.com.cn/english (*China*), innovationmarket.de (*Dt., SIGNO Initiative*), cordis.europa.eu (*EU*)	eigenständig
Portale spezialisierter Intermediäre (*arbeiten eng mit Forschungseinrichtungen zusammenarbeiten*)	ixc.com.au (*australische Plattform*), *transmit.de TransMIT, innoturku.com TIP*	oft eigenständig, manchmal wirtschaftsnah oder wissenschaftsnah

um bemüht sind, ihre eigenen Forschungsergebnisse kommerziell weiter zu verwerten. Neben dem Internetauftritt anderer *Forschungseinrichtungen* lässt sich die Gruppe der wissenschaftsnahen *Hochschulportale* unter dem Blickwinkel einteilen, ob für die online-Präsenz ein eigenständiger Auftritt, z.B. durch ein Tochterunternehmen einer Hochschule, gewählt wird oder ob der Kooperationsbereich mit den Unternehmen in die Hochschul-Homepage eingebettet wird. Die Bandbreite der angebotenen Leistungen der Hochschulportale differiert ebenfalls sehr stark und reicht von Kontaktstelle[2] über Informationsquelle aller angebotenen Leistungen einer Universität[3] bis hin zu eingebetteten Patentangeboten[4] einer Hochschul-Homepage. Manchmal führen aber auch gemeinsame Kooperationsbemühungen mehrerer Hochschulen zu einer Zusammenarbeit, die eine gemeinsam betriebene Homepage beinhaltet, wie die aufgrund des Patentdilemmas konstituierte non profit-Organisation PIPRA.

Die Gruppe der *Regierungsportale* ist wiederum insofern eigenständig, als Regierungen politische Ziele verfolgen, die sowohl Interessen der Wirtschaft als auch der Wissenschaft nachkommen (sollten) und somit keiner der beiden Ausrichtungen zuzurechnen sind. Sie bieten Leistungen an, welche die Interaktion von Wissenschaft und Industrie fördern.[5]

Die letzte, aber sicher nicht unbedeutendste Gruppe der IKT-Geschäftsmodelle betrifft *Portale spezialisierter Intermediäre*, die mit einer oder mehreren Forschungseinrichtung(en) zusammenarbeiten. Als heterogenste aller Kategorien ist sie eigenständig, wenn sie von wissenschaftsnahen und wirtschaftsnahen Einrichtungen gemeinsam gegründet wurde. Durch Änderung der strategischen Ausrichtung einer Plattform kann sich aber durchaus auch ihre Zugehörigkeit ändern. So wurde z.B. die australische INNOVATIONXCHANGE-Plattform eher als wirtschaftsdienliches *market pull*-Portal gegründet, arbeitet mittlerweile aber mit einer Forschungseinrichtung zusammen und – obwohl sie immer noch ein wirtschaftsnahes Portal ist – spielen dort somit durchaus nun Aspekte wie ein *science push* eine wichtige Rolle. Die deutsche TUM wiederum betrieb zunächst eine eigenständige Website, an der sich zwischenzeitlich mehrere bayerische Hochschulen beteiligten; dieses Projekt ist jedoch mittlerweile gescheitert.

Dieser Taxonomie folgend ist die Erstellung bzw. der Auftritt eines Internet-Portals abhängig von der Ausrichtung der Betreiber. Portale wirtschaftsnaher Einrichtungen versuchen, auf Anfrage von Unternehmen individuelle Kundenlösungen anzubieten oder durch Patentdatenbanken viele Alternativen anzubieten. Wissenschaftsnahe Einrichtungen versuchen hingegen, die eigenen Forschungsergebnisse zu vermarkten; ei-

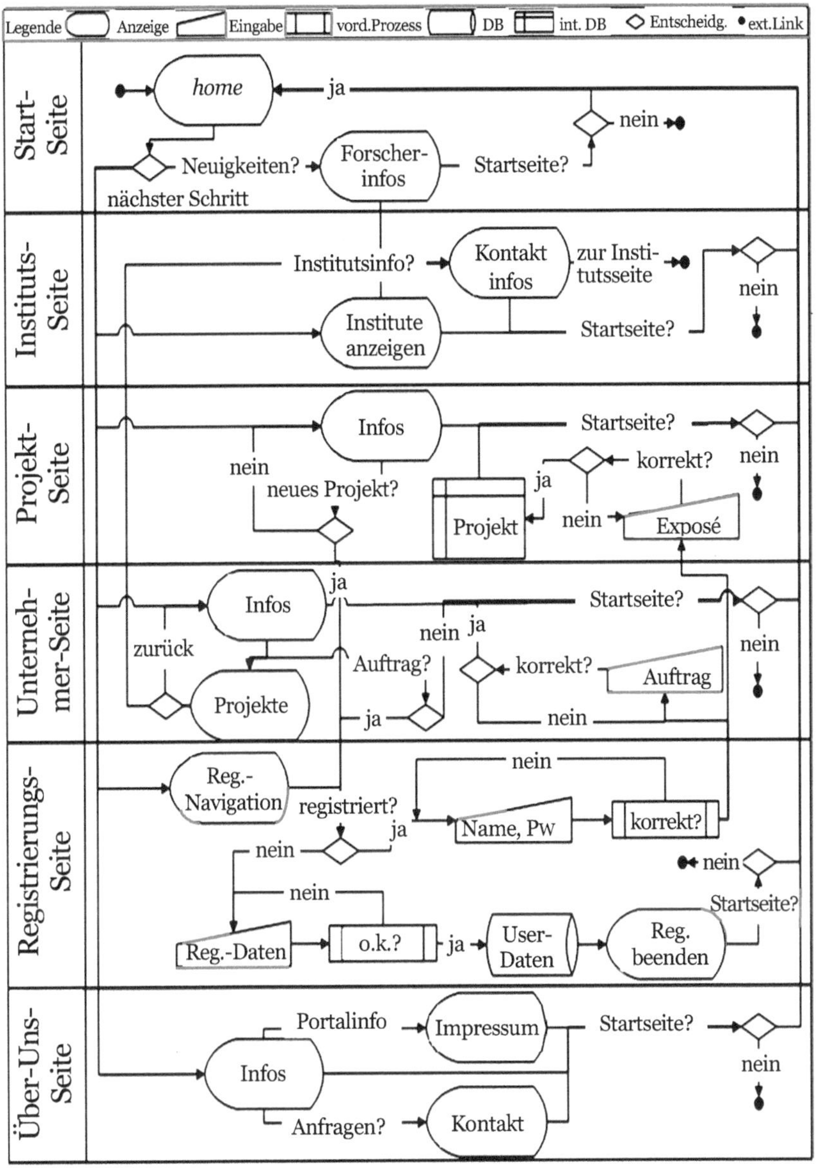

Abbildung 5-1: Interaktionsplan einer Plattform[6]

genständige Einrichtungen, die von Industrie- und Wissenschaftspartnern gemeinsam gegründet wurden und von der Regierung gestützt werden, versuchen am ehesten, die Interessen beider Forschungspartner zu berücksichtigen.

Der Aufbau der Architektur einer Internet-Plattform ist auf diesen Sachverhalt zugeschnitten und gibt Aufschlüsse über das Wissensmanagementkonzept für die Partnerschaft. Ein möglicher Interaktionsplan kann bei der Erstellung eines Portals das Navigieren des Anwenders einer Plattform beschreiben, also welche Seiten in einem Portal angesteuert werden und welche Aktionen auf diesen Seiten ausgeführt werden können. Soll das Portal, wie z.B. bei TIP (Abschnitt 5.5), als allgemeine, reine Informationenquelle für Interessierte dienen, fördert es den Erstkontakt und führt bspw. auf Verlinkungen zu Institutsseiten, wie es folgend TRANSMIT (Abschnitt 5.2) demonstriert; oder werden, wie bei der UNIVERSITÄT TOKIO (Abschnitt 5.4), einfach Technologien angeboten, die über Suchkriterien abgerufen werden können? Ist diese Anzeige für alle frei zugänglich, oder nur für registrierte Benutzer? Wer darf auf der Plattform eigene Inhalte erstellen (Betreiber, Forscher, Unternehmer)? Soll der Unternehmer, wie bei ATIZO vorgesehen (Abschnitt 5.3), ein Forschungsprojekt und die Forscher Lösungsvorschläge dazu veröffentlichen können? Der Interaktionsplan beschreibt somit, welche Funktionen angeboten werden könnten. In der Abb. 5-1 ist ein mögliches Modell eines solchen Interaktionsplans dargestellt.

Nach einem Probebetrieb könnte in diesem Zusammenhang nicht nur die Funktionalität der Plattform überprüft werden, sondern anhand einer User-Analyse auch feinere Anpassungen dahingehend vorgenommen werden, welche Bereiche ausgebaut und welche herausgenommen werden sollten. Dies könnte durch die Häufigkeit der Zugriffe auf bestimmte Funktionen festgestellt werden (z.B. mit Hilfe der sog. *click stream*-Analyse).

Dabei soll insbesondere die Wettbewerbsfähigkeit von KMU gefördert werden. Bspw. können auf SIGNO Unternehmen Informationen zum Patentsystem erhalten, Erfinder über generell mögliche gewerbliche Schutzrechte informiert werden oder über die *online* Plattform[7] Innovatoren und Unternehmen zusammengebracht werden. Mittlerweile gibt es auch 23 Plattformen von Patentverwertungsagenturen (PVA), die Partner der SIGNO sind (siehe die folgende Tab. 5-2).[8]

5.2 Intermediäre Strukturen in Deutschland

Während man in Deutschland im Jahre 2000 noch den mangelnden Web-Auftritt von Wissens- und Technologietransfereinrichtungen beklagte und TRANSMIT ein Pionier auf diesem Gebiet war, hat sich das Bild in jüngster Zeit grundlegend gewandelt. So wurde im vergangenen Jahr die SIGNO – eine als institutioneller Intermediär agierende Initiative

Tabelle 5-2: IKT Portale der deutschen SIGNO-Mitglieder

PLATTFORM	URL *(http://www...)*	REGION/STADT *Gründungsjahr*	WISSENSCHAFTLICHE PARTNER
BayPat	bayerische-patentallianz.de	Bayern *2007*	Unis, FHs in der Region
CFT	zft.uni-freiburg.de	Freiburg *2002*	Uni Freiburg, Uni-Klinikum
DKFT	dkfz.de/index.html	Heidelberg *1964**	Helmholtz Gemeinschaft, 1 Uni: Heidelberg
ESA	esa-pva.de	Sachs.-A. *2001*	2 Unis, 4 FHs, 2 Institute
EMBLEM	embl-em.de	Heidelberg *1999*	EMBL-Heidelberg
EZN	ezn.de	Niedersa. *1981**	3 Unis
GINo	gino-innovativ.de	Nordhes. *2001*	2 Unis: Kassel, Fulda
GWT	spva.de	Sachsen *2001*	4 Unis, 4 FHs, 1 FZ, 1 Institut
IMG	img-rlp.de	Rheinl.-Pf. *2003*	Unis, FEs der Region
INNOVECTIS	innovectis.de	Frankf./M. *2000*	3 Unis, 1 Uni-klinikum
innoWi	innowi.de	Bremen *2001*	6 Unis,2 FHs, 3 Institute
Ipal	ipal.de	Berlin *2001*	5 Unis
MBM	sciencebridge.de	Niedersa. *2007*	5 Unis, 2 FHs
PROvendis	provendis.info	Niedersa. *2002*	23 HS, FEs in der Region
PVA MV	pva-mv.de	Meckl.-Vp. *2001*	4 Unis, 1 FH, 4 Fes
PVA SH	pva-sh.de	Schleswig-Holstein *2002*	Unis, FHs der Region
Rubitec	rubitec.de	Bochum *1998*	1 Uni: Ruhr Bochum
PATON	paton.tu-ilmenau.de	Thüringen *1989**	1 Uni: TU Ilmenau
TLB	tlb.de	Baden-Wt. *1998*	9 Unis, 15 FHs
TransMIT	transmit.de	Hessen *1996*	5 HS "*106 TransMIT-Zentren*"
TuTech	tutech.de	Hamburg *2001*	Unis, Uni-Klinikum
WuT	pva-saarland.de	Saarland *2002*	2 Unis
ZAB	brainshell.de	Brandenb. *2002*	9 HS, 4 Forschungsinst.

*Gründungsjahr der Gesellschaft ; FH=Fachhochschule; HS=Hochschule; Stand: Dez. 2009

des BMWI – gegründet, die ihr Hauptziel in der *„Schaffung eines erfinder- und innovationsfreundlicheren Klimas in Deutschland"* sieht.[9]

Ebenfalls 2008 vom BMWI ins Leben gerufen wurde das *„zentrale Innovationsprogramm Mittelstand"* (ZIM)[10], welches KMU bei deren Innovationsbemühungen unterstützen soll. Dieses Programm besteht aus drei nachfolgend beschriebenen Fördermodulen –

- *Netzwerkprojekte*: bezieht sich auf an Netzwerken beteiligte Unternehmen, wobei nur das externe Netzwerkmanagement bzw. die beteiligte Forschungseinrichtung antragsberechtigt ist (ZIM-NEMO);
- *Kooperationsprojekte:* fördern Kooperationsprojekte eines Unternehmens mit einer Forschungseinrichtung einschließlich technologieübergreifender Verbundprojekte, oder die Vergabe eines F&E-Auftrags an einen Forschungspartner (ZIM-KOOP);
- *Einzelprojekte:* unterstützen betriebsinterne F&E-Projekte, wobei auch die Leistung externer Dritter zur Unterstützung der Verwertung eingeschlossen ist (ZIM-SOLO).

Andererseits wird in Deutschland mit der *Exzellenzinitiative*[11] auch die Spitzenforschung, nicht aber die Ausbildung an Hochschulen gefördert. Dies erfolgt in Form einer Förderung von Exzellenzclustern, Graduiertenschulen sowie Zukunftskonzepten für Hochschulen, wobei die antragstellenden Hochschulen zumindest in einem Bereich Spitzenforschung aufweisen müssen. Auch die Justus LIEBIG-Universität in Gießen – Mitbegründerin der TRANSMIT – erhielt Fördermittel in Rahmen dieser von Staatseinnahmen aus dem Verkauf der UMTS-Lizenzen resultierenden Initiative.[12]

1996 wurde die in Gießen ansässige Patentverwertungsagentur TRANSMIT mit dem Ziel gegründet, Potenziale regionaler Hochschulen professionell zu erschließen und die Wege zwischen Wissenschaft und Wirtschaft zu verkürzen.[13] Auf die Frage, wie die Einstellung von For-schern zu einem möglichen Intermediär ist, meint Geschäftsführer Peter STUMPF:

„Es ist vor allem die neue Generation der Wissenschaftler, also die Jüngeren, welche die Aufgabenteilung gut findet. Sie können sich dadurch mehr auf ihre Forschungstätigkeit konzentrieren. Man hat dadurch somit ein mehr an Freiheit und es gibt auch keinen Professor der alleine alles besser machen könnte."

Die TRANSMIT-Gesellschaft für Technologietransfer wurde 1996 gemeinsam von

- *den mittelhessischen Hochschulen*: Justus LIEBIG-Universität Giessen, der Fachhochschule Giessen-Friedberg, der PHILIPPS-Universität Marburg,

- *den Volksbanken*: Volksbank Mittelhessen eG, Volksbank Heuchelheim eG, Volksbank Wetzlar-Weilburg eG,
- *den Sparkassen*: Bezirkssparkasse Dillenburg, Sparkasse Giessen, Sparkasse Marburg-Biedenkopf, Sparkasse Oberhessen, Sparkasse Wetzlar, sowie
- der *Industrie- und Handelskammer* Giessen-Friedberg

gegründet. Im Jahr 2008 waren im Durchschnitt 140 Mitarbeiter im Zuge von Forschungskooperationen zwischen Hochschulen und Industrie in unterschiedlichen Prozessen für sie tätig und 100 zusätzliche Professoren wurden nach eigenen Angaben in das Netzwerk eingebunden. Mit der Funktion als full service-Provider und Vermittler für über 100 F&E-Zentren (*„TRANSMIT-Zentren“*), der Kommerzialisierung von F&E-Ergebnissen, als Interims- und Beteiligungsmanager für Ausgründungen, sowie als Patentverwertungsagentur (PVA) in Hessen mit fünf Hochschulen und drei Industriekunden mit etwa zwanzig Verwertungsverträgen wurden unterschiedliche Dienstleistungen erfüllt.[14]

Der Verlauf für den Verwertungsprozess einer Erfindung vom Erstkontakt eines Forschers, der bspw. ein Forschungsergebnis verwerten möchte, bis zu den ersten Umsatzeinnahmen erstreckt sich in der Regel, wie auch das Beispiel in Tab. 5-3 veranschaulicht, über mehrere Jahre,[15] wobei sich der Zeitraum nicht unbedingt dadurch unterscheidet, ob es sich um ein Pharmaprodukt oder um ein Stück Blech handelt. Der Geschäftsführer der TRANSMIT nennt die folgenden Tätigkeiten[16] bei einer Verwertung, wobei sich einige *Prozesse* wie z.B. Verhandlung, Vermarktung und Überwachung mehrmals wiederholen:

- Identifikation von F&E-Ergebnissen,
- Technologie- bzw. Patent- und Marktbewertung,
- Sicherung von Schutzrechten,
- Prozessbegleitung bei der Sicherung, dem Weiterforschen und der Vermarktung,
- Führen von Verhandlungen (z.B. durch *stone wall*-Taktik, Bieterverfahren);
- Überwachung in der Verwertungsphase,
- Bestimmung und Planung bei einer möglichen Lücke bei der Entwicklung,
- Beibringung von Finanzmitteln (z.B. „Machbarkeitsfond“),
- Projektmanagement und Zielführung, evtl. auch Beteiligungsmanagement sowie
- die Portfolio-Bildung.

Derzeit kann über die *Plattform* der TRANSMIT auf 114 Institute[17] aus den Bereichen Technik, Informationstechnologie, Unternehmensführung und

Management, Kommunikation, Medien und vor allem *life sciences*, wo durch die enge Kooperation mit TIMM die meisten verwertbaren Forschungsergebnisse zustande kommen, zugegriffen werden. Ein interessierter Unternehmer kann aufgrund der auf der Plattform angezeigten Personenangabe rasch einen persönlichen Kontakt zu einer zuständigen Person herstellen. Interessiert man sich im Detail für eines der Institute, können weitere Informationen in deutscher und manchmal in englischer Sprache abgerufen werden. Auf dieser Seite erhält man auch Angaben zu aktuellen F&E-Schwerpunkten der Institute sowie eine Verlinkung zu externen Institutsseiten. So kann das Portal als eine Möglichkeit angesehen werden, im TRANSMIT-Netzwerk eingebundene Ansprechpersonen für die Industrie leicht(er) zu finden, wie die einfache Kontaktsuche in Abb. 5-3 illustriert. Es kann jedoch nicht als direktes Technologie-Transferinstrument verstanden werden, denn angebotene Technologien findet man auf der Plattform nicht. Von den ca. 25 Verwertungen, die TRANSMIT pro Jahr durchführt, nehmen ca. 1-2 ihren Anfang in der Internetrecherche eines Unternehmers, wobei dieser Wert auf verbesserte Suchfunktionen in den letzten zwei Jahren zurückgeführt wird.

Im Wesentlichen entsteht die Vermittlung durch Kontakte der Professoren der TRANSMIT-Zentren, wobei auf existierende Netzwerke mit Industrieunternehmen zurückgegriffen wird. Oft ist ein Stiftungsprofessor Initiator für eine strategische Forschungskooperation, die in weiterer Folge dann auch zu Investitionen in die Forschungsinfrastruktur der betreffenden Universität führen kann. Neben dieser *Kooperationsform* kommen noch Auftragsforschungen von Unternehmen und insbesondere das Projektgeschäft, oder auch Infrastruktur, welche die Universität einem jungen Unternehmen zur Verfügung stellt, in Frage. Beim Projektgeschäfte ist vor allem der Gesundheitssektor bzw. der *life sciences*-Bereich interessant, weil bspw. eine Universität an einem Wirkstoff forscht, der dann von der Firma weiterentwickelt und hernach eventuell an einen „Big Pharma"-Betrieb weitergegeben werden kann.

Bei den Projektgeschäften handelt es sich zumeist um Dissertationen auf Seite der *Wissenschaft*, die ein neues Thema oder eine neue Problemstellung aufgreifen. Den derzeit acht Innovations- und Patentmanagern der TRANSMIT kommt bei der Bewertung von potentiellen neuen Projekten eine Steuerungsfunktion zu, indem sie eruieren, inwieweit wissenschaftliche Erkenntnisse für die Industrie verwertbar sein könnten (*science push*). Hier kann eine gegenseitige Befruchtung (*„anwendungsinspirierte Grundlagenforschung"*)[18] zwischen Wissenschaft und Wirtschaft dadurch zustande kommen, dass die Vermittler auch den Forschern Ansatzpunkte darüber liefern, in welche Richtung weiter geforscht werden könnte – was einen positiven Effekt auf das Entstehen

Tabelle 5-3: Chronologischer Verlauf einer Verwertung[19]

ZEIT-PUNKT	AKTION BZW. UMSETZUNGSSTAND DER VERWERTUNG
Sommer 02	Ein Vortrag in einer Fachhochschule wird gehalten.
	Professor misstraut PVA (TransMIT) und Diplomanden.
Herbst	Professor fragt bei Technologietransferreferent nach Seriosität der TransMIT. Der Professor „traut sich“ anzurufen. Nach zwei Beratungen kommt es zu einer ersten Recherche & Marktanalyse.
Winter	Es erfolgt die erste Patentanmeldung.
	Für das Produkt wird ein Technologie-Exposé von TransMIT erstellt.
	Mehr als 40 Unternehmen werden in Deutschland angesprochen.
	4 Unternehmen zeigen Interesse, aber es sind Barrieren da: Chef: „...hat ja keine Zulassung und wir kein Geld dafür“; Prokurist: „...ist das denn sicher (nur Anmeldung)“. Mitarbeiterin: „...haben gerade ein neues Produkt in Zulassung“; Mitarbeiter: „...weiß nicht“.
	Der Marktführer meldet sich, kommt zwei Mal (F&E Abteilung), teilt dann jedoch mit: „Das ist doch alles Käse“.
	Der Professor entwickelt weiter.
	Die Suche nach Lizenznehmern wird auf ES, FR, GB, FI ausgeweitet.
	Eine Anfrage aus GB: „Ist das Produkt für Verbindungsbau geeignet. Wir suchen neue Produkte“. Antwort PVA: „Ja, aber nicht getestet“.
	Das Unternehmen meldet sich daraufhin nicht mehr.
	Ein dt. Unternehmen will kaufen, aber zu wenig bezahlen. Nach der Absage durch die PVA versucht das Unternehmen vergeblich die Kosten für deren interne Evaluierung der PVA „aufzudrücken“.
Frühjahr 03	Ein Kunde des betreffenden dt. Unternehmens wird auf die Invention aufmerksam.
	Entschluss PVA: Mitfinanzierung der Zulassung zur Steigerung der Attraktivität.
	Der Kunde des dt. Unternehmens ist nun brennend interessiert.
	Professor redet mit dem Kunden und hört genau zu.
	Die 1. dt. Anmeldung wird durchgeführt.
	Dies war möglich, da diese 1.Anmeldung „breit“ genug war.
	Professor entwickelt noch weiter. Resultat: auf Kundenwunsch wird mehr eingegangen.
	Zweite Patentanmeldung, ein Jahr nach der ersten Anmeldung.
Herbst	Beginn der Lizenzverhandlungen mit dem Kunden.
Winter 05	Vertragsunterzeichnung, nach Meldung im Herbst 02.
	Start der Zulassung auf Kosten der PVA, Hochschule.
	Andere – zuvor angesprochene – Unternehmen werden „hellhörig“.
Oktober 06	Zulassung kostet rund 50.000 €, wird aber erst für Februar 07 erwartet.
	Patentanmeldung drohte nicht erteilt zu werden, nun gesichert.
Februar 07	Der Zulassungsgutachter stirbt, was die Zulassung verzögert auf Februar 08.
	Vertragswert fix: ca. 1/8 der gesamten jährlichen Einnahmen von Industrie. Wahrscheinlicher Wert: 8 Jahre x 50 % der jährlichen Gesamteinnahmen.
Sommer	DiBt verlangt weitere Messungen von der Hochschule.
Oktober 08	Gutachter versäumt Frist zur Vorlage von Messungen beim DIBt, Zulassung verzögert sich erneut nun im Mai 09.
Juni 09	Gutachter für weiteres Gutachten, verzögert Abgabe von – einseitigem! – Bericht. Ergebnis: Zulassungssitzung im Juni 09; Veröffentlichung Aug/Sep 09; Markteintritt Okt/Nov 09. Frühester Umsatz ist nun für Frühjahr 2010 geplant.

neuer Erkenntnisse haben mag (*market pull*) –, wobei andererseits auch auf die Gefahr einer Vereinnahmung der Akademiker durch die Wirtschaft hingewiesen werden soll.[20] Hinzu kommt, dass gerade der BOLOGNA-Prozess nach den Erfahrungen des TRANSMIT-Geschäftsführers Mehraufwendungen beim Hochschulpersonal gebracht hat, was ein zusätzliches Hemmnis für eine Forschungsverwertung sein kann. Hier können die Vorteile eines Intermediärs sich dadurch ergeben, dass er für den kommerziellen Rahmen der Verwertung zuständig ist und bspw. die Forscher durch eine zügige Administration mittels *material transfer agreement* entlasten kann (z.B. kein Warten auf Reisekostenabrechnungen). Zusätzlich bietet sich in diesem Zusammenhang die Möglichkeit an, Wissenschaftlern Anreize bspw. durch eine Strategie der Drittmittelfinanzierung anzubieten. Diese möglichen Bonuszahlungen könnten ein Grund für den Wissens- und Technologietransfer sein. Somit ergeben sich für Wissenschaftler Chancen durch die Schaffung von geeigneten rechtlichen und organisatorischen Bedingungen, in der Einwerbung von Forschungsmitteln, sowie durch mögliche Beratungen[21] durch einen externen Vermittler. Für die Hochschulen ergibt die Kooperationsmöglichkeit mit der Wirtschaft die Chance zur Förderung der Praxisnähe von Forschung und Lehre, die Gewinnung von Arbeitsmöglichkeiten für Absolventen, sowie zusätzliche Mittel für die Eigen-Finanzierung.

Von den TRANSMIT-Mitarbeitern werden Technologie-Exposées erstellt, welche den Ausgangspunkt für die Kontaktaufnahme mit den *Unternehmen* darstellen. Dabei treten fünf Mitarbeiter eines Callcenters – einem von der TRANSMIT ausgelagerten Bereich – direkt mit potentiellen Unternehmensvertretern telefonisch in Kontakt, um Kooperationspartner für die Verwertung der Forschungsprojekte zu finden, wobei die Kontaktaufnahme in mehreren Ländern in Europa erfolgt und die Callcenter-Beauftragten die jeweilige Landessprache des Unternehmens benutzen.

Für Firmen ist es wichtiger denn je, innovativ zu sein; jedoch ist die *absorptive capacity* bei den KMU viel niedriger als bei den Großunternehmen. So fehlt es am notwendigen Kapital für die Weiterentwicklung des Produktes im Unternehmen. Maßnahmen in der *Umwelt* von Kooperationen könnten in solchen Fällen unterstützend eingreifen und so die Weiterforschung vorantreiben. So könnte bspw. eine Regierung mit einem Fond die Lücke schließen und die KMU bei der Weiterentwicklung von Innovationen unterstützen. In Deutschland gibt es seit 2008 das ZIM; dazu wurde regional von der Landesregierung im Sommer 2009 ein mit € 4 Mio. dotierter Fond zur Veredlung und Verwertung von Patenten der staatlichen Hochschulen Hessens („*Machbarkeitsfond*") eingerichtet, mit dem die Regierung Hessens die Voraussetzungen für eine Lizenzierung von wissenschaftlichen Patenten oder das Gelingen von Ausgründungen unterstützt.[22] Bei den Unternehmenssektoren ist in Hessen neben der starken Metallindustrie, wie z.B. Automobilzulieferunternehmen, insbesondere die Pharma- und Chemieindustrie von Bedeutung. TRANSMIT ist in Hessen neben der Frankfurter INNOVECTIS und der in Kassel beheimateten GINO eine von drei PVA, die mit Hochschulen in der Region zusammenarbeiten. Diese drei Agenturen betreuen und vermarkten auch gemeinsam das Projekt *„H-IP-O Hessische Intellectual Property Offensive“*, das im Jahr 2002 als eine Patentverwertungsoffensive der hessischen Hochschulen gestartet wurde und derzeit von der TRANSMIT koordiniert wird. So konnten diese drei PVA 2007 insgesamt € 1,6 Mio. einnehmen und damit die Ergebnisse vom Jahr davor mehr als verdoppeln.[23] Auch eine Erhöhung der Ausgründungen sollte gefördert werden, damit neue Arbeitsplätze geschafft werden können. Letztlich sind es auch Netzwerke, die positive Innovationseffekte für die Wirtschaft einer Region bewirken. Vor allem ein Netzwerk im Bereich der *life sciences*, die TIMM[24], arbeitet seit Jahren eng mit TRANSMIT zusammen.

5.3 Ein „Market-Pull“ Portal im Web 2.0

Der zuvor beschriebenen Wandlung des Internet folgend bedienen sich neben den Anwendern derweil auch viele Forscher sozialer Netzwerke, um sich in *online communities* zusammenzuschließen und auszutauschen. Neben dem freien Zugang zu Arbeitspapieren für Mathematiker oder Physiker in *open access*-Datenbanken wie arXiv[25] sind insbesondere die nicht proprietären, d.h. frei zugänglichen Quellcodes[26] der *open source software* mit der Möglichkeit der ständigen Verbesserung (*open peer review*) ein Modell, welches sich in der Softwarebranche etablieren konnte. Doch während zunächst Webforen und Internet Relay Chat genutzt wurden, sind es in letzter Zeit vor allem Microblogging-Dienste wie TWITTER,[27] auf die auch Forscher verstärkt zugreifen, um sich bspw. über stattfindende Konferenzen zu informieren, die man dann synchron mitverfolgen kann. Im Gegensatz zu den Chats ist es jedoch kein rein synchrones Medium und es besteht analog zu den FLICKR-*tags* die Möglichkeit, die Themeneinträge (*tweets*) anderer Forscher nachträglich über die – mit der Raute-Taste gesetzten – Stichworteinträge (*hashtags*) zu suchen, um sich so einfach über die mit der *community* zusammengeschalteten Themen und News, wie bei den wissenschaftlichen[28] *RSS-Feeds,* die man in TWITTER einspeisen kann, zu informieren. Der große Vorteil ist die mögliche Zeitersparnis durch das Wissensmanagement beim Microblogging, da man ohne Eigenrecherche einfach zu Informationen gelangen kann. Mit Hilfe von *bots* können dabei bestimmte Vorgehensweisen, wie die Suche bestimmter Informationen, automatisiert werden und über das Setzen von Filterfunktion lässt sich einer möglichen Informationsflut entgegenwirken. So bieten Microblogging-Dienste wie QUAIKU *permission management tools* für Unternehmen an. Neben solchen allgemein ausgerichteten Plattformen existieren aber auch Wissenschaftsportale wie ACADEMIA,[29] RESEARCHGATE[30] und SCIENCEFEED,[31] die unterschiedliche *social network*-Funktionen und Kollaborationsfunktionen anbieten. So können Forscher bspw. eigene *online*-Beiträge zu anderen Plattformen streamen, Beiträge archivieren, oder man lässt sich auf Basis eines Abstracts thematisch passende Journale finden (*journal finder*). US-amerikanische Hochschulforscher können bspw. bei der Kommerzialisierung ihres geistigen Eigentums Unterstützung beim non profit-Portal IP-ADVOCATE[32] suchen, oder sie können sich beim *open innovation* Portal TEKSCOUT[33] als Experten in einem Bereich registrieren, um durch das Finden von Lösungen bei Projekten Geld zu verdienen. So vernetzen sich Wissenschaftler mit vorsichtigem oder technikaffinem Zugang in communities, um über neue Entwicklungen in dem jeweiligen Forscherfeld informiert zu werden.

Während auf der Plattform WIKIPEDIA die *online community* dafür sorgt, dass das vorhandene Wissen akribisch gespeichert wird, ergab sich für ATIZO-Gründer Christian HIRSIG die Frage: *„Ist dies auch für neues Wissen möglich?“* Das auf individuelle online-Kundenlösungen spezialisierte market pull-Portal ATIZO[34] ist ein an TEKSCOUT angelehntes *Geschäftsmodell*, das sich die wachsende Web community kreativer Denker nutzbar macht, um Unternehmen Lösungen bei Innovationen durch die Entwicklung neuer Ideen anzubieten. Auf diesen „Markt für Ideen“ wird zunehmend von *start-ups*, aber auch von etablierte Unternehmen zugegriffen.[35] Die potentielle Kooperation beginnt mit einer prägnanten Frage, die von einem Unternehmen (*Kunde*) unter Nennung einer Prämie, die von ihr festgesetzt wird und sich im Bereich von € 1000-2000 bewegt, online gestellt wird. Von der Web community (*Innovatoren*), die in ATIZO derzeit über 5.000 registrierte Mitglieder umfasst, werden online entwickelte Ideen zu der gestellten Frage hochgeladen; dies bedeutet im Falle einer positiven Bewertung durch den Unternehmer eine Prämie, die der betreffende Teilnehmer kassieren kann. In einer zweiten Evaluierungsphase werden dann neue Kriterien vom Unternehmen formuliert, um „Top-Ideen“ zu finden, die daraufhin durch ein eingeschränktes *crowd sourcing*[36]-Modell von den ATIZO-Innovatoren eruiert werden. In der letzten Realisierungsphase arbeiten sie dann auf Basis eines Projektauftrages mit dem ATIZO-Kunden zusammen, um Konzepte oder erste Prototypen zu entwickeln. Hierbei wird die persönliche Zusammenarbeit der Unternehmer mit den Innovatoren gefördert, damit einer ablehnenden Haltung im Unternehmen gegenüber einer externen Erfindung entgegengewirkt wird. Dabei treffen sich in der Regel 4-11 Teilnehmer und bauen so durch einen persönlichen Kontakt Vertrauen für die Innovation auf.

Bezugnehmend auf die Aufnahme- und Umsetzungsfähigkeit der Idee erscheint HIRSIG die Unternehmenskultur relevanter als etwa die Größe des Unternehmens, da bspw. ein engagierter Geschäftsführer zur Vertrauensbildung beitragen kann. Für das Unternehmen werden vier Faktoren genannt, welche die Vorteile einer Zusammenarbeit mit ATIZO beschreiben. Zum einen ist es eine Verbesserung der Markt-Fitness, die durch eine niedrigere Flop-Rate bei einem Produktlaunch erzielt werden kann. Neben dem *time to market*, das weniger Innovations-Loops mit sich bringt, und dem *cost to market*, der durch die niedrigen Userkosten entsteht, ist es der *new to market*-Faktor, der neues Wissen durch die Perspektive eines außen stehenden Anwenders in das Unternehmen hineinträgt, wodurch etwas Neues entstehen kann. Als komparativen Vorteil des Geschäftsmodells wird die Ganzheitlichkeit des Konzeptes bis hin zu einer möglichen Prototypen-Entwicklung genannt, was die ATIZO-Plattform von Brainstorming-Anbietern in Deutschland oder dem österr. BRAINFLOOR[37] abgrenzt. Die Kundschaft kommt bei ATIZO eher aus dem B2C-Bereich, was auf den höheren Innovationsdruck zurückgeführt wird. Förderungen durch die Zusammenarbeit werden insbesondere von dem Schweizer Nationalfond, oder der Förderargentur für Innovation des Bundes der Schweiz (KTI) in Anspruch genommen. FP7-Projekte der EU werden nicht beantragt, was an der Gratwanderung zwischen Forschung und Marktbearbeitung liegen mag. Im Sinne dieses *open innovation*-Konzeptes können Unternehmen wie BMW in Projekten feststellen, wie das perfekte Motorrad aussehen soll, oder die Firma DELONGHI ausmachen, welches Bügelsystem sich bei potentiellen Kunden von anderen abhebt.

Begonnen hat alles als ein an der Universität Bern durchgeführtes Pilotprojekt, aus der 2007 eine *Ausgründung* entstand. Da es in Bern genügend *business angels*, *Venturekapital*-Geber oder Banken gab, die damals bereit waren, in Unternehmen mit Wachstumspotential zu investieren, war in der Gründungsphase nicht so sehr das Aufbringen von Risikokapital entscheidend, sondern die Kreation eines auf dem Markt funktionierenden Produkts. Dieser Aspekt gewinnt dadurch noch an Bedeutung, dass in diesem Branchenbereich kaum Einstiegsbarrieren vorhanden sind. So war zunächst das größte Hindernis, dass nicht ganz klar war, ob der Startpunkt die Suche nach Innovatoren ist, welche die Ideen entwickeln, oder nach Unternehmen, die die Ideen selbst suchen. Neben dem Institut für Jungunternehmen, das als Inkubator den Entstehungsprozess des Unternehmens unterstützte, profitierte ATIZO von dem Erhalt des *start-up*-Etiketts im November 2008 und der damit verbundenen Förderung der KTI,[38] die in der Schweiz seit vielen Jahren den Wissens- und Technologietransfer zwischen Unternehmen und Hochschulen fördert. Wesentlich an der Entstehung des Unternehmens beteiligt war Prof. LÜTHJE, der mittlerweile von der Universität Bern nach Hamburg übersiedelt ist. Durch seine Kontakte zu namhaften *open innovation*-Experten gelang es schnell, Markennamen, wie z.B. SWISSCOM, TOSHIBA, oder GOOGLE für Projekte zu gewinnen. Außerdem beteiligte er sich an der Bildung der in der Pilotphase aus etwa 1.000 Usern bestehenden Anwender-community, welche sich zunächst primär aus Studierenden der Hochschule zusammensetzte. HIRSIG zufolge stehen bei diesem Geschäftsmodell der Aufbau und die Pflege der *online community* im Vordergrund. Dieser Sachverhalt scheint von potentiellen Konkurrenten unterschätzt zu werden, da es laut HIRSIG nicht so einfach ist, eine community zu aufrecht zu erhalten, wie es auf den ersten Blick den Anschein hat. Zugute kommt der Sache dabei der Aspekt, dass die derzeit zehn Mitarbeiter von ATIZO alle jung und mit einem Gefühl für communities aufgewachsen sind. Die gebildete Gemeinschaft ist dabei vergleichbar mit jener von FACEBOOK. Es handelt sich somit nicht um „klassische" Forscher, sondern eher um Anwender, die ein Expertenwissen in bestimmten Bereichen mitbringen. Mit Hilfe des Schattenprofils des Innovators kann ATIZO in weiterer Folge auf gewünschte Präferenzen des Unternehmens bspw. bei der Erstellung eines Prototypes eingehen.

Als Ziele für die Zukunft nennt HIRSIG den weltweiten Auftritt, sowie die Erweiterung der Marktführerschaft in Mitteleuropa. Dabei scheint man momentan auf Grund der Sprache an Grenzen zu stoßen, da bisher mit einer Ausnahme alle Projekte deutschsprachig waren, obwohl das schweizerische *online*-Portal dreisprachig aufgebaut ist. Denkbar wäre eventuell ein Franchising-Geschäftsmodell mit Partnern in anderssprachigen Ländern. Eine Kooperation mit einem Partner in Ungarn war allerdings nicht erfolgreich.

5.4 Eine eingebettete Hochschulplattform

Noch im Jahr 2000 wurde die mangelnde Erfahrung beim Managen der Prozesse, sowie ein Fehlen komplementärer und intermediärer jap. Institutionen, die Prozesse erleichtern könnten, als Barrieren beim

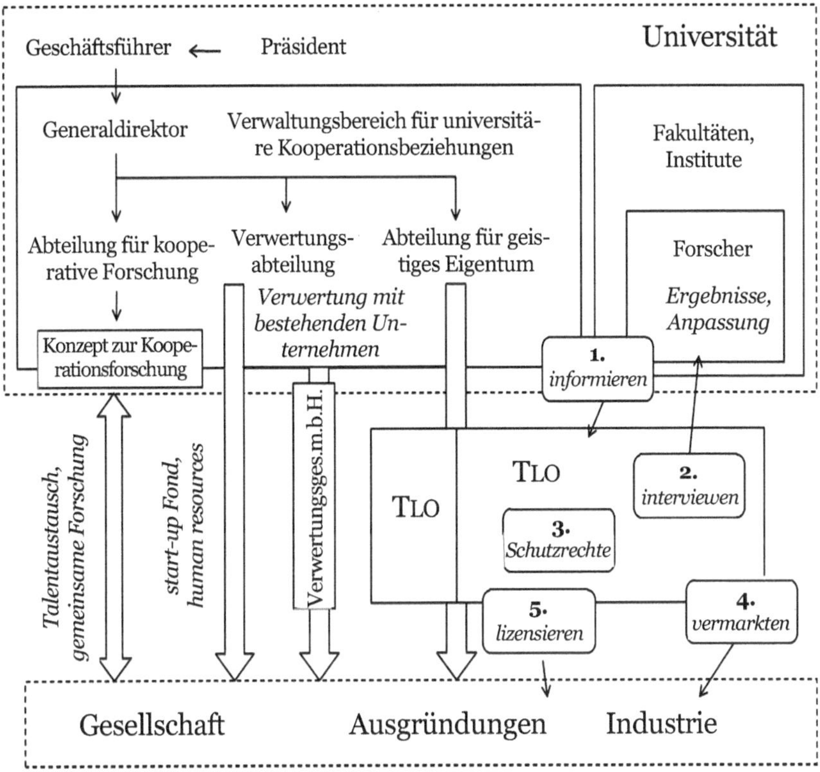

Abbildung 5-2: Transferkonzept der Universität Tokio[39]

potentiellen Hochschultechnologietransfer festgemacht.[40] Vor diesem Hintergrund hat die Regierung als Antwort auf den wirtschaftlichen Abschwung der 1990er den zunehmenden Wettbewerb mit anderen asiatischen Staaten sowie der prognostizierten Bevölkerungsabnahme in den letzten Jahren Anstrengungen unternommen, bei der Verwertung von Forschungsergebnissen neue Rahmenbedingungen nach dem Vorbild der USA schaffen. So wurden mit dem *Science und Technology Basic Law 1995*[41] und dem *Technology Transfer Law 1998*, einer jap. Version des BAYH-DOLE Acts, und dem *National University Incorporation Act 2004* bzw. *2005* gesetzliche Regelungen für F&E-Kooperation in Kraft gesetzt, die z.B. zu einer Erhöhung der Anzahl der Patentanmeldungen von weniger als 100 im Jahre 1995 auf über 8000 im Jahre 2006 führten.[42] Auf Basis von Förderprogrammen der MEXT und der METI entstanden in den letzten Jahren viele spezialisierte Intermediäre in Form Dutzender neuer *intellectual property offices* (IPO), sowie interne und externe TLO, deren Funktion insbesondere in der Sicherung der Schutzrechte liegt,[43] die aber auch Vermarktungs- oder Lizensierungsaufgaben übernehmen können.

2004 wurde an der am besten bewerteten Hochschule des Landes[44] die von der Regierung als Vorzeigeprojekt geförderte IPHQ mit dem Ziel gegründet „*... die Forschungsergebnisse der UNIVERSITÄT TOKIO der Gesellschaft zugutekommen zu lassen.*"[45] Dort befassen sich derzeit ca. 60 Personen mit Wissens- und Technologietransfer, 41 davon bei der IPHQ(DUCR) die in drei folgenden Abteilungen[46] unterteilt ist:

- *Abteilung für Kooperationsforschung:* bearbeitet Anfragen aus der Industrie und anderer Universitäten bzgl. F&E Kooperationen. Die UCR Working Group ist für die ersten Schritte der Projektplanung aller Beteiligten zuständig. Außerdem wird ein Konsortium aus Wissenschaftlern der Industrie betreut („*UT University Industry Corporate Relations Network*").
- *Abteilung für geistiges Eigentum:* trifft Patentierungsentscheidungen und ist für die Patentpflege zuständig. Sie übernimmt die Anmeldungsberatung für Forscher und kooperiert mit zwei TLO (TODAI TLO, FPIS TLO).
- *Verwertungsabteilung:* arbeitet gemeinsam mit der UTEC an dem Ziel, den Transfer von Forschungsergebnissen in industrielle An wendungen zu ermöglichen oder zu erleichtern. Sie übernimmt die Inkubationsfunktion für Ausgründungen und bietet Räumlichkeiten für *start-ups* an (*entrepreneur plaza*).

Auf der *Homepage* der UNIVERSITÄT TOKIO befindet sich ein eingebetteter Bereich für Technologietransfer. In dem auf jap. gehaltenen, übersichtlich gestalteten Menü der „verfügbaren Technologien" können Unternehmen aus insgesamt acht Bereichen ca. 300 unterschiedliche Technologien auswählen, darunter befindet sich auch Maschinenbau, der in Japan traditionell einen hohen Forschungsanteil aufweist. Neben der Patentnummer, einer Inventionsbeschreibung und den Namen der Erfinder kann auch das PatentBulletin als PDF-Datei heruntergeladen werden. Andererseits können Unternehmen in einem anderen Untermenü eigene Anfragen stellen, respektive direkt mit der Kooperationsabteilung in Kontakt treten. In Österreich ist derzeit die TU Graz[47] die einzige Hochschule, die – in einer der Universität von Tokio ähnlichen Form – Technologien auf der eingebetteten Hochschul-Homepage anbietet. Siehe dazu die Abbildung 5-2 auf der vorigen Seite.

5.5 Ein Wissensdreh- und Angelpunkt von morgen?

Aufbauend auf das von ETZKOWITZ erstellte *Triple Helix*-Model, in dem Universität, Unternehmen und Staat durch gegenseitige Einflussnahmen den Erfolg möglicher Forschungskooperationen zwischen Wissenschafts- und Praxispartner auszumachen scheinen, beschreibt ACWORTH das in Abb. 5-2 dargestellte *knowledge integrated community* (KIC)-Modell, in dem der eingebettete Wissensaustausch von unterschiedlichen Faktoren abhängt. Als besonders wichtige Komponente nennt ACWORTH das kontinuierliche Studieren des Wissensaustausches und der Innovationen (SIKE), um eine Verbesserung der Ausbreitung von Wissen zwischen allen stakeholdern zu ermöglichen,[48] womit die Frage aufkommt, wie eine solche wissensintegrierende Gemeinschaft entstehen könnte. Genannt werden ausserdem dabei der Staat durch lokale, regionale und nationale Maßnahmen; die Industrie, unter anderen, durch Venturekapital-Geber; die Forschung durch die Hochschulen; sowie die Bildung.

Im historischen Kontext betrachtet erscheint es nicht überraschend, dass viele nordamerikanische Hochschulen als „Entrepreneurial Universities" bezeichnet werden und einen regional eingebetteter Wissensdreh- und Angelpunkt bilden, in dem Forscher als Ansprechpartner für Unternehmen, oder durch Bildung von Ausgründungen in das wirtschaftliche System aktiv integriert sind. Doch lässt sich ein solches Konzept auch in Europa umsetzten?

Das Abschneiden der fin. Schüler bei den PISA-Studien der letzten Jahre wird als Indikator für das vorbildliche Bildungssystem Finnlands ausgemacht. Bei den Hochschulen gilt die Universität Turku als eine der besten des Landes.[49] Mit dieser Bildungseinrichtung als zentrales Element entsteht in der Region rund um der älteste Stadt des Landes mit der Turku Innovation Plattform ein ambitioniertes Projekt, dessen Vision es ist, eine Verbesserung des business *know how*, eine Steigerung von Wissen im Unternehmertum der Region im allgemeinen und eine Verbesserung der Qualität von Innovationen im speziellen, sowie einen Anstieg an Ausgründungen zu erreichen.[50] Als die Schlüsselziele für das Programm der TIP werden in diesem Zusammenhang genannt:[51]

- die Bedeutung von Innovation und Unternehmertum in der Hochschulgemeinschaft zu kommunizieren,
- das Verständnis für ein innovatives Unternehmerverhalten zu erhöhen,
- die verbesserte Fähigkeit, Innovationspotentiale zu erkennen,
- das geistige Eigentum der Universitäten zu pflegen,
- ein internationales, akademisches Netzwerk aufzubauen

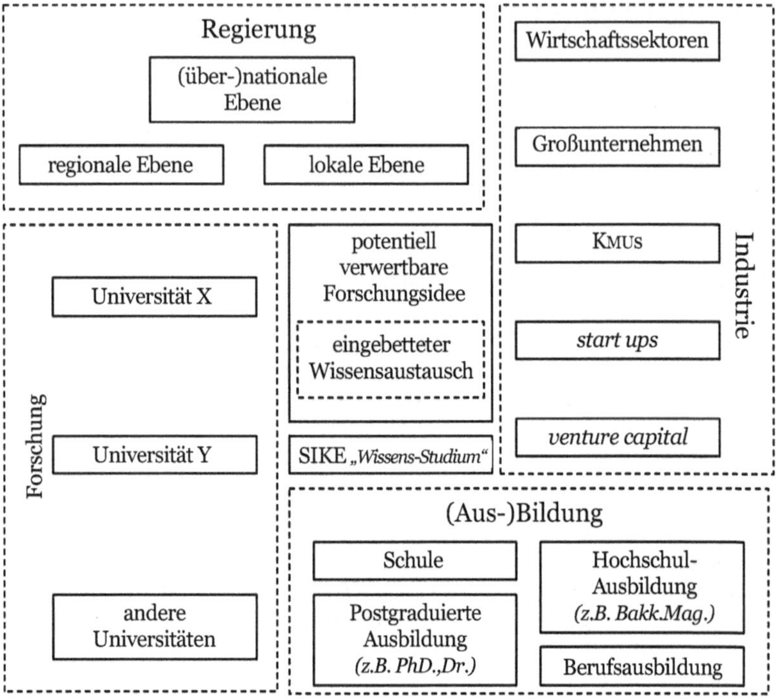

Abbildung 5-3: KIC-Modell[52]

- und ein Anreichern der Verbindungen mit ansässigen Unternehmen zu ermöglichen.

Prof. Antti PAASIO, Mitbegründer der TIP, beschreibt sie als eine regionale Plattform mit internationalen Verlinkungen, die eng mit den Strategien der Universität Turku und ihren Aktivitäten verknüpft ist. In den Instituten der Hochschule soll sie als integrierter Bestandteil an drei Fronten – Forschung, Bildung und Wirtschaftsaktivitäten – fungieren.

In der *Forschung* treten verstärkt gemeinsame, anwendungsbezogene Bereiche bei Business-Technologien in den Vordergrund. Dadurch soll der *open innovation*-Gedanke gefördert werden. Als Kernbereiche der Forscherplattform sind, neben *life sciences* und *human sciences*, insbesondere IKT zu nennen. Zugute kommt der Forschung auf diesem Gebiet die Tatsache, dass sich nahe Turku die größte NOKIA-Fabrik des Landes befindet. Außerdem ist mit dem Turku University Central Hospital (TYKS) das zentrale Spital im Südwesten Finnlands an die Hochschule angegliedert, und mit GE HEALTHCARE und TELIASONERA stehen weitere Konzerne als mögliche Forschungspartner zur Verfügung. Industrielle Verlinkungen sind in diesem Zusammenhang sehr wichtig für die Relevanz, für den Inhalt und auch für die Finanzierung der Forschung. Der Schwerpunkt auf angewandte Forschung hat eine Zusammenarbeit mit der Industrie in den Kernbereichen bereits etabliert, sie wird tagtäglich praktiziert. Es wird auch an vielen Forschungsprojekten mit dem Ziel gearbeitet, neue Unternehmen für die Region zu kreieren. Als Herausforderung werden die langsame Administration der Hochschule, oder auch Probleme bei der Finanzierung genannt, die durch die Rezession noch verstärkt wurden. Insbesondere wenn die Projekte zu kurzzeitig ausgerichtet sind, kann dies die Erhaltung der finanzielle Viabilität des ganzen Departments in Frage stellen.

Im Bereich der *Bildung* hat TIP bereits internationale Joint Programme angeboten. TIP fördert dabei die Vernetzung zu akademischen Einrichtungen. Sie kooperiert mit dem schwedischen Royal Institute of Technology in Stockholm, mit der University of Wales in Cardiff, mit der Danish Technical University in Copenhagen und plant weitere Kooperationen mit vielen Hochschulen in den baltischen Staaten sowie in Deutschland; dazu kommt noch eine Plattform mit Verbindungen zu *science parks*. Innerhalb der Hochschule fungiert sie als Brücke zwischen den einzelnen Fakultäten, wo sie in hohem Ausmaß die interdisziplinäre, angewandte Forschung intensiviert hat. So entschloss man sich per 1. Jänner 2010, die Hochschule mit der Turku School of Economics zusammenzuschließen um diese Interdisziplinarität zu fördern. Beim Studienplan leistet TIP Vorschub zu einer innovationsfreundlichen Ausbildung. So konnten einzelne Kurse auf Master und Doktorlevel verwirklicht werden und es soll ein PhD und MBA für Innovation und Wachstum geben. Außerdem konnte das „hybride" Masterprogramm hervorgebracht werden, das zur einen Hälfte Techniken der Software-Programmierung beinhaltet, und zur anderen Hälfte Wirtschaftskompetenz mit Kernrichtung Innovation und Unternehmensführung vermittelt. Damit soll eine Lücke geschlossen werden, da sich die Methoden aus den anderen beiden Wissenschaften für einige Problemtypen als unzureichend erwiesen haben.[53]

Als dritte und letzte Front nennt MALINNEN die *Wirtschaftsaktivitäten*. Da die alten, auf Massenproduktion ausgerichteten Unternehmen sich in Niedriglohnländern ansiedeln, ist die fin. Industrie auf Erneuerung angewiesen. Gerade die derzeitige Wirtschaftssituation macht es nicht leicht, Unternehmen und internationale Forschungsprojekte anzuziehen. TIP eröffnet den jungen, wissensintensiven Unternehmen beträchtliche neue Chancen, wobei den *open innovation*-Aktivitäten Erfolgsaussichten zugeschrieben werden. Auch das Entstehen von Ausgründungen wird im Netzwerk der TIP begleitet. So ist, neben einer Plattform für Wirtschaftsverbindungen, das als Inkubator auftretende Business Development Laboratory[54] zu nennen, dass Forscher durch Erstellung eines Business Plans bei der Kommerzialisierung ihrer Erfindungen unterstützt, Studenten die Möglichkeit gibt, als Konsulenten Arbeitserfahrungen zu sammeln und Möglichkeiten anbietet, das Planen eines Wirtschaftskonzept eines Unternehmens zu trainieren. Die Region um Turku profitiert von TIP durch das Entstehen neuer Jobs, durch Wohlstand, den die Innovationen bringen können, und durch die Vernetzung des dynamischen Standortes zwischen der Hochschule und den Unternehmen, die auch zu einer Erhöhung der Fördermittel führen wird.[55] Nationale und europäische Fördermittel, wie z.B. TEKES, ICT-PSP,[56] oder das 7. EU Rahmenprogramm[57] sollen TIP dabei unterstützen, ihre Ziele zu verwirklichen. Angesucht wurde ein großes Finanzierungsprojekt mit Förderung der EU, welches sich der Organisation von Aktivitäten zur Wirtschaftsentwicklung in den baltischen Staaten widmet.[58] TEKES[59] steht in Finnland für Technologie und Innovation und ist eine von der Regierung ins Leben gerufene Organisation, welche anspruchsvolle Forschungs- und Entwicklungsprojekte, aber auch das Entstehen neuer Unternehmen im Land fördert. So unterstützte in den letzten Jahren das Programm SISU 140 Projekte mit über 300 beteiligten Unter-nehmen. Ohne TIP könnten individuelle Anstrengungen nicht genügend Kräfte aufbringen, um die Wettbewerbsfähigkeit zu sichern.

Somit werden mit der im Aufbau befindlichen Turku Innovation Plattform Anstrengungen unternommen, die Universität als einen Wissensdreh- und Angelpunkt in der Region bei den Unternehmen zu etablieren. Dabei soll in den nächsten Jahren ein Netzwerk aufgebaut werden, das die Interaktionen bei der Entwicklung neuer Ideen unterstützten und Innovationssysteme aufbauen soll. Mit Blickrichtung auf die Zukunft agiert TIP als Plattform, die strategische Entscheidungsträger dabei begleiten kann, günstige Gelegenheiten zu erkennen und wahrzunehmen. Paasio betrachtet TIP jedoch nicht nur als regionalen Akteur, sondern als globales Zentrum der Exzellenz, das strategische Partnerschaften in allen Kontinenten pflegt. Vor diesem Hintergrund und den jüngsten Anstrengungen in den Ländern Lettland, Estland und Litauen beschreibt der Mitgründer der Plattform das mögliche Zukunftspotential so:

„Re-defining the academic landscape by bringing the university into excellence both in science and innovation & entrepreneurship (societal value-added). By doing this, TIP will create a strong innovative process in South-West Finland and the whole Baltic Sea Region."

ANMERKUNGEN ZU KAPITEL 5

1 Vgl. Aoki/Shiff (2007), S. 1ff
2 Vgl. z.B. FSIB (2010)
3 Vgl. z.B. MCGILL (2010)
4 Vgl. z.B. UNI Stuttgart (2010)
5 z.B. auch die Patentsuche, jedoch nicht als zentrales Element wie bei Patentsuchmaschinen.
6 *Erklärung des Interaktionsplans*: im linken Teil der Abbildung befindet sich die Navigationsleiste mit den vorhandenen Seiten, die man auf dem Portal ansteuern kann; beim dargestellten Modell sind das: Start-, Instituts-, Projekt-, Unternehmens, Registrierungs-, sowie Über-Uns-Seite. Die erstellte Legende am oberen Rand der Abbildung beschreibt das vom User angestoßene Ereignis („Interaktion"), das sind in diesem vereinfachten Beispiel: Anzeige, Eingabe, vordefinierter Prozess, frei zugängliche und interne Datenbank, vom User zu treffende Entscheidung, sowie der Ausstieg über einen externen Link. In diesem Fall kann bspw. der User entscheiden, ob er von der Startseite zu einer anderen wechselt, oder ob er neue Forscherinformationen eines Instituts einholt. Die Institutsseite des Portals gibt einen Überblick über die vorhandenen Kontakte zu Forschungsinstitutionen mit einer direkten Verlinkung zu den externen Seiten der Institute. Auf der Projektseite besteht die Möglichkeit, Projekte anzusehen. Eine weitere Funktion sieht vor, dass registrierte Benutzer bestimmte Daten wie z.B. Kontaktdaten (intern) oder Exposées (frei zugänglich) einpflegen. Auf der Unternehmensseite können Vertreter von KMUs und andere Interessenten sich über verfügbare Projekte informieren oder über die Registrierung eigene Auftragsanfragen stellen, die evtl. mit bestehenden Projekten korrelieren und von Institutsleitern abgerufen werden können. Auf der Über-Uns-Seite werden die Tätigkeiten des Portals beschrieben, allgemeine Vermittlerinfos geliefert und ein Impressum angezeigt.
7 Vgl. InnovationMarket (2010)
8 Vgl. SIGNO (2010)
9 Vgl. SIGNO (2010)
10 Vgl. ZIM (2010)
11 Vgl. Exzellenzinitiative (2010)
12 Vgl. dazu Exzellenzinitiative (2010)
13 Vgl. TransMIT (2010b)
14 Vgl. TransMIT (2010a)
15 Vgl. TransMIT (2010a)
16 Vgl. TransMIT (2010a)
17 „TransMIT-Zentren" sind überwiegend Fachbereiche bzw. Hochschulinstitute, Stand: 01.12.2010
18 Vgl. Unterabschnitt 2.2.3 und auch Abschnitt 1.1
19 Vgl. Transmit (2010a)
20 Vgl. dazu auch Unterabschnitt 3.1.2
21 Vgl. TransMIT (2010a)
22 Vgl. dazu TransMIT (2010a)
23 Vgl. Hessen (2010)

[24] Vgl. dazu TIMM (2009)
[25] Vgl. arXiv (2010)
[26] Vgl. z.B. bei SourgeForge (2010)
[27] Vgl. Twitter (2010)
[28] Vgl. Connotea (2010)
[29] Vgl. Academia (2010)
[30] Vgl. Researchgate (2010)
[31] Vgl. Sciencefeed (2010)
[32] Vgl. IPAdvocate (2010)
[33] Vgl. TECSCOUT (2010)
[34] Vgl. ATIZO (2010)
[35] Vgl. Gans/Stern (2003), S. 330
[36] Anm.: Der Unternehmer legt ein Profil fest, wer bewerten darf.
[37] Vgl. Brainfloor (2010)
[38] Vgl. KTI (2010)
[39] eigene Darstellung nach Universität von Tokio (2010).
[40] Vgl. Collins und Wakoah (2000), S. 213
[41] Vgl. Blind et al (2008), S. 95ff
[42] Vgl. Blind et al (2008), S. 99
[43] Wobei das Patentsystem Japans eher dem Europas ähnelt als dem der USA, vgl. Granstrand (2000), S. 143.
[44] Vgl. Universitätsranking (2010)
[45] Vgl. Blind et al (2008), S. 110; wohingegen ▸ *harvesting effects* eine eher untergeordnete Rollen bei der Universität Tokio spielen.
[46] Vgl. Blind et al (2008), S. 111
[47] Vgl. TU GRAZ (2010)
[48] Vgl. Acworth (2008), S. 1248
[49] Vgl. Universitätsranking (2010)
[50] Vgl. TIP (2010)
[51] Vgl. Malinen et al (2009), S. 203
[52] eigene Darstellung nach Acworth (2008), S. 1247
[53] Vgl. Wikipedia (2010)
[54] Vgl. BDL (2010)
[55] Vgl. Geuna (1998), S. 677
[56] Vgl. ICT PSP (2010)
[57] Vgl. EU-Rahmenprogramm (2009)
[58] Anm.: hier steht noch eine Zusage von Seiten der EU aus. Stand 11.3.2010
[59] Vgl. TEKES (2010); neben solchen nationalen Initiativen sei auch auf entstehende Netzwerke auf europäischer Ebene wie z.B. Prime (2010) hingewiesen, das sich selbst so definiert: „Prime is a network of excellence to develop long-term research and shared infrastructures on policies for research and innovation in the move towards the European Research Area."

6 Die Logik der Intermediation

Die Grenzen des Wissenswachstums liegen nicht so sehr in unserer Begabung, neue Ideen zu entwickeln, sondern in unserer Fähigkeit, die Fülle an Ideen auch in einen reichen gesellschaftlichen Ertrag zu verwandeln.[1] Die in den vorangehenden Kapiteln entworfene Skizze versteht sich als Vorschlag für eine kooperative Wissensentwicklung durch Wissenschaft und Wirtschaft, die nunmehr einer Reflexion unterzogen wird. Vielen Modellen der user, open oder outside innovation ist gemein, dass sie in das Umfeld der Wissensgenerierung auch andere als die eigenen Stufen der Wertschöpfungskette einbeziehen und sich gegenüber der Umwelt öffnen, doch ist diese Idee wirklich so tragfähig?

Unbestreitbar ist eine allgemein zunehmende Komplexität, die sich nach Simmons *darauf begründet, dass „[E]verybody of note is now a specialist and, in academia, generalists are called 'Renaissance men' [sic] with a certain air of patronage and a distinct lack of promotion."[2] Die zunehmende fachliche Konzentration und Spezialisierung der Wissensfelder mit ihrer Konsequenz der Nischen-Forschung erfordert, gepaart mit Interdisziplinarität, Koordination ebenso wie durch Routinen, Erfahrung und Tradition bestimmte Handlungsmuster einander gegenüber stehender Wissenskulturen;[3] diese Koordination findet sich im Sinne der Postmoderne mit ihren fortwährenden Flexibilitätserfordernissen in einem unentwegten situativen Wechselspiel, analog der Genese und Nutzung von Wissen durch wissenschaftliche, technische und wirtschaftliche Ambitionen [6.1]. Zur Koordination von in ihren Interessen mehr oder weniger antagonistischen Akteuren[4] bedient sich die institutionalisierte Intermediation in der Bewältigung auftretender Konflikte, Dilemmata und Abstimmungsprobleme einer systematischen Entwicklung[5] von Wissenskoppelungen [6.2]: der Intermediär als Konstrukteur sozialer Schnittstellen, über die es den Akteuren besser gelingt, epistemische Praktiken[6] wechselseitig zu integrieren und stabile Beziehungsstrukturen einzurichten. Elektronische Medien wie das Internet bilden dazu grundsätzlich eine materielle Basis mit reichhaltigen Möglichkeiten, um über ein elementares Niveau zum Management von Interaktionen hinaus zu gehen und Phänomenen der Globalisierung gleichermaßen wie den Erfordernissen regionaler Wissensökonomien gerecht zu werden; bislang nehmen die* Ikt *die Rolle eines unterstützenden Werkzeugs mit immer sichtbarer werdendem Potential ein [6.3].*

6.1 Wissen zwischen Entstehung und Verwertung

Die ursprüngliche Form der Intermediation geht auf STEUART zurück, der damit die Tätigkeit des *merchant* beschreibt, einem Händler im England des 18. Jhdt., der – zwischen Produktion und Kunden stehend – Güter einkaufte, um sie gewinnbringend weiterzuverkaufen:[7] dieser Intermediär des 18. Jhdt. tritt gegenüber dem Produzenten nicht nur als direkter Nachfrager und gegenüber dem Kunden als Anbieter auf, sondern er sammelt während seiner Reisetätigkeiten für die Ein- und Verkäufe wertvolles Wissen; nebenbei bemerkt, erspart er so den Marktteilnehmern den Transport der Ware. Bedingt durch diese Bereitschaft, von Ort zu Ort zu reisen, ist er somit in der Lage, auf die Bedürfnisse des einen (Produzenten) wie des anderen (Konsumenten) einzugehen, diese „neu zu adjustieren." Im Idealfall weiß der Händler also um die Tätigkeit des Bauern (von dem zu jener Zeit die Schafswolle kam), die Aufgabe des Spinners (der die Wollfäden sponn), aber auch die des Webers (der aus den Fäden den Stoff webte) sowie jene des Schneiders (der das Hemd nähte). Andererseits bringt er das fertige Produkt in den Laden zum Einzelhändler, wo die Kundschaft bereits darauf wartet. Vom Ladenbesitzer erfährt er wiederum, einerseits indirekt über die Bestellmengen und andererseits durch neu gewonnene soziale Beziehungen, welche speziellen Anforderungen die Kunden an das Hemd stellen.[8] Dieses Wissen haben die Produzenten zumeist gar nicht, während der Nachfrager seinerseits nur sehr selten die Entstehungsprozesse (seines Hemdes) wahrnimmt. STEUARTs zwischen Angebot und Nachfrage stehender Intermediär kann aber etwa dem Spinner vermitteln, welche Qualitätsanforderungen an den Stoff gestellt werden und welches Gewebe bevorzugt wird, oder dem Schneider, welche Farben und Designs gerade „im Trend" liegen.

Durch seine Tätigkeit sammelt dieser prototypische altenglische Händler das notwendige Erfahrungswissen und ist in der Folge daher in der Lage, soziale Kontakte herzustellen, die seiner Umtriebigkeit entspringen. So kann Beziehungskapital geschöpft und die Herkunft des qualitativ besseren Erzeugnisses ausgekundschaftet werden. Das wiederum nimmt die Produzenten in die Pflicht, ihre Produkte nach Möglichkeit dem Markt anzupassen. Dieses zunehmende Wissen um die Nachfrage der Kundschaft und das *know how* der bestehenden Prozesse und Produkte der Anbieter schafft also die Anreize für Investoren, bringt die „Innovationen" des 18. Jhdt., die kreativen Erfindungen von Maschinen, die Verwendung neuer Materialien (etwa durch das Ersetzen der Wolle durch importierte Baumwolle aus den britischen Kolonien usw.), die Belebung des Außenhandels und letztlich eine von England ausgehende Industrialisierung[9] mit neu entstehenden gesellschaftlichen Bedarfen.[10]

Dieses anschauliche historische Beispiel hebt eindrücklich die Wissen transferierende, generierende und transformierende Rolle des zwischen (Waren-) Angebot und Nachfrage stehenden Intermediärs hervor, analog zur Bedeutung des Aufbaus von Beziehungskapital in der gegenwärtigen, auf Produkte, Prozesse und Dienstleistungen hin orientierten F&E – im Prinzip treffen heute wie damals gültige Anforderungen an die Intermediation des Wissens zu.[11] Das betrifft zum einen die *Lokalisierung*[12] des Wissens, die ein Intermediär in unterschiedlichen Stufen der Wertschöpfungskette bei Anbieter und Nachfrager vorfindet, sowie zum anderen dessen *Mobilisierung* durch koordinierte Interaktionen zwischen den beteiligten Akteuren. In diesem Zusammenhang kann die räumliche Mobilität des Intermediärs in doppelter Hinsicht als Metapher für die Entstehung einer Wissensdynamik verstanden werden.

Einerseits verkörpert sie die Agilität des Händlers, dessen Reise in der Kutsche keinesfalls nur in *eine* Richtung geht, sondern geprägt ist durch ein ständiges Hin und Her zwischen eingesessenen und neuen Anbietern auf der einen und potentiellen Nachfragern auf der oft in Opposition dazu stehenden anderen Seite. Innovationen erfolgen von je her kaum linear, von einem Forscher, Unternehmer oder einem anderen Teil der *supply chain* ausgehend. Wäre dies der Fall, hätte es kein „Europäisches Paradoxon" gegeben und es würde – anders als im Verlauf dieser Argumentation aufgezeigt – schlicht ausreichen, abfragbare Technologietransfer-Datenbanken mit „Lösungen" anzulegen. Stattdessen ist die Entstehung neuen Wissens auf dem Weg zur potentiellen Verwertung geprägt durch ein stetes Wechselspiel von (sozio-) ökonomischen, wissenschaftlichen und technischen Faktoren, in dessen Zusammenhang die Mobilität des Intermediärs erst ihre allokative Effizienz erlangt.

Andererseits symbolisiert die Mobilität des Intermediärs auch seine gestalterische Wirkung, in dem er „Wege bahnt" und neue Konfigurationen im sozialen Raum exploriert. Eingespielte Formen der Interaktion sind als institutionelle Handlungsmuster sozial konstitutiv und komplexitätsreduzierend; sie bilden somit kulturelle Charakteristika, die der sozialen Gestaltbarkeit von Interaktionen (und Transaktionen) einen Rahmen geben, sind aber dennoch innerhalb dieses Rahmens zugleich vielfältig kombinier- und formbar.[13] Im Unterschied zu einer Perspektive der *open innovation*, wie sie sich als unternehmerische Handlungsoption in der Verfolgung individuell-rationaler Ziele anbietet, ergibt sich für den Intermediär in der Inszenierung von Forschungskooperationen eher das Bild einer *pfadabhängigen* Dynamik,[14] die in ein Gesamtsystem eingebettet ist, welches nicht zuletzt auch die kollektive Basis der individuellen Rationalität der Akteure in diesem System bestimmt. Diese beiden – in

Tabelle 6-1: Wissensdynamik aus System- und Akteursicht

	pfadgebundene Dynamik (Systemsicht)	*open innovation*-Dynamik[15] (Akteursicht)
Vision	Intermediation und Beziehungskapital zur Förderung einer Wissensökonomie in einem sozialen System nutzen	Ideen innerhalb und außerhalb eines Unternehmens generieren und möglichst rasch nutzbar machen
Innovation erfolgt ...	... durch ein Wechselspiel von wissenschaftlichen, technischen und wirtschaftlichen Faktoren	... hauptsächlich linear unter Einbeziehung unterschiedlicher Stufen in der Wertschöpfungskette
Fokus auf	das pfadabhängige entwickelbare Wissen zwischen seiner Entstehung und seiner Verwertung	das Einbeziehen möglichst vieler Ideen, deren „beste" davon verwertet werden

ihrer Gestaltungslogik ineinander greifenden – Wirkungsweisen der Wissensdynamik sind in Tab. 6-1 gegenübergestellt.

Gesellschaftlich gesehen vollzieht sich die Aufgabe der kooperativen Forschung darin, die Koordination der einzelnen Akteure – Wissensproduzenten und -konsumenten – im Hinblick auf die Erfüllung systemischer (Wissens-) Ziele zu steuern, die über ihre Externalitäten allerdings erheblich auf die ökonomischen Bedingungen der Akteure zurückwirken. Vor dem Hintergrund der zunehmenden Endogenisierung insbesonders der akademischen Wissensgenese in das gesellschaftliche Innovationssystem entwickelt sich die Rolle des Intermediärs zu einer „sichtbaren Hand" im Sinne der *lokalen* Koordination kulturell geprägt antagonistischer Akteure eines arbeitsteiligen Gesamtsystems. Diese koordinative Funktion betrifft gleichermaßen die Integration inkommensurabler Zielvorstellungen der Akteure wie auch den *Prozess* der Zusammenarbeit, der nicht zuletzt dazu notwendig und auch nutzbar ist, konfligierende individuelle Präferenzen der Akteure produktiv aufzulösen.[16]

Was aber bestimmt, ob Kooperationen oder, allgemeiner gesprochen, Transaktionen überhaupt realisiert werden? Bei einer Entscheidung zur Zusammenarbeit beeinflussen internalisierte Werte ebenso wie institutionelle Zugehörigkeit[17] bzw. unterschiedliche Wissenskulturen das Verhalten,[18] wohingegen das unterstellte Rationalitätspostulat für ökonomische Marktgleichgewichte lediglich einen theoretischen Grenzfall beschreibt. Vermitteltes, wahrgenommes, aber auch bewusst nicht weitergetragenes Wissen bzw. Ignoranz nehmen entscheidend Einfluss auf Angebot und Nachfrage, somit den gesamten Wissensbedarf in einem Sy-

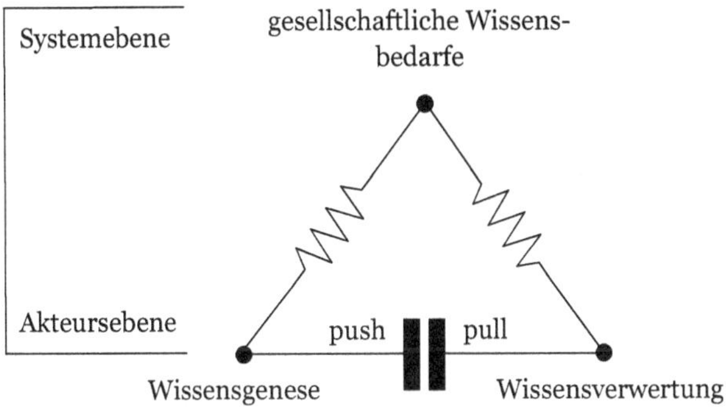

Abbildung 6-1: Koordinatensystem der forschungskooperativen Intermediation

stem, denn: während ein vollkommener Markt von vielen unabhängig rational handelnden Anbietern und Abnehmern ausgeht, um ein Gleichgewicht herzustellen, entscheiden die einzelnen Akteure angesichts der Komplexität der praktischer Entscheidungssituationen notwendig *beschränkt* rational.[19] Gleichermaßen begrenzt rational handelt natürlich auch der Intermediär selbst in seinem Eigeninteresse der koordinativen Aufgabenerfüllung, doch unterstützt er die antagonistischen Akteure in der Integration ihrer Individual-Präferenzen.[20] Im Idealfall werden dabei individuelle Präferenzen und Werthaltungen der Akteure[21] nicht direkt verändert,[22] sondern auf sozial wünschenswerte Transaktionsbedarfe hingelenkt. Die Vermittlungsarbeit des Intermediärs bezieht sich dabei auf die Identifikation geeigneter *Übergangsobjekte*[23] bzw. die Inszenierung von kooperativen Prozessen zu deren kollaborativem Entwurf und Ausgestaltung: die Integration der Kooperateure erfolgt über hinreichend gemeinsame gedankliche Überlappungen von den Transaktionsinhalt wesentlich determinierenden Vorstellungsinhalten, während deren konkrete intrakulturelle Konnotationen den Parteien weitgehend offenbleiben und so in ihre eigenen Praktiken und internen Wertestrukturen einbezogen werden können.[24]

Während asymmetrische, d.h. angebots- bzw. nachfrageseitige Intermediation[25] mehr oder minder auf den Machterhalt eines einzelnen Akteurs abzielt und Prinzipal/Agent-Situationen implementiert, verfolgt die symmetrisch konzipierte Intermediation – anders als es dem Angebot oder der Nachfrage zuzurechnende Strukturen anbieten können – in den Forschungspartnerschaften einen an *systemischen* Zielen orientierten Interessensausgleich, der unter Wahrung möglichst vieler unterschiedlicher (d.h., auch alternativer) Standpunkte auf die Förderung kreativer Potentiale der Wissensgenese und Optionen der Wissensnutzung bedacht ist.[26] Synoptisch ergibt sich damit die in Abb. 6-1 visualisierte Positionierung der Intermediation in der kooperativen Forschung gemäß dem entworfenen Konzept: während in der horizontalen Dimension eine Abstimmung der Akteure im Spannungsbogen von Wissensgenese und Wissensverwertung im Sinne der *open innovation*-Orientierung erfolgt, bezieht sich die vertikale Dimension auf eine Einbettung der horizontalen Koordination in gesamtgesellschaftliche Entwicklungen unter Berücksichtigung der inhärenten Pfadabhängigkeit jeder Wissensdynamik.

6.2 Intermediationspraxis und ihr Nutzen

Die *Triple Helix* und, darauf aufbauend, das *KIC-Modell* verfolgen in ihrer Konzeption die gesteuerte Entwicklung einer regionalen Wissensökonomie[27] mit Partnern aus Wissenschaft und Wirtschaft;[28] die skizzierten Mechanismen der Intermediation stellen dazu ein nützliches, erfolgversprechendes Modell für den universitären Wissens- und Technologietransfer dar. Tab. 6-2 typologisiert institutionaliserte Intermediäre bei Forschungskooperationen im deutschsprachigen Raum, wobei das jeweilige institutionelle Arrangement und seine Akteurskonstellationen sich in den Konkretisierungen des allgemeinen Modells wiederspiegeln.[29]

Aus heutiger Sicht klingt es – trotz rezenter Anstrengungen in vielen Ländern Europas – historisch-kulturell bedingt indes verwegen, von einer Popularität der *entrepreneurial university* zu sprechen, in der Unternehmertum im Sinne einer Bereicherung für die Wissenschaft als fester Bestandteil in das strategische Konzept einer akademischen forschungseinrichtung aufgenommen wird, um der Entfaltung ertragreicher Ideen-Weiterentwicklungen Raum zu geben. Die Dualität von „Freiheit der Wissenschaft" und der konventionellen Skepsis gegenüber der ökonomisierten Kommodifizierung neuen Wissens scheint ohne gezielte Anschübe und Anreize kaum überwindbar. Sicherlich ist der Unternehmenseinfluss auf kooperative Beziehungen im Forschungskontext in gewisser Hinsicht einschränkend – eine gleichsam „imperialistische" Logik der Wissensverwertung, die Wissen utilitaristisch auf die damit erzielbaren Vorteile im Wettbewerb reduziert, führt ohne Zweifel zu einem sehr restriktiven Raum kultureller Werte.[30] Dem steht jedoch antipodisch ein erweiternder Effekt (wie auch in Abb. 4-3 angedeutet) gegenüber: durch unterschiedliche Repräsentationen kann die unternehmerische Wissenskultur *alternative* Perspektiven in den Diskurs einbringen,

Tabelle 6-2: Institutionalisierte Intermediäre nach Zugehörigkeit[31]

ZUGEHÖRIGKEIT	BESCHREIBUNG	BEISPIELE
wissenschaftsnahe Einrichtungen	adressieren aus Sicht des Anbieters die Verwertung der F&E-Ergebnisse und die Aktivierung der Transferaktivitäten der Wissenschaftler	Transferverbünde und -netzwerke, Anwender- und Demonstrationszentren, Beratungs- und Entwicklungszentren
wirtschaftsnahe Einrichtungen	Technologie- und Innovationsberater von Industrie und Handelskammern, Verbänden usw. bemühen sich aus der Perspektive der Nachfrageseite, ihrer Klientel bestehende Technologieangebote näher zu bringen	Wirtschaftskammern, Handels- und Industriekammern, Gesellschaften für Wirtschaftsförderung
eigenständige Vermittlungseinrichtungen	diese in hohem Maße heterogene Gruppe ist weder der Anbieter- noch der Nachfrageseite eindeutig zuzuordnen; sie werden von öffentlicher und/oder privater Seite getragen und bemühen sich um eine aktive Mittlerfunktion	Transferagenturen, Transfernetzwerke, Technologie- und Gründerzentren

der kanonisierte akademische Gewohnheiten und Methodologien durchaus produktiv herausfordern kann,[32] nicht zuletzt, weil die Validierungssysteme der akademischen Wissenskultur ihrerseits verengende, stereotypisierende Effekte entwickeln, zu denen auch die akademische Arroganz gegenüber externen Interpretationsmodi und kreativen Impulsen zu rechnen wäre.

Akademisch-unternehmerische Wissenskoppelungen helfen letztlich zu verhindern, dass sich die Wissenschaft – bei all den Freiräumen, die sie braucht – nicht in den Idiosynkrasien der eigenen Logik und gesellschaftlich belanglosen Sprachspielen und Statusritualen verliert. Gleichzeitig transfomiert die Verdichtung an strategischen Forschungskooperationen zwischen Wissenschafts- und Praxispartnern bei traditionsreichen Universitäten in Europa zunehmend ein Nischenthema zum *mainstream*; das Tempo der anwachsenden Vernetzung von Forschung, Technologie und Innovation (FTI) in lokalen, regionalen, nationalen, EU-weiten und globalen Innovationsbemühungen zielt zumindest mittelfristig darauf ab, wettbewerbsmäßig nicht den Anschluss zu den unmittelbaren Konkurrenten zu verlieren. Dementsprechend stellt sich praktisch weniger die Frage, *ob* eine regionale Einbettung der Universitäten als Wissensdreh- und Angelpunkte für die ansässige Wirtschaft erfolgen wird, sondern *wann* sich Entscheidungsträger aus Wissenschaft, Industrie und Politik finden, um strategische Voraussetzungen für solche Wissenskooperationen zu schaffen.

Aus der in Abschnitt 4.4 vorgestellten Konzeptstudie „U27W" lassen sich in der akademischen *Innensicht* empirisch eine Reihe potentieller Nutzengewinne von Forschungspartnerschaften ableiten, die wie folgt zusammengefasst werden können: [33]

- „Forschungstransfer" wird stets als nur Teil der Aufgabenerfüllung gesehen, motiviert von außenorientierten Kommunikationsintentionen: nur dann, wenn die prospektiven Partner den Transferinhalt (für sich) auch erkennen können, werden sie Partnerschaften eingehen. Voraussetzend ist der Zugang zu einer internen Wissensbasis, in der Kooperationsmöglichkeiten gebündelt und greifbar sind, sodass dieses „Transfer-Portfolio" über einen gut sichtbaren *single point of contact* an die internen Zielgruppen kommunizierbar ist; mit anderen Worten, die Respondenten zeigen sich generell gegenüber der Einrichtung eines (Quasi-) Intermediärs aufgeschlossen, wenn daraus eine interne Aufwertung solcher Praxiskooperationen (d.h., Reputation und allokative Benefits) resultiert und effektive Unterstützung in der Anbahnung und Abwicklung von Drittmittelprojekten gewährt wird. Die sich ergebenden Kooperationsmöglichkeiten werden prinzipiell stark von den einzelnen Fächern abhängig bewertet; unausgeschöpfte Potentiale werden dabei zumeist sowohl im eigenen Bereich als auch bzgl. möglicher Partnerschaften mit Unternehmen vermutet. Es bedarf aber entsprechender – d.h.: auch hinreichend *fachkompetenter* – personeller Kapazität in der Akquise, um derartige Praxispartnerschaften tatsächlich realisieren zu können.[34]
- Bezugnehmend auf erfolgsbeeinflussende Kriterien[35] werden die Entwicklung brauchbarer (Kooperations-) Infrastrukturen und die Schaffung geeigneter Anreize als wesentlich vorausgesetzt, während ein als unangemessen hoch empfundenes Tempo in der hausinternen Umsetzung forschungspolitischer Konzepte eher Frustration generiert und ambivalente Zielvorgaben überhaupt kontraproduktiv wirken. Betont wird in dieser Hinsicht der Unterschied von kooperativen Projekten mit Praxispartnern gegenüber typischen akademischen Forschungsprozessen, sowohl hinsichtlich der Ergebniserwartung als auch der Zeithorizonte. Unterschiede bezogen auf die Anwendungsnähe bzw. auf den Bereich des Technologietransfers generell leiten sich – in Zusammenhang mit der Erfüllbarkeit innersdisziplinärer qualitativer Forschungsstandards – aus

fachlichen Gegebenheiten ab.[36] Insbesonders muss der Kooperationsinhalt, um den Kriterien von Forschungskooperationen i.e.S. Genüge zu tun, eine *relevante* Forschungsfrage aufspannen, deren Beantwortung den eigentlichen Transferinhalt bildet. Eine wichtige Erfolgstangente bilden geeignete (d.h.: flexible) Modelle für den Übergang geistigen Eigentums, die auch klare Regeln betreffend mögliche Konflikte zwischen den Interessen der Universität und allfälligen persönlichen Interessen der Forschenden implizieren.

- Hinsichtlich konkreter Kooperations*formen* werden wissenschaftliche Arbeiten (insbesonders Diplomarbeiten und Dissertationen), aber auch Aktivitäten im postgradualen Bereich als Transferoptionen genannt. Eine konkrete Realisierungsmöglichkeit von an der universitären Lehre ausgerichteten Kooperationsformen sind dementsprechend z.B. integrative *industrial affiliate programmes*, in denen – etwa in aufbauenden Masterstudien oder PhD-Programmen – Mitarbeiter der externen Praxispartner in universitäre (oder gemeinsame) Forschungsschwerpunkte im Hinblick auf Transferpotentiale eingebunden werden.[37] Von wenigen Ausnahmen abgesehen spielt hingegen die fachgutachterliche Tätigkeit der Universitätsangehörigen offenbar keine relevante Rolle im Wissens- und Technologietransfer. Ein Hauptanteil kooperativer Forschung wird naturgemäß durch verschiedene öffentliche Kofinanzierungssysteme stimuliert, die zu diesem Zweck in aller Regel konsortiale Partnerschaften zwischen Forschung und Praxis voraussetzen.

Zusammenfassend ergibt sich, dass Äquidistanz und wahrgenommene Unabhängigkeit eines Kooperationsintermediärs als durchaus essentielle Eigenschaften hervortreten und insofern die in Unterabschnitt 1.3.2 aufgespannte Modellhypothese der *vermittelten* Wissenskoppelung – wie in Abb. 1-4 dargestellt – valide scheint. Hinsichtlich des in der Modellstudie verfolgten Ansatzes einer „quasi-intermediären" Struktur,[38] die bewusst intra- und extramurale Akteure für die Intermediation kuppelt, muss aber nüchtern festgehalten werden, dass – unbeschadet der jeweils guten sozio-kulturellen Verankerbarkeit auf der einen Seite der Kopplung – auf der gegenüberliegenden Seite (Vertrauens-) Vorbehalte und ein potentielles Befangenheitsproblem zutage treten, wodurch sich der effektive Spielraum eines solchen Quasi-Intermediärs einschränkt; bspw. zeigt sich, dass ein interner Akquise-Consulter teilweise auf eine gewisse Reserviertheit stoßen würde. Umgekehrt erhärtet die Modellstudie die Vermutung, dass die erforderliche Koordinationsleistung weder durch einfache elektronische Abstimmungsforen noch durch automatisierte wissens- oder agentenbasierte Verfahren erbracht werden kann; gleichwohl wird aber deutlich, dass IKT ein wirkmächtiges und unverzichtbares

Werkzeug der kooperativen Forschung gerade auch in der Hand eines Intermediärs zur Wissenskoppelung darstellt.

6.3 Wissensnachbarschaften, Dynamik, IKT

Die aufgabenorientierte Verschränkung heterogener Wissenskulturen kann aus einem formalen Blickwinkel als Inszenierung dynamischer sozialer Netzwerk-Strukturen aufgefasst werden. Mehr oder weniger dissoziierte Wissensmilieus mit einer in aller Regel hohen inneren Beziehungsdichte müssen über größere Distanzen hinweg so verbunden werden, dass effektive Wissensflüsse besonders dort entstehen können, wo aufgrund der *stickiness* ein Transfer praktisch nur über entsprechende direkte Transaktionen und Interventionen erreichbar ist.[39] Einmal mehr ergibt sich aus der Logik der Institutionalisierung akademischer und unternehmerischer Wissenskulturen ein markanter Unterschied in der Topologie der Vernetzung: während die akademische Welt traditionell „weitmaschig" vernetzt ist und sich durch geringe Distanzen auszeichnet, impliziert die Unternehmensstruktur eine scharfe Trennung zwischen innen und außen mit möglichst klar und eng definierten Durchgängen.[40] Die Entwicklung von Beziehungskapital[41] für die kooperative Forschung liegt somit in der gezielten Ausgestaltung sozialer (Wissens-)Netzwerke, in der die Suche nach „fehlenden" – aber realisierbaren – Verknüpfungen und deren Dynamik im Vordergrund stehen. Wie sich aus den Erkenntnissen über Netzwerk-Strukturen ergibt, spielen dabei vor allem sogenannte *small worlds*[42] eine entscheidende Rolle, da sie bestmögliche Kompromisse zwischen unvermeidlicher Komplexität und der Fähigkeit zur Überwindung großer Distanzen anhand lediglich lokaler struktureller Eigenschaften (Selbstähnlichkeit auf unterschiedlichen Aggregationsebenen) aufweisen. Dabei ist allerdings wichtig zu sehen, dass die Verknüpfungen im Netzwerk „Information über die zugrundeliegende Sozialstruktur" enthalten müssen, um diese Funktion effektiv erfüllen zu können.[43]

Die (inter-) organisationelle Gestaltung und Pflege „kleiner Welten" für den Wissens- und Technologietransfer zwischen akademischen und unternehmerischen Partnern ist als Aufgabe sui generis zu sehen, für deren Wahrnehmung sich ganz augenscheinlich ein intermediärer Akteur anbietet; diesem obliegt es, die in Abschnitt 1.3 skizzierte Wissenskoppelung und Interaktionsdynamik zu realisieren. Grundlage für diese Tätigkeit bietet die *organisationale Netzwerk-Analyse*, die sich – aus den allgemeineren Fragestellungen der sozialen Netzwerk-Analyse[44] heraus spezialisierend – insbesonders auch mit Fragen der Team-Netzwerke, deren Struktur und Wechselwirkung mit Leistungsfähigkeit befasst.[45] Von besonderem Interesse sind in dieser Hinsicht jene Fragen, die sich auf die Koppelung veschiedener Teams – also ganz konkret solcher aus unterschiedlichen Wissenskulturen – beziehen und etwa den Effekten sozialer Relationen innerhalb und zwischen solchen Teams nachgehen.[46] Über die konventionellen Modelle der sozialen Netzwerk-Analyse hinausgehend ist für die Praxis der Intermediation naturgemäß nicht nur die topologische Struktur eines Netzwerks (wie Dichte, Zentralität, Durchmesser usw.) von Belang, sondern vor allem auch die inhaltliche Seite des Beziehungsgefüges, die sich – zumindest – in einer multipartiten Netzwerk-Struktur (d.h., klassifizierten Netzwerk-Elementen, die verschiedene Rollen, Kompetenzen und dergleichen repräsentieren) mit einer ebenso mehrschichtigen (d.h. Beziehungen unterschiedlichen Typs und unterschiedlicher Funktion ausdrückenden) wie auch mehrdimensionalen (d.h. multiple Relationen zwischen den einzelnen Netzwerk-Elementen herstellenden) Verbindungslogik niederschlägt.

Die kombinierte Repräsentation der strukturellen und inhaltlichen Netzwerk-Dimensionen bildet das eigentliche Beziehungskapital als operative Grundlage des Intermediärs; aus dieser Ressource speist sich die Menge der Optionen, mittels derer ein Intermediär Vernetzungsstrukturen entwickelt (wobei ihm eine gewisse Reputation sicherlich dienlich sein kann, indem sie es erleichtert, das Netzwerk effizient und bedarfsgerecht zu erweitern). Technisch betrachtet ist dieses Beziehungskapital ein *Informationssystem*,[47] das anlassbezogen aktivierbar ist und sich zugleich auch aus der laufenden Aktivität anreichert.[48] De facto ist ein solches Informationssystem seinerseits stark dezentralisiert, stellt also selbst eine ‚small world' dar, weil ein Intermediär letztlich *gatekeeper* eines „Netzwerks von Netzwerken" ist, die er durch selektive Verknüpfungen und Ergänzungen aufgabenbezogen auf das kooperative Ziel hin orchestriert. Der Umstand, dass diese Netzwerke mittlerweile zu großen Teilen im Internet eingebettet sind, eröffnet der Geschäftsbesorgung des Intermediärs nicht nur eine transaktionale Ebene ohne Medienbrüche, sondern erlaubt sehr effiziente Dispositionen dank der mächtigen *Suchfunktionalität*, die von der Arbeitsteiligkeit der Informationsbereitstellung im elektronischen Kommunikationsnetz profitiert und die eine gekoppelte Nutzung von Netzstruktur *und* Netzinhalt zulässt.[49] In konstruktiver Hinsicht gruppiert ein Intermediär die Interaktionspartner – oft ja selber Netze oder Teams – um den Netzinhalt eines gemeinsamen ‚boundary object'[50] als Grundlage der intendierten Wissensflüsse, jedenfalls aber als Gegenstand des kooperativen Diskurses. Die Entwicklung

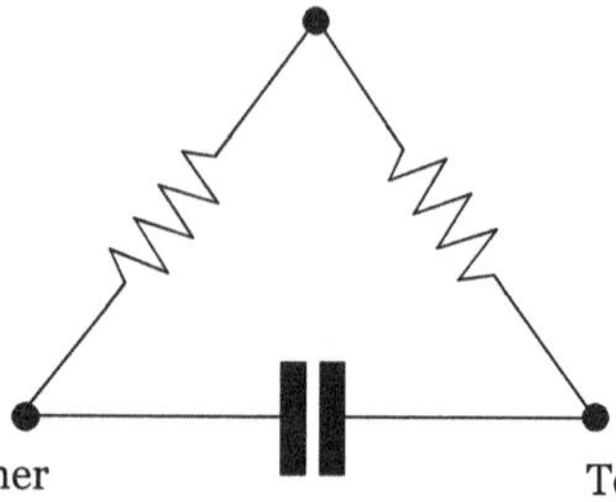

Abbildung 6-2: Intermediäre Kopplung durch ein IKT-Portal

von Beziehungskapital inkludiert nicht zuletzt auch einen strategischen Horizont, der sich an synergetischen Konfigurationsoptionen orientiert.

Das Internet stellt, spätestens seit der Jahrtausendwende, die generelle Plattform für Vernetzung und Kooperation dar; dies schließt daher definitionsgemäß auch die Vernetzung zum Zwecke kooperativer Forschung mit ein. Wie in Kapitel 5 am Beispiel von vier – unterschiedlich gelagerten – Fällen[51] illustriert, können IKT in den Phasen der Formation einer Kooperation und dann während der Forschungszusammenarbeit in sehr unterschiedlicher Weise zum Einsatz kommen, wobei ein spezifischer Bereich den Aufbau von Beziehungskapital betrifft; siehe Abb. 6-2.[52] Die intermediäre Funktion kann aus dieser Perspektive als qualifizierte Koordinationsinstitution gesehen werden, die dazu dient, einen Mangel an kommunikativer Struktur zu beheben, die ein allgemeines Portal zur Koordination der Teilnehmer in Bezug auf die Realisierung spezifischer (Wissens-) Transaktionen so eben nicht herbeiführen kann. Der Intermediär fungiert demgemäß als *Brückenbauer*, der im Netz und mittels des Netzes kommunikative Verbindungen zwischen verschiedenen, (wissens-) komplementären Komponenten des gesellschaftlichen Systems herstellt, um dadurch konkrete Diskurse zu stimulieren, die zu für die solchermaßen vernetzten Protagonisten vorteilhaften Wissensübergängen führen. Im Sinne einer übergeordneten Systemrationalität erfüllt die Intermediation dieser Art ihre „koordinationsökologische“ Aufgabe umso besser, je effektiver sie zu einer Allokation von kreativem Talent zu gesellschaftlich relevanten Fragestellungen beiträgt, während sie gleichzeitig einer abträglichen Kommerzialisierung von Wissenschaft Einhalt gebietet.

Eine eigentümliche Charakteristik netzvermittelter Interaktion ergibt sich aus der (impliziten) Protokollierung der Kommunikationsvorgänge; auf diesem Weg eröffnen sich verschiedene Möglichkeiten eines *Monitorings* sozialer Prozesse, die einem Intermediär – so er dazu von den Parteien entsprechende Befugnisse zugestanden bekommt – ggf. auch direkte Interventionsgelegenheiten eröffnen, bspw. wenn bestimmte Netzwerk-Verbindungen zu schwach ausgeprägt sind oder die Verteilung der Interaktionsdynamik sich nicht aufgabenkonform entwickelt. Das Management der Netzwerk-*Dynamik* wird also zu einer weiteren wichtigen intermediäre Aufgabe.[53]

Die eminente Rolle von IKT und besonders des Internet als Basis der Entwicklung von Intermediär-Geschäftsmodellen für die kooperative Forschung braucht nun nicht mehr eigens betont zu werden; weniger klar und damit ein Hinweis auf definitiven Forschungsbedarf bleibt aber die konkrete Ausprägung solcher Modelle im Kontext lokaler, netzvermittelter bzw. virtueller „Wissensnachbarschaften."

ANMERKUNGEN ZU KAPITEL 6

1 Die Originalaussage von Weitzmann (1998) lautet: „[T]he ultimate limits to growth may lie not so much in our abilities to generate new ideas, as in our abilities to process to fruition an everincreasing abundance of potentially fruitful ideas[.]" und wird hier um den gesellschaftsbezogenen Aspekt ergänzt. Hinsichtlich der Entwicklung gesellschaftsrelevanter Technologien sei auf Max Frisch verwiesen; vgl. Quotationsbook (2010): „Technology is the knack of so arranging the world that we don't have to experience it."
2 Vgl. stellvertretend Simmons (2008)
3 Vgl. dazu vor allem Abschnitt 1.1
4 Vgl. Hirsch-Krainsen (2005)), S. 11ff, der aus soziologischer Perspektive „ökonomische Prozesse der Produktion, Verteilung, Austausch und Konsumtion von knappen Gütern und Diensten" analysiert und dabei thematisiert, dass in der Wirtschaftssoziologie „das zentrale Untersuchungsinteresse die Analyse ... verschiedenster Akteure ... und die Frage, welche Formen von Austauschprozessen sich zwischen ihnen einspielen ..." betrifft.
5 Vgl. Albert Schweitzers *Biophilie*-Überlegung zum Ethos „Ehrfurcht vor dem Leben" als festem Bestandteil der Ethik als einer Handlungsgesinnung, die Interaktionen in all ihren physischen, psychischen und sozialen Dimensionen zu erhalten und zu entfalten trachtet; im Sinne des Intermediationsmodells stellt dies den Aufbau von Beziehungskapital in den Blickpunkt.
6 Vgl. zu dieser Thematik stellvertretend Rescher (2003), sowie Wright (1992).

[7] In der Finanzwirtschaft wird diese Begrifflichkeit noch heute synoym für *broker*im Wertpapierhandel benutzt, doch im Gegensatz dazu impliziert diese Begrifflichkeit mehr als ein Austesten von Arbitrage.
[8] So schrieb Steuart bereits 1767: „Adjusting wants to wants ... represents by turn both, the consumer, the manufacturer ... to the consumer he appears as the whole body of manufacturers; to the manufacturers, as the whole body of consumers...“; vgl. Steuart (o.J.) und zu dem historischen Kontext z.B. auch Simmons (2008), S. 109ff. Diese Auslegung bildet den Grundgedanken für die weiteren Überlegungen zur „Wege schaffenden“ Position des Intermediärs und geht insofern über den Aspekt der Senkung von Transaktionskosten – vgl. dazu z.B. Laudon et al (2009) oder Walter/ Hess (2005) – hinaus. Die Schwierigkeit der ökonomischen Wissensbewertung beschreibt insbesondere Wright (1992). Auch die zeitliche Komponente ist relevant, vgl. z.B. bei den F&E-Aktivitäten die Abgrenzung von Grundlagen- und angewandter Forschung im Unterabschnit 2.2.3 und auch Fussnote 62 ebd. Ebenso bedeutend und untersuchenswert scheint der Prinzipal-Agent Aspekt durch institutionelle Intermediäre bei Forschungskooperationen im regionalen und nationalen Kontext; vgl. dazu z.B. die Analyse belgischer Institutionen durch van der Meulen (2010) und van der Meulen et al (2010).
[9] Und von anderen im 19. Jhdt. übernommen, nachdem sie England „besucht“ hatten; vgl. Unterabschnitt 2.3.3.
[10] Wenn auch nicht in der heute bekannten Form, obgleich London – ähnlich wie Paris oder Wien – damals eine Region des Wohlstandes darstellte; vgl. zur historischen Thematik der Ursprünge des Unternehmergeistes z.B. Fernández-Armesto (1998), S. 36ff.
[11] Vgl. Abschnitt 1.3
[12] Hinsichtlich der Wissenslokalisierung wird auch der *open innovation*-Aspekt in diesem modellhaften sozialen System aufgezeigt; dabei ist der Gedanke, dass die Ideen für Forschung und Entwicklung nicht ausschließlich vom Unternehmer kommen, schon im 18. Jhdt. offensichtlich: nur in bestimmten Bereichen wird Wissen vom Produzenten mit Bedacht im Sinne einer *closed innovation* zurückgehalten, wohl bedenkend, dabei einen möglichen Vorteil am Markt nicht zu verspielen. Dementsprechend hat der Öffnungsgedanke in Unternehmen heute eine wahrnehmungsschärfende Wirkung gegenüber einer ohnehin künstlich erzeugten Verschlossenheit bei der Verbreitung von Wissen.
[13] Vgl. Unterabschnitt 1.3.2 und insb. Abb. 1-6
[14] Zur Pfadabhängigkeit siehe die neue Institutionsökonomie; vgl. z.B. North (2007).
[15] beruhend auf Chesbrough (2003)
[16] Auf diesem Weg lassen sich wohl auch die unter neoklassischen Axiomen des ökonomischen Verhaltens unvermeidlichen Aggregationsprobleme individueller Präferenzen vermeiden; siehe dazu etwa Sen (1995). Während der konventionelle Rationalismus-Ansatz von *a priori* fixierten Präferenzen ausgeht, nach denen dann optimiert wird, gilt hier vielmehr die Annahme, dass die Kontrahenden bzw. Parteien ja überhaupt erst gemeinsam in der Ausverhandlung ihre Optimierungsfunktionen finden. Insbesonders ist einmal mehr hervorzuheben, dass die in Forschungskooperationen gekoppelten Akteure unterschiedlicher Wissenskulturen entlang wechselseitig im Allgemeinen inkommensurabler Wertmaßstäbe „optimieren“ – vgl. dazu Unterabschnitt 1.2.1. Die Leistung der Intermediation besteht in gewisser Weise also gerade darin,

die Kooperationen unbeschadet dieser relativen Wert-Indifferenz der Akteure einzufädeln und aufrecht zu erhalten.
17 Vgl. Universitätssicht (Abschnitt 3.1) bzw. Unternehmenssicht (Abschnitt 3.2)
18 Zu den Kooperationstheorien siehe Unterabschnitt 2.2.4.
19 Vgl. Simon (1991) und seine *bounded rationality*-Theory. Siehe auch Gigerenzer/Selten (2001).
20 Vgl. Wissensbildung durch Interaktion, Unterabschnitt 2.4.1
21 Vgl. Tabellini (2008)
22 Gerade für die Wissenschaft und auch die Kreativwirtschaft ein wesentlicher Sachverhalt.
23 Vgl. das Konzept der ‚boundary objects' von Leigh Star/Griesemer (1989).
24 Die wissenschaftliche Seite sieht etwa im ‚boundary object' die Ästhetik der Theorie und deren Tragweite zur Integration weiterer empirischer Sacheverhalte; der Praxisseite ist das womöglich alles völlig egal, sie sieht dafür den Nutzen für die Weiterentwicklung einer bestimmten bestehenden Produktlinie, d.h. einen Marktvorteil – das mag aber oft völlig ausreichen, um eine gedeihliche Kooperation aufrecht zu erhalten. Da zeigt sich auch die Stärke des Modells z.B. gegenüber einem Patentierungsansatz, der vgl.weise „nachfrageseitig" orientiert ist, da alles in ein Patent und einen *deal* verpackt wird. Hinzu kommt noch eine interaktionspsychologische Komponente: die Rolle des Intermediärs (oder eben: Intermediators) besteht erheblich darin, dass er es übernimmt, die Interessen auszugleichen oder anzugleichen und die Parteien auf die Optionen aufmerksam zu machen, die sich ergeben können, wie auch das Einleitungsbeispiel des *merchant* es beschreibt – wobei, im Unterschied zur direkten Verhandlung, wichtig scheint, dass die Konzessionen gegenüber dem Intermediär, nicht dem direkten Gegenüber gemacht werden, wodurch Prinzipal-Agent Situationen umgangen werden und vielen Konfrontationen die Schärfe nimmt, da die Akteure nicht auf die Forderungen der „Gegenseite" eingehen, sondern ‚nüchtern' einem Vorschlag der Intermediation folgen, somit quasi auf „heimatlichem Boden" verbleibt.
25 Vgl. die in Kap. 4 beschriebenen, der Wissenschaft oder der Wirtschaft zuzurechnenden Strukturen.
26 Vgl. Becker (2009), S. 1ff
27 Vgl. dazu Unterabschnitt 3.3.2
28 Vgl. Abschnitte 5.2 und 5.5
29 Vgl. in Abschnitt 6.1 die unterschiedliche Ausrichtung.
30 Diesem Aspekt wurde vor allem in Unterabschnitt 1.2.1 nachgegangen.
31 eigene Darstellung nach Kriegesmann et al (2006)
32 Hier kann bspw. Bezug genommen werden auf das von Feynman (1990), S. 96f, angesprochene Konzept des ‚Framing' und seine Bedeutung für die Erkenntnis: „Psychologisch [unterscheiden sich verschiedene Formulierungen derselben physikalischen Gesetze], weil sie sich als völlig unterschiedlich erweisen, sobald Sie versuchen, von ihnen auf neue Gesetze zu schließen."
33 Und die auch gleichzeitig die in der Fachliteratur herausgearbeiteten Argumente eindrücklich bestätigen; vgl. Abschnitt 3.1.
34 Ein gezieltes Ansprechen potentieller Firmenpartner am Standort sei wünschenswert, wurde mehrfach argumentiert; die Kooperationen würden derzeit von den Forschern in „Eigenregie" und „nebenher" gemanagt. Daher sei ein gezieltes Screening

der Szene nicht machbar und es bestehe zudem nur bedingt Kenntnis über mögliche industrielle Transferpartner. Die Beschränkung auf regionale oder nationale Partner sei in vielen Fällen jedoch gar nicht besonders sinnvoll – zu denken wäre oft vorteilhafter grenzüberschreitend, z.B. in Kategorien wie der „Vienna Region".

35 Vgl. Unterabschnitt 3.1.1

36 Die Transfer-Affinität verschiedener Fachdisziplinen liegt in der Natur der Sache; z.B. fällt es einer Fakultät für Pharmazie oder Biochemie offensichtlich leichter, Industriekontakte zu knüpfen, als der Vergleichenden Literaturwissenschaft. Bestimmte Querschnittsthematiken wie z.B. Sprachtechnologien oder *high performance computing* wiederum sind aufgrund ihrer mannigfachen Einsetzbarkeit attraktive Kooperationsbereiche.

37 Vgl. Unterabschnitt 2.3.4 bzgl. der Rolle des Personalübergangs als Methode des Wissenstransfers.

38 Siehe dazu Abschnitt 4.4

39 Vgl. Unterabschnitte 2.1.1 und 2.4.3

40 Die hohe innere soziale Vernetzung in Unternehmen im Unterschied zu den traditionell bewusst schmalen Schnittstellen mit dessen Außenwelt, die sich durch eine Konzentration der Verfügungsgewalt und Vertretungsbefugnisse ausdrücken, betont insb. auch Badaracco (1991); vgl. auch Fußnote 138 in Kapitel 1 und Unterabschnitt 1.3.2.

41 Vgl. vor allem die Abschnitte 1.2 und 4.4

42 Vgl. Watts (1999); ‚small world' kann im gegebenen Kontext als ‚engere soziale Nachbarschaft' gelesen werden.

43 Vgl. Watts (2003), S. 145: „In order for social connections to be useful – in the sense of finding anything deliberately – they have to encode information about the underlying social structure."

44 Vgl. Wassermann/Faust (1994)

45 Vgl. dazu etwa Brown/Miller (2000) oder Sparrowe et al (2001); einige der dort untersuchten Hypothesen wurden allerdings zum Teils bereits in den 1930ern formuliert, lange bevor das Thema im Gefolge von Internet und WWW zu einem inzwischen enormen Interesse geführt hat mit einer nahezu unüberblickbaren Literatur.

46 Vgl. z.B. Hansen (1999), der herausarbeitet, dass „schwache Bindungen" eher nur zur Weitergabe einfach strukturierter Information geeignet sind, starke Bindungen hingegen auch einen Transfer komplexer Inhalte ermöglichen.

47 Und als solches mit den zeitgemäßen Mitteln der IKT, die eine Fülle an Speicherungsformen sowie Verknüpfungs- und Abfragemöglichkeiten bieten, darstellbar.

48 In der Konzeptstudie U27W (vgl. Abschnitt 4.4) wurde daher auch konsequent angedacht, die interne IKT-basierte Forschungsdokumentation der Universität Wien („Research Activity Documentation" – kurz: RAD) für diese Zwecke, d.h. insbesonders die Einwerbung von Drittmitteln aus kooperativen Projekten, zu nutzen. Die RAD verzeichnet die Forschungsleistungen der Institute und Fakultäten (bis hinunter auf die Ebene der einzelnen Wissenschaftler) der Universität, aber auch alle Formen von Projektaktivitäten mit oder ohne Einbeziehung Dritter. Über die Zeit entsteht auf diese Weise – zwar primär für andere, administrative Zwecke – eine recht umfassende Dokumentation über laufende bzw. abgeschlossene Projekte, die natürlich im Prinzip als Grundstock des Beziehungskapitals (bei entsprechender Aufbereitung) genutzt werden kann. Die subtileren Probleme eines solchen Ansatzes liegen in sozio-

logischen Faktoren verborgen; diese drücken sich unter anderem in niedriger bzw. variierender Datenqualität sowie geringer Mitwirkungsbereitschaft der Forscher (zur Offenlegung) aus, die – völlig zu Recht – in der RAD ein wirksames Kontrollinstrument des Universitätsmanagements erkennen. Deshalb ist die RAD bestenfalls als eine (unter mehreren) Datenquellen zu verstehen, auf denen ein Informationssystem intermediären Beziehungskapitals aufgebaut werden kann. Eine weitere ergiebige Quelle von für Beziehungskapital relevanten Daten bilden die Sammlungen an Partnerprofilen, wie sie z.B. bei nationalen F&E-Förderagenturen als Ergebnis der Administration einer Vielzahl von Kooperationsprojekten über die Jahre hinweg anfallen.

49 Um genau zu sein, enthebt dieser an sich vorteilhafte Umtand einen Intermediär nicht von der Aufgabe, zusätzlich spezifische Information über das Netzwerk, die als Grundlage seiner Intermediationstätigkeit unverzichtbar sind, selber – auch langfristig – zu verwalten. Trotzdem kann diese aufgabenspezifische Information als *Annotat* den Netzwerk-Strukturen hinzugefügt und gemeinsam mit diesen in die Informationsverarbeitungsprozesse einbezogen werden. Infolge der faktisch vollzogenen Medienkonvergenz liefert das Internet bzw. WWW inzwischen eine nahezu vollständige Spiegelung kommunikativer Interaktionen, sodass – entsprechende Extraktionsverfahren vorausgesetzt – die inhaltliche Analyse der Transaktionen eine wichtige Datenquelle bereitstellt, der sich die Gewinnung bzw. Anreicherung symbolischer Repräsentationen von Beziehungskapital – automationsunterstützt – bedienen kann.

50 Vgl. Abschnitt 6.1

51 Vgl. Abschnitte 5.2 bis 5.5

52 Vgl. die Abschnitte 3.5 und 5.3. Gegenwärtig übernehmen *social network*-Portale wie FACEBOOK die Rolle von – eher unqualifizierten – Intermediären. Ein ebenso in den letzten Jahren aufgekommenes Thema stellen *computer supported collaborative learning (CSCL)* und *computer supported cooperative work (CSCW)* dar; vgl. Stahl (2006) , S. 468, der dazu schreibt: „The comprehension of how thinking takes place at the small-group unit of analysis will guide the design of more effective computer support for collaborative knowledge building. Then the potential of group cognition can blossom around the world. This will require a global effort, itself a major instance of group cognition. The task of CSCL and CSCW has just begun."

53 Vgl. Balkundi/Harrison (2006), sowie Snijders et al (2010); Lukas Zenk sei für diese Hinweise gedankt.

Schlusswort

Der Ansatz der kooperativen Forschung, wie er in den vorangehenden Kapiteln dieses Texts entworfen und konkretisiert worden ist, verfolgt die Zielsetzungen einer doppelten Agenda. Einerseits – und vordergründig – liegt die Aufgabe in der Entwicklung von Kooperationen in einer Koordination der einer Zusammenarbeit gegenüber grundsätzlich aufgeschlossenen Partner über die Abstimmung von Angebot und Nachfrage in Bezug auf Wissen als Transaktionsinhalt. Die Marktperspektive des Wissens- und Technologietransfers von der Wissensproduktion hin zu den Orten des Wissenskonsums und der nachgelagerten Formen der Wissensverwertung in Strukturen des (markt-) wirtschaftlichen Wettbewerbs formt sich nach den Besonderheiten dieses spezifischen Transaktionsinhalts aus und steht in den Betrachtungen der wissensbasierten Ökonomie zumeist im Vordergrund. Demgegenüber steht andererseits allerdings – sozusagen auf einer *Meta*-Ebene – die Frage der inhaltlichen Autonomie der wissensgenerienden Forschungsstätten zur Diskussion, die außerhalb wettbewerblicher marktgesteuerter Anreizstrukturen angesiedelt sind: dies umfasst typischer Weise Universitäten und (Fach-) Hochschulen, die im System der postmodernen Gesellschaftsorganisation nicht nur die Rolle der Reproduktion des Wissens als Basis gesellschaftlicher Reflexion und Identitätskonstruktion übernehmen, sondern vor allem die materielle Grundlage wertschöpfungsrelevanter Forschungsbeiträge – als industrielles „Nutzwissen“, das sich über seine Beiträge zur Kapitalverzinsung definiert und legitimiert – bereitstellen.

Diese Meta-Perspektive rückt die fundamentalen Fragen, wer letztlich über die beforschten Inhalte bestimmt und was somit überhaupt in den Verdacht kommen kann, als wissenschaftliche Erkenntnis in Betracht gezogen zu werden oder, um mit LYOTARD zu sprechen: den Status von Wahrheit zu erlangen, in den Vordergrund. Eine dem Postulat ökonomischer Effizienz untergeordnete Forschung läuft zweifellos Gefahr, die Reflexion über die Bedingungen, unter denen geforscht wird, und damit die Möglichkeit einer eigenbestimmten Zieldefinition aus den Augen zu verlieren. Äußerer Druck und Anreizsysteme, die im Allgemeinen ja nicht (mehr) nach innerwissenschaftlichen Kriterien ausgerichtet und daher aus Sicht des Wissenschaftsystems weitgehend fremdbstimmt sind, stimulieren recht offensichtlich opportunistisches Forschungsverhalten – zumal dort, wo die akademisch institutionalisierte Wissenschaft den konventionellen ökonomischen Wertekanon als Erfolgsmaßstab internalisiert hat und als funktioneller Teil eines solchen Öko-Systems seine relativistische Distanz – d.h., die Möglichkeit autonomer Positionsbestimmungen – mehr und mehr einbüßt, durchaus auch zum langfristigen Nachteil eben dieses Öko-Systems selbst.

Die Situation lässt sich alternativ auch aus einer ganz anderen Warte betrachten: die dynamisierte Forschung im postmodernen Kontext produziert in erster Linie *Nichtwissen* – Ignoranz wächst ostentativ schneller als positives Wissen – so, wie ein heller Scheinwerfer alles außerhalb seines grellen Lichtkegels erst recht unsichtbar macht. Für die gesellschaftliche Entwicklung, jedenfalls in nicht-totalitären Systemen, ist ein Diskurs darüber, wohin der Lichtkegel am besten zu fokussieren wäre, wünschenswert, wenn nicht unverzichtbar. Daraus ergibt sich, dass abseits der verhandlungstechnischen Ebene des Managements von Forschungskooperationen, die sich an der – zuletzt freilich auch wichtigen – Transaktionseffizienz orientiert, die Frage der grundsätzlichen Gestaltbarkeit kooperativer Forschung eine mit enormer politischer Reichweite ist, die den Aufwand einer fairen Interessensabwägung lohnt.

Es würde der historischen Grundidee der Universität und des akademischen Wissens im Innersten entsprechen, diesen Interessensdiskurs aus vordergründiger Parteilichkeit herauszuhalten, vor allem, um ihn dem hegemonialen Machtzugriff des Industrie- und Finanzkapitals zu entziehen, der mittlerweile über weite Strecken selbst die demokratisch legitimierten Entscheidungen der Forschungspolitik und ihrer Mittelallokation dominiert. *Intermediäre* Verhandlungsformen mit einem aus der Selbstorganisation und Eigenverantwortung abgeleiteten Mandat scheinen eine robuste, weil ausgleichende Form der Externalisierung parteilicher Wertkonflikte an Dritte zu eröffnen, die das Feld offen halten für kreative Alternativen und Erkenntnisentwürfe jenseits des ideologischen Hauptstroms der Forschungssteuerung; die technischen Mittel und Möglichkeiten einer effektiven Geschäftsbesorgung solchermaßen autonomer Intermediäre der kooperativen Forschung stehen – jedenfalls grundsätzlich – zur Verfügung.

Dies, so könnte zusammenfassend bilanziert werden, wäre die herausfordernde Aufgabe einer selbstbestimmten intermediären Rolle im Spannungsfeld unkonventionellen Denkens und Forschens auf der einen und den gesellschaftlichen Wissensanforderungen auf der anderen Seite. Denn soviel scheint gewiss: der „Kurswert" originellen Wissens bzw. alternativer Ignoranz wird beträchtlich steigen und eine absehbare Bedarfslücke hinterlassen, für die vorzusorgen im Grunde kein Forschungsinvestment zu gering sein kann.

Anhang

Abkürzungen

Abb.	Abbildung
AG	Aktiengesellschaft
AKM	österr. Gesellschaft der Autoren, Komponisten und Musikverleger
AplusB	Academia plus Business
AUTM	Association of University Technology Transfer Managers
AWS	Austria Wirtschaftsservice Gesellschaft
BayPat	Bayerische Patentallianz GmbH
BDL	fin. Business Development Laboratory
BMVIT	österr. Bundesministerium für Verkehr, Innovation und Technologie
BMWi	dt. Bundesministerium für Wirtschaft und Technologie
BMWV	österr. Bundesministerium für Wissenschaft und Verkehr
bspw.	beispielsweise
bzgl.	bezüglich
bzw.	beziehungsweise
CFT	Campus Technologies Freiburg
COMET	österr. Competence Centers for Excellent Technologies
CSCL	Computer Supported Cooperative/Collaborative Learning
CSCW	Computer Supported Cooperative Work
DiBT	dt. Institut für Bautechnik
DKFZ	dt. Krebsforschungszentrum
dt.	deutsch(es)
ebd.	ebenda
EMBL	European Molecular Biology Laboratory
EMBLEM	EMBL Enterprise Management Technology Transfer GmbH
EPO	European Patent Office
ESA	Erfinderzentrum Sachsen Anhalt
et al.	et alii (lateinisch „und andere“)
ETHZ	Eidgenössische Technische Hochschule Zürich
EU	Europäische Union
evtl.	eventuell
EZN	Erfinderzentrum Norddeutschland GmbH
f	diese und die folgende Seite
ff	diese und die folgenden Seiten
fin.	finnisch(en)
F&E	Forschung und Entwicklung

FFG	österr. Forschungsförderungsgesellschaft mbH
FOG	Forschungsorganisationsgesetz
FWF	österr. Fonds zur Förderung der wissenschaftlichen Forschung
GINO	Gesellschaft für Innovation Nordhessen mbH
ggf.	gegebenenfalls
GmbH	Gesellschaft mit beschränkter Haftung
GWT	Gesellschaft für Wissens- und Technologietransfer
Hrsg.	Herausgeber
HSchG	österr. Hochschulgesetz
ICT PSP	Information- and communication technologies Policy Support Programs
i.e.S.	im engeren Sinn
IKT	Informations- und Kommunikationstechnologie
i.w.S.	im weiteren Sinn
IMG	Innovations-Management GmbH
INNOVECTIS	Gesellschaft für Innovations-Dienstleistungen mbH
innoWi	Innovation für Wirtschaft
IP	Intellectual Property
ipal	Innovation, Patente, Lizenzen GmbH
IPHQ	Intellectual Property Headquarter (der UNIVERSITÄT TOKIO)
IPO	Intellectual Property Office
IR-Theorie	Information Richness Theory
jap.	japanisch(es)
JPO	Japan Patent Office
Kap.	Kapitel
KIBS	Knowledge Intensive Business Services
KIC	Knowledge integration community
KMU	Kleine und mittlere Unternehmen
KTI	Förderargentur für Innovation des Bundes der Schweiz
LA	Los Angeles
MBA	Master of Business Administration
MBM	Medizintechnik, Biologie, Messtechnik ScienceBridge
METI	Ministry of Economy, Trade and Industry (in Japan)
MEXT	Ministry of Education, Science and Technology (in Japan)
MIT	Massachusette Institute of Technology
Mio.	Millionen
MTA	Material Transfer Agreement
NASA	National Aeronautics and Space Administration
NIS	new industrial district
Nr.	Nummer
NTTC	National Technology Transfer Council (in den USA)

OTTP	Online-Technologietransferplattform
österr.	österreichisch(es)
PATON	Patentzentrum Thüringen Patentverwertungsagentur
PCT	Patent Corporation Treaty
PROvendis	PVA nordrhein-westfälischer Hochschulen
PVA	Patentverwertungsagentur
PVA MV, SH	PVA Mecklenburg-Vorpommern, bzw. Schleswig-Holstein
PIPRA	Public Intellectual Property Resource for Agriculture
RAD	Research Activities Documentation
RJV	Research Joint Venture
rubitec	Gesellschaft für Innovation und Technologie der Universität Bochum
S	Seite
SIGNO	Schutz von Ideen für die gewerbliche Nutzung (*des BMWi*)
SECI	Socialization, Externalization, Combination und Internalization
SME	Small and Medium Sized Enterprises
sog.	sogenannt(en)
SWITT	Swiss Technology Transfer Association
TA	TechnologieAllianz
Tab.	Tabelle
THE	Times Higher Education
TIMM	Technologie & Innovation Medizinregion Mittelhessen
TIZ	Technologietransfer- und Innovationszentrum
TLB	Technologie-Lizenz-Büro
TLO	Technology Licensing Offices
TPS	territorial production system
TransMIT	TransMIT Gesellschaft für Technologietransfer mbH
Ttn	dt. Technologietransfer Netzwerk (in Hessen)
TTO	Technology Transfer Office
TUM	Technische Universität München
TUTECH	Technische Universität Tech Innovation GmbH
UCL	University College London
USA	United States of America
USPTO	U.S. Patents and Trademarks Office
vgl.	vergleiche
VTÖ	Verband der Technologiezentren Österreichs
WuT	Universität des Saarlandes Wissens- und Technologietransfer GmbH
z.B.	zum Beispiel
ZAB	ZukunftsAgentur Brandenburg GmbH Brainshell
ZIM	Zentrales Innovationsprogramm Mittelstand (*des BMWi*)

Begriffsdefinitionen

BEGRIFF	DEFINITION
Auftragsforschung	Eine auf Forschungsaufträge basierende Forschung.
Ausgründung	engl. "Spin-Off", ist ein von Hochschulmitarbeitern, Studenten oder Mitarbeitern von Forschungseinrichtungen neu gegründetes Unternehmen.
Coopetition	Ein aus "competition" und "cooperation" zusammengesetzter Begriff. Er beschreibt, dass Handeln bzw. Reagieren auf einen Wettbewerber zu einem gemeinsamen Vorteil mit dem Konkurrenten führen kann ohne dass eine explizite Absprache (Kooperation, Kartell) getroffen worden ist.
Diensterfindung	Eine Diensterfindung liegt in Österreich vor, wenn der Erfinder in einem Dienstverhältnis steht UND die Erfindung in das Arbeitsgebiet des Unternehmens, in dem der Dienstnehmer tätig ist, fällt UND wenn sie im Rahmen der dienstrechtlichen Obliegenheit des Dienstnehmers erfolgt ist, oder der Dienstnehmer durch seine Tätigkeit im Unternehmen zur Erfindung angeregt wurde, oder das Zustandekommen der Erfindung durch die Benutzung der Erfahrungen oder der Hilfsmittel des Unternehmens wesentlich erleichtert wurde. [1]
Drittmittel	Drittmittel sind Einnahmen, die an rechtsfähige universitäre Einrichtungen gehen, die im Rahmen der zweckgebundenen Bundesgebarung von Universitäten oder deren Untergliederung eingenommen werden, oder die an Universitätslehrer als Privatpersonen als Förderungen oder als Entgelt für Privatgutachten gehen. Sie stammen insbesondere von: Privatpersonen, Unternehmen, Bundesbudget oder sonstigen Gebietskörperschaften, Kammern, FWF, sonstigen selbstständigen Fonds oder von Vereinen und anderen juristischen Personen.[2]
Europäisches Paradoxon	"This mobilization is all the more necessary as Europe suffers from a paradox. Compared with the scientific performance of its principal competitors, that of the EU is excellent, but over the last fifteen years its technological and commercial performance in high-technology sectors

such as electronics and information technologies has deteriorated. The presence of sectors in which the scientific and technological results are comparable, if not superior, to those of our principal partners, but where the industrial and commercial performance is lower or declining, indicates the strategic importance of transforming the scientific and technological potential into viable innovations”[3]

first mover advantage	Vorteil eines Unternehmens, das als erstes mit einem neuen Produkt den Markt betritt und dadurch Vorteile z.B. bei der Preisgestaltung (“skimming”) erzielt.
Forschung & Entwicklung	Forschung und experimentelle Entwicklung umfasst systematische, kreative, die zur Erhöhung des Wissensstandes durchgeführt wird. Dieses beinhaltet das Wissen über Menschen, Kultur und Gesellschaft und auch den Gebrauch dieses Wissens für die Entwicklung und Anwendung. [4]
Forschungsauftrag	Ein Forschungsauftrag ist ein Rechtsgeschäft zwischen einem Auftraggeber und einem Auftragnehmer, durch den sich der Auftragnehmer zur Erbringung einer bestimmten Forschungsleistung innerhalb einer bestimmten Frist sowie der Abtretung von Rechten an den Forschungsergebnissen und der Auftraggeber zur Bezahlung eines Entgeltes verpflichtet.[5]
Gefangenendilemma	Beschreibt, wie individuell rationale Entscheidungen zu kollektiv schlechteren Ergebnissen führen. Demnach werden zwei Gefangene unabhängig voneinander befragt, ob sie eine Straftat begangen haben. Das Schweigen oder Geständnis führt zu Freiheit oder unterschiedlichen Gefängnisstrafen. Da jedoch der einzelne Gefangene nicht weiß, wie sich der andere entscheidet und eine Absprache mit dem anderen nicht möglich ist, wird eine individuelle Strategie gewählt.[6] Auf Basis einer Studie wurde von Axelrod TIT-for-TAT als die beste Strategie eruiert. Mittlerweile haben sich jedoch auch andere Strategien wie zB die Manchesterstrategie entwickelt.
Geschäftsmodell	„An architecture for the product, service and information flows, including a description of the various business actors and their roles; and a description of the potential benefits for the various business actors; and a description of the sources of revenues.“[7] Institutionalisierte Form der Produktion von Wert(„Unternehmen“); besteht aus 3

Komponenten (i)Nutzenversprechung (ii) Wertschöpfungsarchitektur (iii) Erlösmodell

harvesting effects Die nachträgliche Verwertung bereits entstandener Forschungsergebnisse.[8]

Informatisierung Der Begriff geht auch Nora und Minc zurück und wird in erster Linie als Durchdringung von IuK Technologien in allen Lebensbereichen der Gesellschaft verstanden

Innovation[9] „Erneuerung“ (lat. innvatio).

„bei Innovation geht es um etwas Neues: neue Produkte, neue Verfahren, neue Vertragsformen, neue Vertriebswege, neue Werbeaussagen, neue Corporate Identity.“ (Hausschild)

„Innovation ist ein Prozess, bei dem neue Ideen in die Praxis gelangen“ (Rickards)

Charakteristika von Innovationen nach Schumpeter[10]

- Die Herstellung eines neuen, also dem Kreis der Konsumenten noch nicht vertrautes Gut, oder einer neuen Qualität eines Gutes.
- Die Einführung einer neuen Produktionsmethode.
- Das Erschließen eines neuen Absatzmarktes.
- Die Durchführung einer Neuorganisation, das Erreichen einer Monopolstellung, oder das Durchbrechen eines Monopols.
- Die Eroberung einer neuen Bezugsquelle von Rohstoffen oder Halbfabrikaten unabhängig davon ob diese Bezugsquelle bereits
- zuvor existierte (z.B. nicht beachtet wurde, oder unzugänglich war).

open vs closed innovation[11] "In the *open innovation model,* firms commercialize external (as well as internal) ideas by deploying outside (as well as in-house) pathways to the market. Specifically, companies can commercialize internal ideas through channels outside of their current businesses in order to generate value for the organization. Some vehicles for accomplishing this include startup companies (which might be financed and staffed with some of the company's own personnel) and licensing agreements. In addition, ideas can also originate outside the firm's own labs and be brought inside for commercialization. In other words, the boundary between a firm and its surrounding environment is more porous, enabling innovation to move easily

	between the two" "In closed innovation, a company generates, develops and commercializes its own ideas"
outside innovation	"Outside Innovation is when customers lead the design of your business processes, products, services, and business models and attract other customers to build a vital customer-centric ecosystem around your products and services."[12]
user innovation	Aufbauend auf den Terminus Prosument[13] wird der Kunde als Anwender in Innovationsprozesse eingebunden.[14] Nach von Hippel sind es dabei die "Lead User", die durch ihr Marktgespür mitentscheiden, in welche Richtung weiter geforscht werden soll.
Innovation i.e.S.;	Unterteilung nach dem Umfang. Innovation i.e.S. umfasst Produkt- und Markteinführung;
Innovation i.w.S.	Innovation i.w.S. umfasst zusätzlich zu Innovation i.e.S. F&E, Marktdurchsetzung, Konkurrenzentstehung.
objektiv vs subjektiv	Unterteilung nach der Dimension (*für wen neu?*)
Produkt-, Prozess-, Markt-, oder Sozial innovation	Unterteilung nach dem Gegenstandsbereich.
pull-, push-innovation	Unterteilung nach dem Ursprung der Auslösung.
Radikal-, Inkremen tal- Innovation	Unterteilung nach dem Grad der Veränderung.
Aspekte der Innova tionsforschung	Dosi sieht einen institutionen-ökonomischen Ansatz bei Innovation und fokussiert sich bei den Quellen und Prozeduren auf die Mikroökonomie.[15] Levin beschreibt hingegen spieltheoretisch industrieweite Effekte von F&E auf das Unternehmen und den damit verbundenen technischen Fortschritt. Aufbauend auf Solow zeigt wiederum Romer als Vertreter der neuen Wachstumstheorie, wie die Steigerung der Produktivität des Humankapitals zu endogenem Wachstum führt.[16] Nelson und Winter versuchen, Innovation durch ihr Evolutionsmodell anhand behavio-

	ristischer Auffassungen des Unternehmensverhaltens zu erklären.[17] In späteren Arbeiten beschäftigte sich Freeman wie auch Grupp[18] mit dem Messbar- machen von Wissenschaft, Technologie und Innovation anhand von Indikatoren[19], sowie der Nachhaltigkeit von Innovationssystemen für das Wirtschaftswachstum und die Veränderung der Institutionen.[20]
Invention	"The first idea, sketch or contrivance for a new-to-the-world product, process, or system, which may or may not be patented."[21]
Intermediation	Ein zusammengesetztes Wort aus den lat. „inter" = zwiscehn, während, unter; sowie „medius" = dazwischenliegend, der mittlere; im Allgemeinen bezeichnet es einen Mittler zwischen zwei Partnern.
Cybermediation	Drückt einen virtuellen Bezug des Begriffes Intermediation aus.
Disintermediation	Wegfall von Stufen in der Wertschöpfungskette aufgrund neu auftretender Formen von Intermediation.
Intramediation	Intermediation innerhalb einer Organisation.
Konsortialvertrag	Vertrag mit Dritten ohne konkretisierten Leistungsinhalt. In solchen Rahmenverträgen wird zwischen den Vertragspartnern vereinbart, miteinander künftig (bestimmte Laufzeit) auf einem bestimmten wissenschaftlichen Gebiet und nach den allenfalls schon im Rahmenvertrag vereinbarten Regeln (Entgeltrahmen, Laufzeit, Schutzrechte usw.) gesonderte Verträge über Forschungsaufträge mit konkretisierten Leistungsinhalten abzuschließen.[22]
Kooperation	„Zusammenarbeit" (lat. cooperatio), Auf Grund der Vielzahl der möglichen Ausprägungen existiert keine einheitliche Begriffsdefinition. Sie können im Allgemeinen als eine Organisationsform zwischen Markt und Hierarchie beschrieben werden.[23]
diagonal	Unternehmen unterschiedlicher Branchen.
horizontal	Unternehmen der gleichen Branche, die auf derselben Wertschöpfungsstufe stehen.

Vertikal	Unternehmen der gleichen Branche, unterschiedliche Wertschöpfungsstufen.
mode 2	Sie beschreibt die von Gibbons et al postulierte neue Form der wissenschaftlichen Wissensproduktion, die in nationalen und internationalen Kooperation oft kontextbezogen und durch integrative Forschung entsteht.[24] Im Gegensatz dazu steht Mode 1 für eine homogene, akademische, disziplinäre Forschung. Hessels und Lente bestätigen, dass sich eine neue Form der Wissensproduktion entwickelt hat, kritisieren jedoch die Richtigkeit der definierten Ausprägungen[25]
Performativität	Performativität bezieht sich, in der Interpretation von Lyotard, auf eine Form des Sprachgebrauchs, die – im Unterschied zum denotativen Gebrauch – Sprache als Wirkinstrument („Hiermit erkläre ich dieses Werk für vollendet!") einsetzt. Analog lässt sich performatives Wissen als handlungsorientiert und weltverändernd verstehen, im Gegensatz zu erkenntnisorientiertem, d.h. epistemischem Wissen. In der Moderne und ihrer Präferenz für realtechnische Machbarkeit und Veränderung kommen dem performativen Wissen und der performativen Sprache (deren markanteste Ausprägung die imperativen formalen Sprachen der Computerprogrammierung – „command languages" – bilden) überragende Bedeutung zu: ‚performativ' bezieht sich auf den zumindest beabsichtigten Effekt, dem ein Referent unterliegt; der Wert des Wissens bemisst sich folglich nach der Reichweite der daraus evozierbaren Effekte.
reverse engineering	„An engineering process by which a product or production process is disassembled and analyzed with the purpose of learning its design and function"[26]
Schutzrechte, IP	Gesetzlich normierter Schutz geistigen Eigentums.[27], "Certain creation of the human right are given the legal aspects of a property right. IP is an all-encompassing term, which includes patents, copyright, trademarks, trade secrets, right to fair competition and moral rights"[28] Ein Management von Schutzrechten ist insbesondere in Bereichen, wie der Mobilfunkindustrie, von Belang, wo der Besitzer eines einzigen Patentes die Entwicklung in einer ganzen Branche blockieren kann.[29]

Gebrauchsmuster	neu, auf einen erfinderischen Schritt beruhend, gewerblich anwendbar[30] Laufzeit: 10 Jahre, Kosten für Anmeldeverfahren in AT: 350 €[31]
Geschmacksmuster	Schutzfähige, zweidimensionale Muster oder dreidimensionale Modelle, wenn sie neu und gewerblich verwertbar sind, sowie auf den menschlichen Farben- und Formsinn wirken.[32]
Lizenz	Überlassung der Benützung der Erfindung eines Patentinhabers an eine dritte Person für das ganze oder einen Teil des Geltungsgebietes mit oder ohne Ausschluss anderer Benützungsberechtigter.[33] Ausprägungen nach Granstrand: *exclusive-* for only one user, *sole –* for only one user beside the licensor, *sub-* the licensee permit to another licensee, *compulsory-* a license which has to be offered, *grant-back-* the licensee has granted the licensor on I provements made by the licensee, *cross-* licenses are swapped between licensor and licensee, *block-* license for a bundle of IPR, for a example a package of patents
Patente	Das sind Erfindungen, die neu sind (nicht zum Stand der Technik gehört) sich für einen Fachmann nicht in naheliegender Weise aus dem Stand der Technik ergeben und gewerblich anwendbar sind.[34] Laufzeit: 20 Jahre, Kosten für Anmeldeverfahren in AT: 500 €[35]
Serendipität	Bezogen auf den Informationsabruf bzw. die –suche im Internet wird damit der Sachverhalt beschrieben, wenn unbeabsichtigt nützliche Informationen entdeckt werden.
Technik[36]	(1) Gesamtheit der Maßnahmen, Einrichtungen und Verfahren, die dazu dienen naturwissenschaftliche Erkenntnisse praktisch nutzbar zu machen; (2) ausgebildete Fähigkeit, Kunstfertigkeit, die zur richtigen Ausübung einer Sache notwendig ist; (3) Gesamtheit der Kunstgriffe und Verfahren, die auf ei-

nem bestimmten Gebiet üblich sind;
(4) Herstellungsverfahren

Technologie[37]

(1) Wissenschaft von der Umwandlung von Rohstoffen in Fertigprodukte;
(2) Methodik und Verfahren in einem bestimmten Forschungsgebiet;
(3) Gesamtheit der zur Gewinnung und Bearbeitung oder Verformung von Stoffen nötigen Prozesse;
(4) Technik

„a body of knowledge about techniques and technical relationships, typically regarding ways to transform material matter to achieve more desirable physical effects. The body of knowledge referred to may be more or less specialized“

Basistechnologie

“Technologies that a business draws on that are common to all competitors and do nor in themselves allow for differentiation and premium pricing”[38]

Schlüsseltechnologie

“Technologies that directly influence those product performance and quality parameters that target customers are willing are willing or prepared to pay a premium price for. Key technologies are also those (process) technologies that allow for major cost reduction if they are applied in the production process”[39]

Technologietransfer

der planvolle, zeitlich limitierte und freiwillige Prozess der Übertragung einer Technologie.[40], Prozesse, durch die Erfindungen der Hochschule für die Entwicklung von Produkten und Dienstleistungen verfügbar gemacht werden.[41], eine zielgerichtete, planvolle Übertragung von einem Sender auf einen Empfänger...[42]

indirekt vs direkt

Über eine technische Verbindung oder zwischenmenschlich („direkter Kontakt“)

intern vs extern

Innerhalb oder außerhalb der Organisationsebene

push vs pull

Unterteilung nach dem Initiator, als Angebots- oder Nachfrage orientiert

The Long Tail

Ein von Anderson geprägter Terminus, der sich insbesondere auf die Möglichkeit im Internet bezieht durch eine große Anzahl an Nischenprodukten Gewinn zu machen. Damit verbunden verliert der zuvor gültige Pareto-Effekt (80:20 Regel) zunehmend seine Gültigkeit.[43]

Triple Helix-Modell	„The Triple Helix thesis states that the university can play an enhanced role in innovation in increasingly knowledge-based societies. The common objective is to realize an innovative environment consisting of university spin-off firms, tri-lateral initiatives for knowledge based economic development, and strategic alliances among firms large and small, operating in different areas, and with different levels of technology., government laboratories, and academic research groups. These arrangements are often encouraged, but not controlled, by government."[44]
University-Industry-Linkages	Verbindungen zwischen Hochschulen und Industrie. George et al schreiben dazu "A widely used strategy in science-based industries is for firms to develop close linkages with universities that can give companies flexibility in conducting research and development. This is important because modern technology demands the mastery of multifaceted scientific disciplines that only few companies possess." [45]
Wissen	(althoch-dt. „wizzan") „gesehen werden" wahre, gerechtfertigte Meinung (Platon), „from causes to the effect" (Albert von Saxony) „die Gesamtheit der Kenntnisse und Fähigkeiten, die Individuen zur Lösung einsetzen"[46]
Wissensattribute nach Machlup	Während Immanuel Kant und später Noam Chomsky der Herkunft nach zwischen a priorischem und a posteriorischem Wissen unterschieden, grenzte Fritz Machlup die fünf Kategorien praktisches-, intellektuelles-, „small-talk" und vergangenheitsbezogenes-, spirituelles-, sowie ungewolltes Wissen voneinander ab.[47] Diese Sparten weisen ihrerseits Anteile in jeweils unterschiedlichem Ausmaß aus: Grundlagen-, angewandtem-, wissenschaftlichem-, generell abstraktem-, analytischem-, sozial neuem-, historischem-, empirischem-, subjektiv neuem-, partiell greifbarem Wissen, sowie aus Wissen mit beständigem oder vorübergehendem Interesse auf.
Wissensmanagement	„a term for the management of knowledge related resources ... it is a broader term than technology manage-

ment, with technology taken to mean a body of knowledge about techniques"[48]

ANMERKUNGEN ZU DEN BEGRIFFSDEFINITIONEN

[1] Vgl. Bast und Vodrazka (2000), S. 79
[2] Vgl. ebd. S.12
[3] Vgl. EU (1995), S. 5
[4] Vgl. Frascati
[5] Vgl. Bast und Vodrazka (2000), S. 56
[6] Vgl. dazu weiterführend Dieckmann (2009)
[7] Vgl. Timmers (1998)
[8] Vgl. Blind et al (2008)
[9] Vgl. Stummer et al (2003), S. 13ff
[10] Vgl. Schumpeter (1964), S. 100
[11] Vgl. Chesbrough (2003), S. 41ff
[12] Vgl. Seybold (2006)
[13] Vgl. Toffler (1970)
[14] Vgl. van Hippel (1988)
[15] Vgl. Dosi (1988), S. 1120
[16] Vgl. Romer (1986), S.1002ff
[17] Vgl. Nelson und Winter (1982)
[18] Vgl. Grupp (1997)
[19] Vgl. Freeman und Soete (2009), S. 583
[20] Vgl. Freeman (2002), S. 191
[21] Vgl. Granstrand (2000), S. 413
[22] Vgl. Bast und Vodrazka (2000), S. 95
[23] Vgl. Stummer et al (2006), S. 116ff
[24] Vgl. Gibbons et al (1994)
[25] Vgl. Hessels und van Lente (2008), S. 740
[26] Vgl. Granstrand (2000), S. 417
[37] Vgl. Stummer et al (2006), S. 131ff
[28] Vgl. Granstrand (2000), S. 413
[29] Vgl. Beckers et al (2002), S. 1141ff
[30] Vgl. §1 österr. Gebrauchsmustergesetz (Stand: 2009)
[31] Vgl. Patentamt (2010)
[32] Vgl. §6 österr. Musterschutzgesetz (Stand: 2009)
[33] Vgl. §35 österr. Patentgesetz (Stand: 2009)
[34] Vgl. §§1 und 3 österr. Patentgesetz (Stand: 2009)
[35] Vgl. Patentamt (2010)
[36] Vgl. Wilhelm (2000), S. 14
[37] Vgl. ebd. S. 14
[38] Vgl. Granstrand (2000), S. 409
[39] Vgl. Granstand (2000), S. 414
[40] Vgl. Corsten (1982), S. 11
[41] Vgl. Walker (1986), S. 20
[42] Vgl. Paquin (2000), S. 27
[43] Vgl. Anderson (2003), S. 4ff
[44] Vgl. Etzkowitz und Leydesdorff (2000), S. 109 und S. 112
[45] Vgl. George et al (2002)
[46] Vgl. Probst et al (2006), S. 22
[47] Vgl. Machlup (1962), S. 21ff
[48] Vgl. Granstrand (2000), S. 355f

Quellenverzeichnis

Bibliographie

Acs, J.; Audretsch, D.B. (1988). Innovation in Large and Small Firms: An Empirical Analysis. *The American Economic Review* **78** (4): 678-690

Acs, J.; Audretsch, D.B.; Feldman M.P. (1992). Real Effects of Academic Research. *The American Economic Review* **82** (1): 363-367

Acworth, E. (2008). University-Industry Engagement: The Formation of the Knowledge Integration Community Model at the Cambridge-MIT Institute. *Research Policy* **37:** 1241-1254

Adams, J.D. (1990). Fundamental Stocks of Knowledge and Productivity Growth. *Journal of Politic Economy* **98** (4): 673-702

Aebli, H. (1988). Begriffliches Denken. In: Mandl, H.; Spada, H. (Hrsg.) *Wissenspsychologie*. München-Weinheim: Psychologie Verlags Union, 227-246

Aghion, P. (2002). Schumpeterian Growth Theory and the Dynamics of Income Inequality. *Econometrica* **70** (3): 854-882

Aghion, P.; David, P.A.; Foray, D. (2009). Science, Technology and Innovation for Economic Growth: Linking Policy Research and Practice in 'STIG Systems'. *Research Policy* **38:** 681-693

Agrawal, A. (2006). Engaging the Inventor: Exploring Licensing Strategies for University Inventions and the Role of Latent Knowledge. *Strategic Management Journal* **21** (1): 63-79

Agrawal, A.; Henderson, R. (2002). Putting Patents in Context: Exploring Knowledge Transfer from MIT. *Management Science* **48** (1): 44-60

Ahuja, G. (2000). Collaboration Networks, Structural Holes, and Innovation: A Longitudinal Study. *Administrative Science Quarterly* **45**: 425-455

Akerlof, G. (1970). The Market for Lemons: Quality Uncertainty and the Market Mechanism. *Quarterly Journal of Economics* **84**: 488-500

Alchian, A.A.; Demsetz, H. (1972). Production, Information Costs, and Economic Organization. *American Economic Review* **62**: 777-795

Aldrich, H.; Fiol, M.C. (1994). Fools Rush in? The Institutional Context of Industry Creation. *The Academy of Management Review* **19** (4): 645-670

Allen, T.J. (1977). *Managing the Flow of Technology*. Cambridge, Ma.: MIT Press

Amabile, T.M. (1983). *The Social Psychology of Creativity*. New York: Springer

Amabile, T.M.; Hennessey, B.A.; Grossman, B.S. (1986). Social Influences on Creativity: The Effects of Contracted-for Reward. *Journal of Personality and Social Psychology* **50**: 13-23

Amabile, T.M.; Patterson, C.; Mueller J.; Wojcik T.; Odomirok P.W.; Marsh M.; Kramer S.J. (2001). Academic-practitioner Collaboration in Management Research: A Case of Cross-profession Collaboration. *Academy of Management Journal* **44** (2): 418-431

Amese, F.; Cohendet, P. (2001). Technology Transfer Revisited from the Perspective of the Knowledge-based Economy. *Research Policy* **30**: 1459-1478

Aoki, R.; Shiff A. (2007). *Intellectual Property Access Systems*. Institute of Innovation Research, Hitotsubashi University, Discussion Paper Series A, Nr. 491

Arbib, M.A., Hrsg. (2003). *The Handbook of Brain Theory and Neural Networks*. Cambridge, Ma.: MIT Press, 2. Auflage

Argyres, N. S.; Liebeskind, J.P. (1998). Privatizing the Intellectual Commons: Universities and the Commercialization of *Biotechnology. Journal of Economic Behavior & Organization* **35** (4): 427-454

Arrow, K.J. (1994). Methodological Individualism and Social Knowledge. *American Economic Review* **84** (2): 1-9

Arrow, K.J. (1962). Economic Welfare and the Allocation of Resources for Inventions. In: Nelson, R.R. (Hrsg.) *The Rate and Direction of Inventive Acitivity: Economic and Social Factors*. Princeton: University Press, 609-626

Arrow, K.J. (2000). Observations on Social Capital. In: Dasgupta, P.; Serageldin, I. (Hrsg.) *Social Capital: A Multifaceted Perspective*. Washington DC: World Bank, 3-5

Arvanitis, S.; Kubli, U.; Moerter, M. (2008). University-industry Knowledge and Technology Transfer in Switzerland: What University Scientists Think About Cooperation with Private Enterprises. *Research Policy* **37**: 1865-1883

Atkinson A.B.; Stiglitz J.E. (1969). A New View of Technological Change. *The Economic Journal* **79** (315): 573-578

Audretsch, D.B.; Keilbach, M. (2008). Resolving the Knowledge Paradox: Knowledge-spillover, Entrepreneurship, and Economic Growth. *Research Policy* **37**: 1697-1705

Audretsch, D. B.; Lehmann, B.B. (2005a). Do University Policies Make a Difference? *Research Policy* **34** (3): 343-347

Audretsch, D. B.; Lehmann, B.B. (2005b). Does the Knowledge Spillover Theory of Entrepreneurship Hold for Regions? *Research Policy* **34**: 1191-1202

Audretsch, D.B.; Stephan, P.E. (1996). Company-scientist Locational Links: The Case of Biotechnology. *The American Economic Review* **86** (3): 641-652

Axelrod, R. (1996). *The Evolution of Cooperarion*. Basic Books, 22.Edition, New York

Bakis, Y. (1998). Towards Friction-free Markets: The Emerging Role of Electronic Marketplaces on the Internet. *Communications of the ACM* **8**: 35-42

Baldini N. (2009). Implementing Bayh–Dole-like Laws: Faculty Problems and Their Impact on University Patenting Activity. *Research Policy* **38**: 1217-1224

Bania, N.; Eberts R.W.; Fogarty, M.S. (1993). Universities and the Startup of New Companies: Can We Generalize from Route 128 and Silicon Valley? *Review of Economics and Statistics* **75** (4): 761-766

Baba, Y.; Shichijo N.; Sedita, S.R. (2009). How do Collaborations with Universities Affect Firms' Innovative Performance? The Role of "Pasteur Scientists" in the Advanced Materials Field. *Research Policy* **38**: 756-764

Badaracco jr., J.L. (1991). *Strategische Allianzen. Wie Unternehmen durch know-how Austausch Wettbewerbsvorteile erzielen*. Wien:Ueberreuter

Balkundi, P.; Harrison, D.A. (2006). Ties, Leaders, and Time in Teams: Strong Inference about Network Structure's Effects on Team Viability and Performance. *Academy of Management Journal* **49** (1): 49-68

Barck, K., Hrsg. (1997). *Harold A. Innis – Kreuzwege der Kommunikation: Ausgewählte Texte*. Wien-New York: Springer

Bast, G.; Vodrazka, K. (2000), *Drittmittel-Management an Universitäten. Akquirierung, Verwaltung, Gebahrung*. Hrsg. von der österreichischen Rektorenkonferenz, und Bundesministerium für Bildung, Wissenschaft und Kultur, Wien

Bauman, Z. (2003). *Flüchtige Moderne*. Frankfurt (M): Suhrkamp

Beck, U. (1986). *Die Risikogesellschaft*. Frankfurt (M): Suhrkamp

Becker, G. (1964). *Human Capital*. New York: Columbia University Press

Becker, M. (2009). *Wie zeitgemäß ist Biophilie? Erich Fromm und die Pädagogik der Postmoderne*. Pädagogische Hochschule Karlsruhe: Internationale Erich Fromm-Gesellschaft e.V.

Beise, M.; Licht, G.; Spielkamp, A. (1995). *Technologietransfer an kleine und mittlere Unternehmen. Analyse und Perspektiven für Baden-Würtemburg.* Baden-Baden: Nomos Verlagsgesellschaft (Schriftenreihen des ZEW)

Beise, M.; Stahl, H. (1999). Public research and industrial innovations in Germany. *Research Policy* **28**: 397-422

Bekkers, R.; Duysters, G.; Verspagen, B. (2002). Intellectual Property Rights, Strategic Technology Agreements and the Market Structure – The Case of GSM. *Research Policy* **31**: 1141-1161

Bekkers, R.; Freitas, I.M.B. (2008). Analysing Preferences for Knowledge Transfer Channels Between University and Industry: To What Degree do Sectors also Matter? *Research Policy* **37**: 1837-1853

Bell, D. (1976 [1973]). *Die nachindustrielle Gesellschaft.* Frankfurt (M)-New York: Campus

Beniger, J.R. (1986). *The Control Revolution – Technological and Economic Origins of the Information Society.* Cambridge, Ma.—London: Harvard University Press

Benjamin, W. (1982). *Gesammelte Schriften*, Band Bd. 1. Frankfurt (M): Passagen

Bischoff, J. (2001) *Mythen der New Economy – Zur Politischen Ökonomie der Wissensgesellschaft.* Hamburg: VSA

Blanchard, O. (2006). *Macroeconomics.* Pearson- Prentice Hall, 4. Aufl. New Jersey.

Blind, K.; Cuntz, A.; Schmoch, U. (2008). *Patentverwertungsstrukturen für Hochschulerfindungen im internationalen Verglewich mit dem Schwerpunkt USA, Israel und Japan. Endbericht Projekt 24/07.* Fraunhofer Institut System- und Innovationsforschung/TU Berlin

Boland, R.J.; Singh, J.; Salipante, P.; Aram J.D.; Fay S.Y.; Kanawattanachai P.(2001). Knowledge Representations and Knowledge Transfer. *Academy of Management Journal* **44** (2): 393-417

Borchert, S. (1997) . *Erfolgsfaktoren für die Lizensierung von Technologie der Großforschungseinrichtungen an Unternehmen.* Hamburg, Kovac.

Böschen, S.; Kastenhofer, K.; Rust, I.; Soentgen, J.; Wehling, P. (2008). Entscheidungen unter Bedingungen pluraler Nichtwissenskulturen. In: Mayntz, R.; Neidhardt, F.; Weingart, P.; Wengenroth, U. (Hrsg.) *Wissensproduktion und Wissenstransfer – Wissen im Spannungsfeld von Wissenschaft, Politik und Öffentlichkeit.* Bielefeld: transcript, 197-219

Bourdieu, P. (1975). The Specifity of the Scientific Field and the Social Conditions of the Progress of Reason. *Social Science Information* **14** (6): 19-47

Bourdieu, P. (1986). Forms of Capital. In: Richardson, J.G. (Hrsg.) *Handbook of Theory of Research for the Sociology of Education.* New York: Greenwood, 64-75

Bowker, G.C.; Leigh Star, S. (1999). *Sorting Things Out – Classification and its Consequences.* Cambridge, Ma.-London: MIT Press

Bramwell, A.; Wolfe, D.A. (2008). University and Regional Economic Development – The Entrepreneurial University of Waterloo. *Research Policy* **37**: 1175-1187

Branch, B. (1974). Research and Development Activity and Profitability: A Distributed Lag Analysis. *The Journal of Political Economy* **82** (5): 999-1011

Branstetter, L.G.; Fishman R.; Foley C.F. (2006). Do Stronger Intellectual Property Rights Increase International Technology Transfer? Empirical Evidence from U.S. Firm-level Panel Data. *The Quarterly Journal of Economics* February **32** (1): 77-100

Bray, M. J.; Lee, J.N. (2000). University Revenues from Technology Transfer: Licensing Fees Versus Equity Positions. *Journal of Business Venturing* **15** (5): 385-392

Brockhoff, K.(1999). *Forschung und Entwicklung – Planung und Kontrolle.* Berlin. Oldenbourg, 5.Auflage

Brooks, H. (1967). Applied Science and Technological Progress. *Science* **156**: 1706-12

Brown, J.R.; Fazzari, S.M.; Peterson, B.C. (2009). Financing Innovation and Growth: Cash Flow, External Equity, and the 1990s R&D Boom. *The Journal of Finance* **LXIV** (1): 151-185

Brown, H. (2008). *Knowledge and Innovation: A Comparative Study of the USA, the UK, and Japan.* New York. New York. Routledge.

Brown, T.M.; & Miller, C.E. (2000). Communication Networks in Task—Performing Groups: Effects of Task Complexity, Time Pressure, and Interpersonal Dominance. *Small Group Research* **31** (2): 131-157

Bruce, K. (2006). Henry S. Dennison, Elton Mayo, and Human Relations Historiography. *Management & Organizational History* **1**: 177-199

Buenstorf, G. (2009). Is Commercialization Good or Bad for Schience? Individual-level Evidence from the Max Planck Society. *Research Policy* **38**: 281-292

Bush, V. (1945a). *Science. The Endless Frontier.* Washington: United States Government Printing Office

Bush, V. (1945b). As We May Think. *Atlantic Magazine* **176**: 101-108

Callon, M. (1994). Four Models for the Dynamics of Science. In: Jasanoff, Sh. et al (Hrsg.). *Handbook of Science and Technology Studies.* Thousand Oaks-London-New Delhi: Sage, 29-63

Campbell-Kelly, M.; Aspray, W. (2004). *Computer – A History of the Information Machine.* Cambridge Ma.: Westview (Perseus)

Carter, A.P. (1994). *Production Workers, Metainvestment, and the Pace of Change.* Working paper no. 332, Brandeis University, Dept. of Economics

Cassiman, B., Veugelers, R. (2002). R&D Cooperation and Spillovers: Some Empirical Evidence from Belgium. *American Economic Review* **92**: 1169-1184

Castells, M. (2000). *The Rise of the Network Society.* Blackwell Publishing

Chaminade, C.; Vang J. (2008). Globalisation of Knowledge Production and Regional Innovation Policy: Supporting Specialized Hubs in the Bangalore Software Industry. *Research Policy* **37**: 1684-1696

Chesbrough, H.W. (2003a) The Era of Open Innovation. *Sloan Management Review* **3**: 35-41

Chesbrough, H.W. (2003b). *Open Innovation. The New Imperative for Creating and Profiting from Technology.* Boston, Ma.: Harvard Business School Press

Chrisman, J. J.; Hynes, T.; Fraser, S. (1995). Faculty Entrepreneurship and Economic Development: The Case of the University of Calgary. *Journal of Business Venturing* **10** (4): 267-281

Clarysse, B.; Moray, N. (2004). A Process Study of Entrepreneurial Team Formation: The Case of a Research-based Spin-off. *Journal of Business Venturing* **19** (1): 55-79

Clarysse, B.; Wright, M.; Lockett, A.; Van de Velde, E.; Vohora, A. (2005). Spinning Out New Ventures: A Typology of Incubation Strategies from European Research Institutions. *Journal of Business Venturing* **20** (2): 183-216

Clement, W. (2009). *Cluster in Österreich. Bestandaufnahmen und Perspektiven.* Studie im Auftrag des Bundesministeriums für Wirtschaft, Familie und Jugend, Wien

Coase, R.H. (1937). The Nature of the Firm. *Economica* **4**: 386-405

Cockburn, I.M.; Henderson, R.M. (1998). Absorptive Capacity, Coauthoring Behavior, and the Organization of Research in Drug Discovery. *The Journal of Industrial Economics* **XLVI** (2): 157-182

Cohen, W.M.; Levinthal, D. (1989). Innovation and Learning: Two Faces of R&D. *The Economic Journal* **99** (397): 569-596

Cohen, W.M.; Levinthal, D. (1990). Absorptive Capacity: A New Perspective on Learning and Innovation. *Administrative Science Quarterly* **35**: 128-152

Coleman, J. (1988). Social Capital in the Creation of Human Capital. *American Journal of Sociology* **94** (Supplement): 95-120

Collins, H.M. (1985). *Changing Order: Replication and Induction in Scientific Practice*. London: Sage

Collison, R. (1964). *Encyclopaedias. Their History Throughout the Ages. A Bibliographical Guide with Extensive Historical Notes to the General Encyclopaedias Issued Throughout the World from 350 B. C. to the Present Day*. New York: Hafner

Collins, S.; Wakoh, H. (2000). Universities and Technology Transfer in Japan: Recent Reforms in Historical Perspective. *Journal of Technology Transfer* **25**: 213-222

Colyvas J.; Crow M.; Gelijns A.; Mazzoleni R.; Nelson R.R.; Rosenberg N.; Sampat B.N. (2002). How Do University Inventions Get Into Practice? *Management Science* **48**: 61-72

Corley, E.A.; Boardman, P.C.; Bozeman, B. (2006). Design and the Management of Multi-institutional Research Collaborations: Theoretical Implications From Two Case Studies. *Research Policy* **35**: 975-993

Corsten, H. (1982). *Der nationale Technologietransfer: Formen – Elemente – Gestaltungsmöglichkeiten – Probleme*, Berlin, Verlag E. Schmidt

Crandall, R.; Levich, M. (1998). *A Network Orange – Logic and Responsibility in the Computer Age*. New York: Springer (Copernicus)

Csikszentmihalyi, M. (1996). *Creativity – Flow and the Psychology of Discovery and Invention*. New York: Harper-Collins

Daft, R.R.; Lengel, R. (1984). Information Richness: A New Approach to Managerial Information Processing and Organizational Design. *Research in Organizational Behavior* **6**: 191-233

David, P.A. (1998a) Common Agency Contracting and the Emergence of Open Science Institutions. *American Economic Review* **88** (2): 15-21

David, P.A. (1998b). Communication Norms and the Collective Cognitive Performance of ‚Invisible Colleges'. In: Navaretti, G.; Dagupta, P.; Mäler, K.; Siniscalco, D. (Hrsg.) *Creation and Transfer of Knowledge*. Heidelberg: Springer, 115-163

Deazley, R. (2006). *Rethinking Copyright – History, Theory, Language*. Cheltenham, UK-Northampton, Ma.: Edward Elgar

Debackere, K.; Veugelers, R. (2005). The Role of Academic Technology *Transfer* Organizations in Improving Industry Science Links. *Research Policy* **34** (3): 321-342

Defacio D.; Lockett A.; Wright M. (2009). Funding Incentives, Collaborative Dynamics and Scientific Productivity: Evidence from the EU Framework Program. *Research Policy* **38**: 293-305

D'Este, P.; Patel, P. (2007). University-industry Linkages in the UK: What Are the Factors Determining the Variety of University Researchers' Interactions With Industry? *Research Policy* **36** (9): 1295-1313

Devaraj, S.; Kohli, R. (2003). Performance Impacts of Information Technology: Is Actual Usage the Missing Link. *Management Science* **49** (3): 273-289

Diekmann, A. (2009). *Spieltheorie. Einführung, Beispiele, Experimente*. Reinbek b. Hamburg: Rohwolt.

Di Gregorio, D.; Shane, S. (2003). Why Do Some Universities Generate More Startups Than Others? *Research Policy* **32** (2): 209-227

Dohse, D. (2000). Technology Policy and the Regions — The Case of the BioRegio Contest. *Research Policy* **29**: 1111-1133

Dolfsma, W.; Chaminade, C.; Vang, J. (2008). Knowledge Dynamics out of Balance: Knowledge Biased, Skewed and Unmatched: Editorial. *Research Policy* **37**: 1657-1658

Dosi, G. (1988). Sources, Procedures and Microeconomic Effects on Innovation. *Journal of Economic Literature* **XXVI** (3): 1120-1171

Doutriaux, J. (1987). Growth Pattern of Academic *Entrepreneurial* Firms. *Journal of Business Venturing* **2** (4): 285

Drucker, P. (1959). *Landmarks of Tomorrow*. New York: Harper and Row

Drucker, P. (1969). *The Age of Discontinuity*. New York: Harper and Row

Dyer, J.H.; Singh, H. (1998). The Relational View: Cooperative Strategy and Sources of Interorganizational Competitive Advantage. *Academy of Management Review* **23** (4): 660-679

Eco, U. (2000). *Derrick oder die Leidenschaft für das Mittelmaß. Streichholzbriefe 1990-2000*. Mailand: Hanser.

Edge, D. (1990). Competition in Modern Science. In: Frängsmyr, T. (Hrsg.) *Solomon's House Revisited: The Organization and Institutionalization of Science*. Nobel Symposium 75. Canton: Science History Publications & The Nobel Foundation: 208-232

Eisenstein, E. (1979). *The Printing Press as an Agent of Change: Communications and Cultural Transformations in Early Modern Europe*. 2 Bände. Cambridge UK: Cambridge University Press

Ensley, M.D., Hmieleski, K.M. (2005). A Comparative Study of New Venture *Top* Management Team Composition, Dynamics and Performance Between University-based and Independent Start-ups. *Research Policy* **34** (7): 1091-1105

European Union Documents (1995). *Green Paper on Innovation*. Green Papers, COM 1995_688

European Union Documents (2008). *Green Paper. Copyright in the Knowledge Economy*. Green Papers, COM 2008_466

Etlin, R.A. (1996). *In Defense of Humanism – Value in Arts and Letters*. Cambridge: Cambridge University Press

Etzkowitz, H. (1998). The Norms of Entrepreneurial Science: Cognitive Effects of the New University-industry Linkages. *Research Policy* **27** (8): 823-833

Etzkowitz, H. (2003). Research Groups as 'Quasi-firms': The Invention of the Entrepreneurial University. *Research Policy* **32** (1): 109-121

Etzkowitz, H. (2008). *The Triple Helix: University-industry-government in Action*. New York. New York. Routledge

Etkowitz, H.; Leydesdorff, L. (2000). The Dynamics of Innovation: From National Systems and „Mode 2" to a Triple Helix of University-industry-government Relations. *Research Policy* **29** (2): 109-123

Etzkowitz, H.; Webster, A.; Gebhardt, C.; Terra, B.R.C. (2000). The Future of the University and the University of the Future: Evolution of Ivory Tower to Entrepreneurial Paradigm, *Research Policy* **29** (2): 313-330

Faßnacht, G. (2004). *Nomothesia, Ideographia, and Bemetology*. Mimeo, Draft, Universität Bern, Institut für Psychologie, 37pp.

Feldman, M.; Feller, I.; Bercovitz, J.; Burton, R. (2002). Equity and the Technology Transfer Strategies of American Research Universities. *Management Science* **48**: 105-121

Feller, I.; Ailes, C.P.; Roessner, J.D. (2002). Impacts of Research Universities on Technological Innovation in Industry: Evidence from Engineering Research Centers. *Research Policy* **31**: 457-474

Felt, U.; Nowotny, H.; Taschwer, K. (1995). *Wissenschaftsforschung – Eine Einführung*. Frankfurt (M)-New York: Campus

Fernández-Armesto; F. (1998). *Millenium. Die Weltgeschichte unseres Jahrtausends.* München: Bertelsmann & GEO

Feyerabend, P. (1976). *Wider den Methodenzwang.* Frankfurt (M): Suhrkamp

Feynman, R.P. (1990). *Vom Wesen physikalischer Gesetze.* München: Piper

Fleck, L. (1980). *Entstehung und Entwicklung einer wissenschaftlichen Tatsache.* Frankfurt (M): Suhrkamp

Florida, R. (2002). *The Rise of the Creative Class ... And How It's Transforming Work, Leisure, Community & Everyday Life.* New York: Basic Books (Perseus)

Fontana R.; Geuna A.; Matt M. (2006). Factors Affecting University-industry R&D Projects: *The* Importance of Searching, Screening and Signalling. *Research Policy* **35**: 309-323

Foray, D. (2004). *The Economics of Knowledge.* Cambridge, Ma.-London: MIT Press

Freeman, C. (1974). *The Economics of Industrial Innovation.* Harmondsworth: Penguin Books

Freeman, C. (1995). The 'National System of Innovation' in Historical Perspective. *Cambridge Journal of Economics* **19**: 5-24

Freeman, C.; Soete, L. (2009). Developing Science, Technology and Innovation Indicators: What We Can Learn from the Past. *Research Policy* **38**: 583-589

Freeman, L. (1979). Centrality in Social Networks – Conceptual Clarification. *Social Networks* **1**: 215-239

Friedman, J.; Silberman,J. (2003). University Technology *Transfer*: Do Incentives, Management, and Location Matter? *Journal of Technology Transfer* **28** (1): 17-30

Fromhold-Eisebith, M.; Eisebith, G. (2005). How to Institutionalize Innovative Clusters? Comparing Explicit Top-down and Implicit Bottom-up Approaches. *Research Policy* **34**: 1250-1268

Fromm, E. (1974 [1973]). *Anatomie der menschlichen Destruktivität.* Stuttgart: Deutsche Verlags-Anstalt

Foucault, M. (1973). *Archäologie des Wissens.* Frankfurt (M): Suhrkamp

Fukuyama, F. (1989). The End of History. *The National Interest* (Sommer 1989)

Fukuyama, F. (1992). *The End of History and the Last Man.* New York: Simon & Schuster (Free Press)

Fukuyama, F. (2002). *Our Posthuman Future – Consequences of the Biotechnology Revolution.* New York: Farrar Straus & Giroux

Fuller, S. (2000). *The Governance of Science: Ideology and the Future of the Open Society.* Buckingham: Open University Press

Gans, J. S.; Stern, S. (2003). The Product Market and the Market for Ideas: Commercialization Strategies for Technology Entrepreneurs. *Research Policy* **32** (2): 333-350

Geertz, C. (1987). *Dichte Beschreibung.* Frankfurt (M): Suhrkamp

George, G.; Zahra, S.A.; Wood, D.R. (2002). The Effects of Business-university Alliances on Innovative Output and Financial Performance: A Study of Publicly Traded Biotechnology Companies. *Journal of Business Venturing* **17**: 577-609

Geuna, A. (1998). Determinants of University Participation in EU-funded R&D Cooperative Projects. *Research Policy* **26** (6): 677-687

Geuna, A.; Nesta, L.J.J. (2006). University Patenting and Its Effects on Academic Research: The Emerging European Evidence. *Research Policy* **35**: 790-807

Ghafele, R. (2010). *Technologietransfer und geistiges Eigentum in Österreich.* Diskussionspapier, Rat für Forschung und Technologieentwicklung, Wien

Gibbons, M.; Limoges, C.; Nowotny, H.; Schwartzman S.; Scott P.; Trow M. (1994). *New Production of Knowledge: Dynamics of Science and Research in Contemporary Societies.* London. Sage Publications Ltd.

Gibson, J.J. (1979). *The Ecological Approach to Visual Perception.* Boston: Houghton Mifflin

Gigerenzer, G.; Selten R., Hrsg. (2001). *Bounded Rationality – The Adaptive Toolbox.* Cambridge, Ma.-London: MIT Press

Gillespie, C.C. (1990). *The Edge of Objectivity – An Essay in the History of Scientific Ideas.* Princeton: University Press

Gilster, P. (1997). *Digital Literacy.* New York et al.: Wiley

Giuliani E.; Arza V. (2009). What Drives the Formation of 'Valuable' University-industry Linkages? Insights from the Wine Industry. *Research Policy* **38**: 906-921

Giuri P.; Mariani M.; Brusoni S.; Crespi G.; Francoz D.; Gambardella A.; Garcia-Fontes W.; Geuna A.; Gonzales R.; Harhoff D.; Hoisl K.; Bas C.L.; Luzzi A.; Magazzini L.; Nesta L.; Normaler Ö.; Palomeras N.; Patel P.; Romanelli M.; Verspagen B. (2007). Inventors and Invention Processes in Europe: Results from the PatVal-EU Survey. *Research Policy* **36**: 1107-1127

Goldfarb, B. (2008). The Effect of Government Contracting on Academic Research: Does the Source of Funding Affect Scientific Output? *Research Policy* **37**: 41-58

Goldfarb, B.; Henrekson, M. (2003). Bottom-up Versus *Top*-down Policies Towards the Commercialization of University Intellectual Property. *Research Policy* **32** (4): 639-658

Goldstine, H.H. (1972). *The Computer from Pascal to von Neumann.* Princeton: University Press

Gorz, A. (2004). *Wissen, Wert und Kapital – Zur Kritik der Wissensökonomie.* Zürich: Rotpunktverlag

Gramelsberger, G. (2008). Computersimulationen – Neue Instrumente der Wissensproduktion. In: Mayntz, R.; Neidhardt, F.; Weingart, P.; Wengenroth, U. (Hrsg.) *Wissensproduktion und Wissenstransfer – Wissen im Spannungsfeld von Wissenschaft, Politik und Öffentlichkeit.* Bielefeld: transcript, 75-95

Grandi, A.; Grimaldi, R. (2005). Academics' Organizational Characteristics and the Generation of Successful Business Ideas. *Journal of Business Venturing* **20** (6): 821-845

Granovetter, M.C. (1973). The Strength of Weak Ties: A Network Theory Revisited. *American Journal of Sociology* **78**: 1360-1380

Granovetter, M.C. (1985). Economic Action and Social Structure: The Problem of Embededdness. *American Journal of Sociology* **91** (3): 481-510

Granstrand, O. (1998). Towards a Theory of the Technology-based Firm. *Research Policy* **27**: 465-489

Granstrand, O. (2000). *The Economics and Management of Intellectual Property. Towards Intellectual Capitalism.* Cheltenham: Edward Elgar Publishing

Grigg, T. (1994). Adopting an Entrepreneurial Approach in Universities. *Journal of Engineering and Technology Management* **11**: 273-298

Gruber, H. (1980). Cognitive Psychology, Scientific Creativity, and the Case Study Method. In: Graek, M.D.; Cohen, R.S.; Cimino, G. (Hrsg.) *On Scientific Discovery.* Amsterdam: Reidel, 295-322

Gruber, H.E. (1981). *Darwin on Man – A Psychological Study of Scientific Creativity.* Chicago: University of Chicago Press, 2. Auflage

Gruber, H.E. (1989). The Evolving Systems Approach to Creative Work. In: Wallace, D.B.; Gruber, H.E. (Hrsg.) *Creative People at Work – Twelve Cognitive Case Studies.* New York-Oxford: Oxford University Press, 3-24

Grupp, H. (1997). *Messung und Erklärung des technischen Wandels. Grundzüge einer empirischen Innovationsökonomik.* Berlin, Springer

Grupp, H.; Mogee, M.E. (2004). Indicators for National Science and Technology Policy: How Robust Are Composite Indicators? *Research Policy* **33**: 1373-1384

Gulbrandsen, M.; Smeby, J.C. (2005). Industry Funding and University Professors' Research Performance. *Research Policy* **34** (6): 932-950

Güriiz, K. (2008). *Higher Education and International Student Mobility in the Global Knowledge Economy*. Albany, NY: State University of New York Press

Hacker, F. (1971). *Aggression – Die Brutalisierung unserer Welt*. Wien: Molden

Hafner, K.; Lyon, M. (2008). *ARPA Kadabra – Die Anfänge des Internet*. Heidelberg: dpunkt

Hall, B.H.; Link, A.N.; Scott, J.T. (2003). Universities as Research Partners. *Review of Economics & Statistics* **85** (2): 485-491

Hamel, G.; Prahalad, C.K. (1990). The Core Competence of the Corporation. *Harvard Business Review* **68** (3): 79-91

Hansen, M.T. (1999). The Search-Transfer Problem: The Role of Weak Ties in Sharing Knowledge across Organization Subunits. *Administrative Science Quarterly* **44** (1): 82-85

Harmon, B.; Ardishvili, A.; Cardozo, R.; Elder, T.; Leuthold, J.; Parshall, J.; Raghian, M.; Smith, D. (1997). Mapping the University Technology Transfer Process. *Journal of Business Venturing* **12** (6): 423-434

Hartmann, F. (2002). Wissensgesellschaft und Medien des Wissens. *SWS-Rundschau* **42** (3): 1-22

Harvey, D. (1990). *The Condition of Postmodernity*. Cambridge-Oxford: Blackwell

von Hayek, F.A. (1937). Economics and Knowledge. *Economica* **4** (13): 33-54

von Hayek, F.A. (1945). The Use of Knowledge in Society. *American Economic Review* **35** (4): 519-530

von Hayek, F.A. (1996). *Die Anmaßung von Wissen*. Hrsg. von Wolfgang Kerber. Tübingen: Mohr

von Hayek, F.A. (2002), Competition as a Discovery Procedure. *Quarterly Journal of Austrian Economics* **5** (3): 9-23

Hessels L.K.; van Lente H. (2008). Re-thinking New Knowledge Production: A Literature Review and a Research Agenda. *Research Policy* **37**: 740-760

Hickling-Hudson, A. (2006). *Education as structural violence: Caribbean tensions, Caribbean change*. Invited seminar presented on 11 April, Australian Centre for Peace and Conflict Studies, University of Queensland

Himmelfarb, G. (1997). Revolution in the Library. *The Key Reporter* **62** (Frühjahr): 1-3

Hirsch-Kreinsen, H. (2005). *Wirtschafts- und Industriesoziologie: Grundlagen, Fragestellungen, Themenbereiche*. Weinheim-München: Juventa.

von Hippel, E. (1988). *The Source of Innovation*. Oxford: University Press

von Hippel, E. (1994). „Sticky Information" and the Locus of Problem Solving: Implications for Innovation. *Management Science* **40** (4): 429-439

Howells, J. (2006). Intermediation and the Role of Intermediaries. *Research Policy* **35**: 715-728

Illich, I. (1978). *Fortschrittsmythen*. Reinbek b. Hamburg: Rowohlt

Jacob, M.; Lundqvist, M.; Hellsmark, H. (2003). Entrepreneurial Transformations in the Swedish University System: The Case of Chalmers University of Technology. *Research Policy* **32** (9): 1555-1568

Jain, S.; George G.; Maltarich M. (2009). Academics or Entrepreneurs? Investigating Role Identity Modification of University Scientists Involved in Commercialization Activity. *Research Policy* **38**: 922-935

Jensen, M.C.; Meckling W.M. (1976). Theory of the Firm: Managerial Behavior, Agency Costs and Ownership Structure. *Journal of Financial Economics* **3**: 305-360

Jensen, R.A.; Thursby, M.C. (2001). Proofs and Prototypes for Sale: The Licensing of University Inventions. *American Economic Review* **91** (1): 240-259

Jiang X.; Li Y. (2009). An Empirical Investigation of Knowledge Management and Innovative Performance: The Case of Alliances. *Research Policy* **38**: 358-368

Jones, C.I. (2005). The Shape of Production Function and the Direction of Technical Change. *Quaterly Journal of Economics* **120** (2) 517-549

Jong, S. (2008). Academic Organizations and New Industrial Fields: Berkeley and Stanford After the Rise of Biotechnology. *Research Policy* **37**: 1267-1282

Klofsten, M.; Jones-Evans, D. (2000). Comparing Academic entrepreneurship inEurope – The Case of Sweden and Ireland. *Small Business Economics* **14**: 299-309

Knie, A.; Simon, D.; Bruan-Thürmann, H.; Möll, G.; Jacobsen, H. (2008). Entrepreneurial Science? Typen akademischer Ausgründungen. In: Mayntz, R.; Neidhardt, F.; Weingart, P.; Wengenroth, U. (Hrsg.) *Wissensproduktion und Wissenstransfer – Wissen im Spannungsfeld von Wissenschaft, Politik und Öffentlichkeit*. Bielefeld: transcript, S. 293-311

Kodama, T. (2008). The Role of Intermediation and Absorptive Capacity in Facilitating University-industry Linkages — An Empirical Study of TAMA in Japan. *Research Policy* **37**: 1224-1240

Koestler, A. (1967). *The Act of Creation*. New York: Dell

Krabel, S.; Mueller, P. (2009). What Drives Sientists to Start Their Own Company? An Empirical Investigation of Max Planck Society Scientists. *Research Policy* **38**: 947-956

Kreibich, R. (1986). *Die Wissensgesellschaft – Von Galilei zur High-Tech-Revolution*. Frankfurt (M): Suhrkamp

Kriegesmann, B.; Kerka, F.; Sieger ,C.A.; Striewe, F.; Yaldizli, F.(2006). *Perspektiven für den Wissenstransfer in Schulen und Schulsystemen. Lehren aus dem institutionellen Technologie- und Wissenstransfer*, Schneider Verlag .

Krugman, P. (1991). Increasing Returns and Economic Geography. *Journal of Political Economy* **99** (3): 483-499

Kuhn, T.S. (1970). *Die Struktur wissenschaftlicher Revolutionen*. Frankfurt (M): Suhrkamp

Kuhn, T.S. (1977). *The Essential Tension: Selected Studies in Scientific Tradition and Change*. Chicago: University Press

Laudon, C.K.; Laudon, J.P.; Schode, D. (2009). *Wirtschaftsinformatik: Eine Einführung*. München: Pearson Studium

Latour, B.; Woolgar, S. (1986). *Laboratory Life – The (Social) Construction of Scientific Facts*. Beverly Hills: Sage

Laursen, K.; Salter, A. (2004). Searching High and Low: What Types of Firms Use Universities as a Source of Innovation? *Research Policy* **33**: 1201-1215

Lee, Y.S. (1996). Technology Transfer and the Research University: A Search for the Boundaries of University-industry Collaboration. *Research Policy* **25**: 843-863

Lee, Y.S. (2000). The Sustainability of University-industry Research Collaboration: An Empirical Assessment. *Journal of Technology Transfer* **25**: 111-133

Lehrer, M.; Nell, P.; Gärber, L. (2009). A National Systems View of University Entrepreneurialism: Inferences from Comparison of the German and US Experience. *Research Policy* **38**: 268-280

Leigh Star, S.; Griesemer, J.R. (1989). Institutional Ecology, 'Translations' and Boundary Objects: Amateurs and Professionals in Berkeley´s Museum of Vertebrate Zoology. *Social Studies of Science* **19** (3): 387-420

Lendner, C. (2002). *Organisationsmodell und Erfolgsfaktoren von Hochschulinkubatoren. Eine internationale Studie*. FGF Entrepreneurship-Research Monographien Band 45. Lohmar-Köln: Eul

Leroi-Gourhan, A. (1995). *Hand und Wort: Die Evolution von Technik, Sprache und Kunst*. Frankfurt (M): Suhrkamp

Lessig, L. (2004). *Free Culture – The Nature and Future of Creativity*. New York et al: Penguin

Levin R.C.; Cross R. (2004). The Strength of Weak Ties You Can Trust: The Mediating Role of Trust in Effective Knowledge Transfer. *Management Science* **50** (11): 1477-1490

Link A.N.; Siegel S.D. (2005). University-based Technology Initiatives: Quantitative and Qualitative Evidence. *Research Policy* **34**: 253-257

Lockett, A.; Siegel, D.; Wright, M.; Ensley, D.M. (2005). The Creation of Spin-off Firms at Public Research Institutions: Managerial and Policy Implications. *Research Policy* **34** (7): 981-993

Logan, R.K. (1986). *The Alphabet Effect*. New York: St. Martin's Press

Louis, K. S.; Blumenthal, D.; Gluck, M.E.; Stoto, M.A. (1989). Entrepreneurs in Academe: An Exploration of Behaviors Among Life Scientists. *Administrative Science Quarterly* **34** (1): 110-131

Luhmann, N. (1997). *Die Gesellschaft der Gesellschaft*. 2 Bde. Frankfurt (M): Suhrkamp

Lyotard, J.-F. (1999). *Das postmoderne Wissen – Ein Bericht*. Hrsg. Von Peter Engelmann. Wien: Edition Passagen

Machlup, F. (1973). *The production and distribution of knowledge in the United States*. Princeton University Press

Macpherson, A.; Holt, R. (2007). Knowledge, Learning and Small Firm Growth: A Systematic Review of the Evidence. *Research Policy* **36**: 172-192

Malone, T.W.; Crowston, K. (1994). The Interdisciplinary Study of Coordination. *ACM Computing Surveys* **26** (1): 87-119

Malinen, P.; Puhkainen,J.; Paasio,A. (2009). *From Science to Business: Case Turku Innovation Plattform*. Working Paper

Mansfield, E. (1995). Academic Research Underlying Industrial Innovations: Sources, Characteristics, and Financing. *Review of Economics and Statistics* 77 (1): 55-65

Mansfield, R.S. (1996). Building Competency Models: Approaches for HR Professionals. *Human Resource Management* **35** (1): 7-18

Markman, G.D.; Gianiodis, P.T.; Phan, P.H.; Balkin, D.B. (2004), Entrepreneurship from the Ivory Tower: Do Incentive Systems Matter? *Journal of Technology Transfer* **29**: 353-364

Markman, G.D.; Gianiodis, P.T.; Phan, P.H.; Balkin, D.B. (2005a) Innovation Speed: Transferring University Technology to Market. *Research Policy* **34** (7): 1058-1075

Markman, G.D.; Gianiodis, P.T.; Phan, P.H.; Balkin, D.B. (2005b). Entrepreneurship and University-based Technology Transfer. *Journal of Business Venturing* **20** (2): 241-263

Martindale, C. (1999). Biological Bases of Creativity. In: Sternberg, R.J. (Hrsg.). *Handbook of Creativity*. Cambridge: University Press, S. 137-152.

Martinelli A.; Meyer M.; van Tunzelmann, M. (2008). Becoming an Entrepreneurial University? A Case Study of Knowledge Exchange Relationships and Faculty Attitudes in a Medium-sized, Research-oriented University. *Journal of Technology Transfer* **33**: 259-283

Mayntz, R.; Neidhardt, F.; Weingart, P.; Wengenroth, U.(2008). *Wissensproduktion und Wissenstransfer: Wissen im Spannungsfeld von Wissenschaft, Politik und Öffentlichkeit*. Bielefeld: transcript

McCain, R.A. (1992). *A Framework for Cognitive Economics*. Westport: Praeger

Merton, R.K. (1942). The Normative Structure of Science In: Merton, R.K., Hrsg. (1973). *The Sociology of Science: Theoretical and Empirical Investigations*. Chicago: University of Chicago Press

Merton, R.K. (1957). *Social Theory and Social Structure*. Glencoe, Ill.: Free Press

Metcalfe, J.S. (1998). *Evolutionary Economics and Creative Destruction*. New York: Routledge

Mian, S. A. (1996). Assessing Value-added Contributions of University Technology Business Incubators to Tenant Firms. *Research Policy* **25** (3): 325-335

Mian, S. A. (1997). Assessing and Managing the University Technology Business Incubator: An Integrative Framework. *Journal of Business Venturing* **12** (4): 251-285

Miller, A.I. (1989). Imagery and Intuition in Creative Scientific Thinking: Albert Einstein's Invention of the Special Theory of Relativity. In: Wallace, D.B.; Gruber, H.E. (Hrsg.) *Creative People at Work – Twelve Cognitive Case Studies*. New York-Oxford: Oxford University Press, 171-187

Mittelstraß, J. (1998). *Die Häuser des Wissens*. Frankfurt (M): Suhrkamp (Wissenschaftstheoretische Studien)

Miotti, L.; Sachwald, F. (2003). Co-operative R&D: Why and With Whom? An Integrated Framework of Analysis. *Research Policy* **32**: 1481-1499

Mladenow, A. (2010). *IKT-gestützte Geschäftsmodelle für strategische Forschungskooperationen zwischen Wissenschafts- und Praxispartnern*. Master Thesis, Universität Wien

Mohrman, S.; Gibson, C.; Mohrman, A. (2001). Doing Research That Is Useful to Practice: A Model and Empirical Exploration. *Academy of Manamegent Journal* **44**: 357-375

Mok, K.H. (2005). Fostering Entrepreneurship: Changing Role of Government and Higher Education Governance in Hong Kong. *Research Policy* **34** (4): 537-554

Moray, N.; Clarysse, B. (2005). Institutional Change and Resource Endowments to Science-based Entrepreneurial Firms. *Research Policy* **34** (7): 1010-1027

Mowery, D.C.; Nelson, R.R.; Sampat, B.N.; Ziedonis, A.A. (2001). The Growth of Patenting and Licensing by the US Universities: an Assessment of the Effects of the Bayh-Dole Act of 1980. *Research Policy* **30** (1): 99-119

Mowery, D.C.; Nelson, R.R.; Sampat, B.N.; Ziedonis, A.A. (2004). *Ivory tower and industrials innovation. University-industry technology transfer before and after the Bayh-Dole Act*. Stanford: University Press.

Mowery, D.C.; Sampat, B.N.; Ziedonis, A.A. (2002). Learning to Patent: Institutional Experience, Learning, and the Characteristics of US University Patents After the Bayh-Dole Act, 1981–1992. *Management Science* **48** (1): 73-89

Mowery, D.C.; Ziedonis, A.A. (2002). Academic Patent Quality and Quantity Before and After the Bayh-Dole Act in the United States. *Research Policy* **31**: 399-418

Mudambi, R.; Swift, T. (2009). Professional Guilds, Tension and Knowledge Management. *Research Policy* **38**: 736-745

Murray, F. (2004). The role of Academic Inventors in Entrepreneurial Firms: Sharing the Laboratory Life. *Research Policy* **33**: 643-659

Mustar, P.; Renault, M.; Colombo, M.G.; Piva, E.; Fontes, M.; Lockett, A. (2006). Conceptualising the Heterogeneity of Research-based Spin-offs: A Multi-dimensional Taxonomy. *Research Policy* **35** (2): 289-308

Nandy, A. (2000). Recovery of Indigenious Knowledge and Dissenting Futures of the University. In: Inayatullah, S.; Gidley, J. (Hrsg.) *The University in Transformation: Global Perspectives on the Futures of the University*. Westport, Ct: Bergin & Garvey, 115-123

Narin, F.; Kimberley, S.; Hamilton, S.; Olivastro, D. (1997). The Increasing Linkage Between US *Technology* and Public Science. *Research Policy* **26** (3): 317-330

Narula, R.; Santangelo, G.D. (2009). Location, Collocation and R&D Alliances in the European ICT Industry. *Research Policy* **38**: 393-403

Naschold, F. (1993). *Modernisierung des Staates – Zur Ordnungs- und Innovationspolitik des öffentlichen Sektors.* Berlin: edition sigma (Rainer Bohn Verlag)

Neidhardt, F.; Mayntz, R.; Weingart, P.; Wengenroth, U. (2008). Wissensproduktion und Wissenstransfer – Zur Einleitung. In: Mayntz, R.; Neidhardt, F.; Weingart, P.; Wengenroth, U. (Hrsg.) *Wissensproduktion und Wissenstransfer – Wissen im Spannungsfeld von Wissenschaft, Politik und Öffentlichkeit.* Bielefeld: transcript, 19-37

Nelson, R.R. (1959). The Simple Economics of Basic Scientific Research. *Journal of Political Economy* **67** (3): 297-306

Nelson, R.R. (2001). Observations on the Post-Bayh-Dole Rise of Patenting at American Universities. *Journal of Technology Transfer* **26**: 13-19

Nelson, R.R.; Winter, S.G. (1982) *An Evolutionary Theory of Economic Change.* Cambridge: Harvard University Press

Nemet, G.F. (2009). Demand-pull, Technology-push, and Government-led Incentives for Non-incremental Technical Change. *Research Policy* **38**: 700-709

Nicolaou, N.; Birley, S. (2003a). Academic Networks in a Trichotomous Categorisation of University Spinouts. *Journal of Business Venturing* **18** (3): 333-359

Nicolaou, N.,;Birley, S. (2003b). Social Networks in Organizational Emergence: The University Spinout Phenomenon. *Management Science* **49**: 1702-1725

Nonaka, I. (1994). A Dynamic Theory of Organizational Knowledge Creation. *Organization Science* **5** (1): 14-37

Nonaka, I.; Takeuchi, H. (1995). *The knowledge creating company. How Japanese Companies Create the Dynamics of Innovation,* New York Oxford. Oxford University Press.

Nora, S.; Minc, A. (1979) *Die Informatisierung der Gesellschaft.* Frankfurt-New York: Campus

Norman, D.A. (1988). *The Design of Everyday Things.* New York: Doubleday

North, D.,C. (2007). *Institutions, Institutional Change and Economic Performance.* Cambridge. United Kingdom. Cambridge University Press.

North, K. (2005). *Wissensorientierte Unternehmensführung: Wertschöpfung durch Wissen.* Wiesbaden: Gabler, 4. Auflage

Nowotny, H. (2006). Die Professionalisierung der Wissenschaft – Vom Forscher aus Berufung zum Wissensproduzenten und -manager. In: Plattform Wissensmanagement (Hrsg.). *Wissen wirkt! Aber wie?!* Wien: Eigenverlag, 157-162

Ohff, H. (1973). *Anti-Kunst.* Düsseldorf: Droste

Oliver, A.L. (2004). Biotechnology Entrepreneurial Scientists and Their Collaborations. *Research Policy* **33**: 583-597

Olson, G.; Olson, J. (2003). Mitigating the Effects of Distance on Collaborative Intellectual Work. *Economics of Innovation and New Technology* **12** (1): 27-42

Ong, W.J. (2002). *Orality and Literacy: The Technologizing of the Word.* New York: Routledge, 2. Auflage

Otlet, P. (1934). *Traité de Documentation – Le Livre sur Le Livre: Théorie et Pratique.* Brüssel: Keerberghen & Fils – Editiones Mundaneum

Owen-Smith, J. (2003). From Separate Systems to a Hybrid Order: Accumulative Advantage Across Public and Private Science at Research on Universities. *Research Policy* **32** (6): 1081-1104

Owen-Smith, J.; Powell, W.W. (2003). The Expanding Role of University Patenting in the Life Sciences: Assessing the Importance of Experience and Connectivity. *Research Policy* **32**: 1695-1711

Owen-Smith, J.; Riccaboni, F.; Pammolli, F.; Powell, W.W. (2002). A Comparison of US and European University-industry Relations in the Life Science. *Management Science* **48**: 24-43

O'Shea, R.P.; Allen, T.J.; Chevalier, A.; Roche, F. (2005). Entrepreneurial Orientation, Technology *Transfer* and Spinoff Performance of US Universities. *Research Policy* **34**: 994-1009

Paquin, R.(2000). *Internationale Joint Venture als Organisationsform des Technologietransfers*, Berlin, Hrsg. Duncker & Humblot

Penrose, E.T. (1959). *The Theory of the Growth of the Firm.* New York: Wiley

Perkmann, M.; Walsh, K. (2008). Engaging the Scholar: Three Types of Academic Consulting and Their Impact on Universities and Industry. *Research Policy* **37**: 1884-1891

Peteref, M.A. (1993). The Cornerstones of Competitive Advantage: A Resource-Based View. *Strategic Management Journal* **14**: 179-191

Polanyi, M. (1962). *Personal Knowledge. Towards a Post-critical Philosophy. A Chemist and Philosopher Attempts to Bridge the Gap Between Fact and Value, Science and Humanity.* University of Chicago Press.

Polanyi, M. (1985). *Implizites Wissen.* Frankfurt (M): Suhrkamp

Porter, M.E. (1990). *The Competitive Advantage of Nations.* New York, New York: Free Press.

Posner, R.A. (2003). *Law, Pragmatism, and Democracy.* Cambridge, Ma: Harvard University Press

Powell, W.W.; Owen-Smith, J. (1998). Universities and the Market for Intellectual Property in the Life Sciences. *Journal of Policy Analysis and Management* **17**: 253-277

Powers, J.B.; McDougall, P.P. (2005a). Policy Orientation Effects on Performance With Licensing to Start-ups and Small Companies. *Research Policy* **34** (7): 1028-1042

Powers, J.B.; McDougall, P.P. (2005b). University Start-up Formation and Technology Licensing With Firms That Go Public: A Resource-based View of Academic Entrepreneurship. *Journal of Business Venturing* **20** (3): 291-311

Probst, G.; Raub, S.; Romhardt, K. (2003): *Wissen managen. Wie Unternehmen ihre wertvollste Ressource optimal managen.* Frankfurt (M)-Wiesbaden. Gabler Verlag

Rammert, W. (2003). Zwei Paradoxien einer innovationsorientierten Wissenspolitik: Die Verknüpfung heterogenen und die Verwertung impliziten Wissens. *Soziale Welt* **54**: 483-508

Reich, R.B. (2008). *Superkapitalismus. Wie die Wirtschaft unsere Demokratie untergräbt.* Frankfurt (M): Campus

Reich, R.B. (1991). *The Work of Nations – Preparing Ourselves for 21st Century Capitalism.* New York: Vintage

Rescher, N. (2003). *Epistemology. An Introduction to the Theory of Knowledge.* State University of New York Press

Robinson, D.K.R.; Rip, A.; Mangenmatin, V. (2007). Technological Agglomeration and the Emergence of Clusters and Networks in Nanotechnology. *Research Policy* **36** (6): 871-879

Romer, P.M. (1986). The Increasing Return on Long Run Growth. *Journal of Political Economy* **94** (5): 1002-1037

Rosel, C.; Agrawal, A. (2009). Have University Knowledge Flows Narrowed? Evidence from Patent Data. *Research Policy* **38**: 1-13

Rosenberg, N. (2009). Some Critical Episodes in the Progress of Medical Innovation: An Anglo-American Perspective. *Research Policy* **38**: 234-242

Rossi, P. (1999). *La naissance de la science moderne en Europe*. Paris: Seuil

Rothaermel, F.T.; Thursby, M.C. (2005a). Incubator Firm Failure or Graduation?: The Role of University Linkages. *Research Policy* **34** (7): 1076-1090

Rothaermel, F.T.; Thursby, M.C. (2005b). University-Incubator Firm Knowledge Flows: Assessing Their Impact on Incubator Firm Performance. *Research Policy* **34** (3): 305-320

Rothaermel, F.T.; Thursby, M.C. (2007). The Nanotech Versus the Biotech Revolution: Sources of Productivity in Incumbent Firm Research. *Research Policy* **36**: 832-849

Rynes, S.L.; Bartunek, J.M.; Daft R.L. (2001). Across the Great Divide: Knowledge Creation and Transfer Between Practitioners and Academics. *Academy of Management Journal* **44**: 340-355

Saliola, F.; Zanfei, A. (2009). Multinational Firms, Global Value Chains and the Organization of Knowledge Transfer. *Research Policy* **38**: 369-381

Salvadori, M.L. (2008). *Fortschritt – die Zukunft einer Idee*. Berlin: Wagenbach

Schabasser, Ch. (2010) *Partizipative Nutzungsformen des Web als Instrument der Unternehmensvernetzung*. Diplomarbeit, Universität Wien.

Schelsky, H. (1963). *Einsamkeit und Freiheit*. Reinbek: Rowohlt (rororo)

Schmiedeberg, C. (2008). Complementarities of Innovation Activities: An Empirical Analysis of the German Manufacturing Sector. *Research Policy* **37**: 1492-1503

Schmutzer, M.E.A. (1994). *Ingenium und Individuum – Eine sozialwissenschaftliche Theorie von Wissenschaft und Technik*. Wien-New York: Springer

Schultz, T.W. (1963). *The Economic Value of Education*. New York: Columbia University Press

Schumpeter, J.A. (1934) *The Theory of Economic Development*. Cambridge, Ma.: Harvard University Press

Schwendter, R. (1994). *Utopie – Überlegungen zu einem zeitlosen Begriff*. Berlin-Amsterdam: edition ID-Archiv

Segarra-Blasco, A.; Arauzo-Carod, J.M. (2008*)*, Sources of Innovation and Industry-University Interaction: Evidence from Spanish Firms. *Research Policy* **37**: 1283-1295

Sen, A. (1995). Rational and Social Choice. *American Economic Review* **85** (1): 1-24

Seybold, P. *(2006).Outside Innovation - How Your Customers Will Co-Design Your Company's Future*, New York. New York. Harper Collins Publishers.

Shane, S. (2001). Technological Opportunities and New Firm Creation. *Management Science* **47** (2): 205-220

Shane, S. (2002a). Executive Forum: University Technology Transfer to Entrepreneurial Companies. *Journal of Business Venturing* **17**: 537-552

Shane, S. (2002b). Selling University Technology: Patterns from MIT. *Management Science* **48** (1): 122-137

Shane, S. (2004a). *Academic Entrepeneurship. University spinoffs and wealth creation*. Nordhampton: New Horizons in Entrepeneurships

Shane, S. (2004b). Encouraging University Entrepreneurship? The Effect of the Bayh-Dole Act on University Patenting in the United States. *Journal of Business Venturing* **19**: 127-151

Shapin, S. (1984). Pump and Circumstance: Robert Boyle's Literary Technology. *Social Studies of Science* **14** (4): 481-520

Shapin, S. (1994). *A Social History of Truth – Civility and Science in Seventeenth-Century England*. Chicago-London: Chicago University Press

Siegel, D. S.; Waldman, D.A.; Link, A.N. (2003). Assessing the Impact of Organizational Practices on the Productivity of University Technology Transfer Offices: An Exploratory Study. *Research Policy* **32** (1): 27-48

Siegel, D. S.; Waldman, D.A.; Atwater, L.E.; Link, A.N. (2004), Toward a Model of the Effective Transfer of Scientific Knowledge from Academicians to Practitioners: Qualitative Evidence from the Commercialization of University Technologies. *Journal of Engineering & Technology Management* **21**: 115-142

Simon, H.A. (1945). *Administrative Behavior*. New York: Free Press

Simon, H.A. (1991). Bounded Rationality and Organizational Learning. *Organization Science* **2** (1): 125-134

Simmons, I.G. (2008). *Global Environmental History 10.000 BC to AD 2.000*. Edinburgh: University Press.

Sine, W.D.; Shane, S.; Gregorio, D.D. (2003). The Halo Effect and Technology Licensing: The Influence of Institutional Prestige on the Licensing of University Inventions. *Management Science* **49** (4): 478-496

Singh, J. (2003). *Social networks as drivers of knowledge diffusion*. Working paper, Harvard University

Singh, J. (2005). Collaborative Networks as Determinants of Knowledge Diffusion Patterns. *Management Science* **51** (5): 756-770

Sloterdijk, P. (2006). *Im Weltinnenraum des Kapitals*. Frankfurt (M): Suhrkamp

Smilor, R.W.; Gibson, D.V.; Dietrich, G.B. (1990). University Spin-out Companies: Technology Start-ups from UT-Austin. *Journal of Business Venturing* **5** (1): 63-76

Smith, A. (o.J.). *Reichtum der Nationen*. Paderborn: Voltmedia

Snijders, T.A.B.; Steglich, C.E.G.; van de Bunt, G.G. (2010). Introduction to Actor-based Models for Network Dynamics. *Social Networks* **32**: 44-60

Söllner, F. (1999). *Die Geschichte des ökonomischen Denkens*. Berlin et al.: Springer

Sorensen, O.; Fleming, L. (2004). Science and the Diffusion of Knowledge. *Research Policy* **33**: 1615-1624

Sowa, J.F. (2000). *Knowledge Representation – Logical, Philosophical and Computational Foundations*. Pacific Grove et al: Brooks/Cole

Sparrowe, R.T.; Liden, R.C.; Wayne, S.J.; Kraimer, M.L. (2001). Social Networks and the Performance of Individuals and Groups. *Academy of Management Journal* **44** (2): 316-325

Spencer, J.W. (2001). How Relevant is University-based Scientific Research to Private High-technology Firms? A United States-Japan Comparison. *Academy of Management Journal* **44** (2): 432-440

Speser, Ph.L. (2006). *The Art & Science of Technology Transfer*. Hoboken: Wiley & Sons

Stahl, G. (2006). *Group Cognition. Computer Support for Bulding Collaborative Knowledge*. Cambridge, Massachusetts. MIT Press.

Steffensen, M.; Rogers, E.M.; Speakman, K. (2000). Spin-offs From Research Centers at a Research University. *Journal of Business Venturing* **15** (1): 93-111

Stehr, N. (2001). *Wissen und Wirtschaften. Die gesellschaftlichen Grundlagen der modernen Ökonomie*. Frankfurt (M): Suhrkamp

Steuart, J. (o.J.). *An Inquiry into the Principle of Political Economy: Being an Essay on the Science of Domestic Policy in Free Nations*, London. A. Millar & T. Cadell.

Stiglitz, J.E. (2000). The Contribution of the Economics of Information to Twentieth Century Economics. *The Quarterly Journal of Economics* **115** (4) 1441-1478

Stokes, D.E. (1997). *Pasteurs Quadrant. Basic Science and Technological Innovation*. Washington. Brooking Institution Press.

Stuart, T.E.; Ozdemir S.Z.; Ding W.W. (2007). Vertical Alliance Networks: The Case of University-Biotechnology-Pharmaceutical Alliance Chains. *Research Policy* **36**: 477-498

Stummer, Ch.; Günther, M.; Köck, A.M. (2006) *Grundszüge des Innovations- und Technologiemanagements*, Wien: Facultas

Sutton, R. I.; Staw, B.M. (1995). What Theory Is Not. *Administrative Science Quarterly* **40**: 371-384

Sydow, J. (1992). *Strategische Netzwerke, Evolution und Organisation, neue betriebswirtschaftliche Forschung*. Wiesbaden: Gabler

Szulanski, G. (1995). Unpacking Stickiness: An Empirical Investigation of the Barriers to Transfer Best Practice Inside the Firm. *Academy of Management Journal. Best Paper Proceedings:* 437-441

Szulanski, G. (1996). Exploring Internal Stickiness: Impediments to the Transfer of Best Practice within the Firm. *Strategic Management Journal* **17**: 27-43

Tabellini, G. (2008). The Scope of Cooperation: Values and Incentives. *Quarterly Journal of Economics* **123** (3): 905-950

Tapscott, D.; Williams, A.D. (2006). *Wikinomics – How Mass Collaboration Changes Everything*. London: Portfolio (Penguin)

Throsby, D. (2001). *Economics and Culture*. Cambridge: University Press

Thursby, J.G.; Kemp, S. (2002). Growth and Productive Efficiency of University Intellectual Property Licensing. *Research Policy* **31** (1): 109-124

Thursby, J.G.; Thursby M.C. (2002). Who is Selling the Ivory Tower? Sources of Growth in University Licensing. *Management Science* **48** (1): 90-104

Thursby, J.G.; Fuller, A.W.; Thursby, M. (2009). US Faculty Patenting: Inside and Outside the University. *Research Policy* **38**: 14-25

Tijssen, R.J.W. (2006). Universities and Industrially Relevant Science: Towards Measurement Models and Indicators of Entrepreneurial Orientation. *Research Policy* **35**: 1569-1585

Tilly, Ch. (2005). *Identities, Boundaries & Social Ties*. Boulder-London: Paradigm

Timmers, P. (1998). Business Models for Electronic Markets. *Electronic Markets* **8** (2): 3-8

Toffler, A. (1970). *Future Shock*, New York, NY., Bantam Books.

Toffler, A. (1980). *The Third Wave*. New York: William Morrow

Toole, A.A.; Czarnitzki, D. (2007). Biomedical Academic Entrepreneurship Through the SBIR Program. *Journal of Economic Behavior and Organization* **63** (4): 716-738

Touhill, C.J.; Touhill, G.; O'Riordan, Th.A. (2008). *Commercialization of Innotive Technologies – Bringing good Ideas to the Marketplace*. Hoboken, NJ: Wiley

Touraine, A. (1971) *The Post-Industrial Society*. New York: Random House

Tsai, W. (2001). Knowlege Transfer in Intraorganizational Networks: Effects of Network Position and Absorptive Capacity on Business Unit Innovation and Performance. *Academy of Management Journal* **44** (5): 996-1004

Tsai, K.H. (2009). Collaborative Networks and Product Innovation Performance: Toward a Contingency Perspective. *Research Policy* **38**: 765-778

Tushman, M.L.; Katz, R: (1980). External Communication and Project Performance: An Investigation into the Role of Gatekeepers. *Management Science* **26** (11): 1071-1085

Tushman, M.; O'Reilly III, C. (2007). Research and Relevance: Implications on Pasteur´s Quadrant for Doctoral Programs and Faculty Development. *Academy of Management Journal* **40** (3): 769-774

Ulmschneider, Ch. (2003). *Eigentum und Naturrecht im Deutschland des beginnenden 19. Jahrhunderts*. Berlin: Duncker & Humblot

UNESCO World Report (2005). *Towards Knowledge Societies*. Condé-sur Noireau, France. Unesco Publishing

UNIVERSITÄT WIEN, Leistungsbericht (2008). *171. Leistungsbericht 2008*, Mitteilungsblatt, Berichte Universität Wien, Studienjahr 2008/2009 – Ausgegeben am 26.05.2009 – 23. Stück

UNIVERSITÄT WIEN, Rechnungsabschluss (2008). *172. Rechnungsabschluss der Universität Wien zum 31.12.2008*, Mitteilungsblatt, Berichte Universität Wien, Studienjahr 2008/2009 – Ausgegeben am 26.05.2009 – 23. Stück

UNIVERSITÄT WIEN, Wissensbilanz (2008). *258. Wissensbilanz 2008*, Mitteilungsblatt, Berichte Universität Wien, Studienjahr 2008/2009 – Ausgegeben am 03.08.2009 – 29. Stück

Vanaelst, I.; Clarysse, B.; Wright, M.; Lockett, A.; Moray,N.; S'Jegers, R. (2006). Entrepreneurial Team Development in Academic Apinouts: An Examination of Team Heterogeneity. *Entrepreneurship Theory and Practice* **30** (2): 249-271

Van Dierdonck, R.; Debackere, K.; Engelen, B. (1990). University-industry Relationships: How Does the Belgian Academic Comunity Feel About It? *Research Policy* **19** (6): 551-566

Van Looy, B.; Ranga, M.; Callaert, J.; Debackere, K.; Zimmermann, E. (2004). Combining Entrepreneurial and Scientific Performance in Academia: Towards a Compounded and *Reciprocal* Matthew-effect? *Research Policy* **33** (3): 425-441

Van Rijnsoever, F.R.; Hessels, K.L.; Vandeberg, R.L.J. (2008). A Resource-based View on the Interactions of University Researchers. *Research Policy* **37**: 1255-1266

Vohora, A.; Wright, M. ; Lockett, A. (2004). Critical Junctures in the Development of University High-tech Spinout Companies. *Research Policy* **33** (1): 147-175

Wagner C.S.; Leydesdorff L. (2005). Network Structure, Self-organization, and the Growth of International Collaboration in Science. *Research Policy* **34**: 1608-1618

Walker, C.R. (1986). *Die Bedeutung des Technologietransfers durch Hochschulen für die Wissenschafts- und Wirtschaftspolitik*. In: Wissens- und Technologietransfer aus deutschen und britischen Hochschulen: Dokumentation eines deutsch-britischen Seminars / Hrsg. Bundesministerium für Bildung und Wissenschaft, 17-35

Von Walter, B.; Hess, T. *(2005). Content-Intermediation – Konzept und Anwendungsgebiet*. Institut für Wirtschaftsinformatik und Neue Medien der Ludwig-Maximilians-Universität München. Arbeitsbericht Nr. **5**

Wassermann, S.; Faust, K. (1994). *Social Network Analysis: Methods and Applications*. Cambridge: University Press

Watts, D.J. (1999). *Small Worlds – The Dynamics of Networks between Order and Randomness*. Princeton—Oxford: Princeton University Press.

Watts, D.J. (2003). *Six Degrees – The Science of a Connected Age*. New York—London: W.W. Norton & Company

Weber, M. (1995). *Wissenschaft als Beruf*. Leipzig: Reclam

Weber, M. (2004). *Innovationsnetzwerke – Typologie und Management*. Lohmar-Köln: Eul

Weber, M.; Fröschl, K.A. (2006). Das Semantic Web als Innovation in der ökonomischen Koordination. In: Pellegrini, T.; Blumauer. A. (Hrsg.) *Semantic Web – Wege zur vernetzten Wissensgesellschaft*. Berlin-Heidelberg: Springer, 89-113

Weber, S. (2004a). *The Success of Open Source*. Cambridge-London: Harvard University Press

Weigelt, C.; Sakar, M.B. (2009). Learning from Supply Side Agents: The Impact of Technology Solution Providers Experiential Diversity on Clients Innovation Adoption. *Academy of Management Journal* **52** (1): 37-82

Weitzman, M.L. (1998). Recombinant Growth. *Quarterly Journal of Economics* **CXIII** (2): 331-360

Welsh R.; Glenna L.; Lacy W.; Biscotti D. (2008). Close Enough But Not Too Far: Assessing the Effects of University-industry Research Relationships and the Rise of Academic Capitalism. *Research Policy* **37**: 1854-1864

Wernerfelt, B. (1984). A Resource-Based View of the Firm. *Strategic Management Journal* **5**: 171-180

Whelan, E.; Teigland, R.; Donnellan, B.; Golden, W. (2010). How Internet Technologies Impact Information Flows in R&D: Reconsidering the Technological Gatekeeper. *R&D Management* **40** (4): 400-413

Wilhelm, B.E. (2000). *Systemversagen im Innovationsprozess: Zur Reorganisation des Wissens. -und Technologietransfers*. Wiesbaden: Deutscher Universitätsverlag

Williams, M.R. (1997). *A History of Computing Technology*. Los Alamitos, Ca. et al: IEEE Computer Society Press, 2. Auflage

Williamson, O.E. (1985). The *Economic Institutions of Capitalism – Firms, Markets, Relational Contracting*. New York: Free Press

Williamson, O.E. (1989). *Transaction Cost Economics*. In: Schmalensee, R.; Willig, R. (Hrsg.). *Handbook of Industrial Organization*, Volume I. Amsterdam: Elsevier, 136-178

Wilson, T.D. (2002). The Nonsense of ‚Knowledge Management‘. *Information Research* **8** (1)

WIRTSCHAFTSKAMMER ÖSTERREICH (2009). *Jahrbuch der österreichischen Wirtschaft*. Wien, Mai 2009, WKO

Woolgar, S.; Hrsg. (1988). *Knowledge and Reflexivity: New Frontiers in the Sociology of Knoweldge*. London-New York: Sage

Wright, W. (1992). *Wild Knowledge. Science, Language, and Social Life in a fragile Environment*. University of Minesota Press

Wright, M.; Clarysse, B.; Lockett, A.; Knockaert, M. (2008). Mid-range Universities' Linkages with Industry: Knowledge Types and the Role of Intermediaries. *Research Policy* **37**: 1205-1223

Wright, M.; Lockett, A.; Clarysse, B.; Binks, M. (2006). University Spin out Company and Venture Capital. *Research Policy* **35**: 481-501

Wrobel, M. (2009). *Das Konzept regionaler Cluster: zwischen Sein und Schein? Eine kritische Analyse gängiger Annahmen der aktuellen Clusterdiskussion*. Jahrbuch der Regionalforschung **29**: 85-103

Yusuf, S. (2008). Intermediating Knowledge Exchange Between Universities and Businesses. *Research Policy* **37**: 1167-1174

Youtie, J.; Shapira, P. (2008). Building an Innovation Hub. *Research Policy* **37**: 1188-1204

Zahra, S.A.; George, G. (2002). Absorpitve Capacity: A Review, Reconceptualization, and extension. *Academiy of Management Review* **27**: 185-203

Zander, U.; Kogut, B. (1995). Knowledge and the Speed of the Transfer and Imitation of Organizational Capabilities: An Empirical Test. *Organization Science* **6** (1): 76-92

Zerdick, A. et al. (2001) *Die Internet-Ökonomie: Strategien für die digitale Wirtschaft*. Berlin-Heidelberg: Springer, 3. erw. Auflage

Zilsel, E. (1976). *Die sozialen Ursprünge der neuzeitlichen Wissenschaft*. Frankfurt (M): Suhrkamp

Zucker, L.G.; Darby, M.R.; Armstrong, J.S. (2002). Commercializing Knowledge: University Science, Knowledge Capture, and Firm Performance in Biotechnology. *Management Science* **48** (1): 138-153
Zucker, L.G.; Darby, M.R.; Brewer, M. (1998). Intellectual Capital and the Birth of US Biotechnology Enterprises. *American Economic Review* **88**: 290-306

Internetquellen

Academia (2010). Academia.Edu – Follow Research; *Zugriff am 14.03.2010 von:* http://academia.edu/
ACV (2010). Automotive Cluster. Vienna Region; *Zugriff am 10.112010 von:* http://www.acvr.at
arXiv (2010). Cornell University Library. Open access to 639,428 e-prints in Physics, Mathematics, Computer Science, Quantitative Biology, Quantitative Finance and Statistics; *Zugriff am 14.03.2010 von:* http://arxiv.org/
Austrian Council for RTD (2010). Erawatch. Organisations; *Zugriff am 16.03.2010 von:*http://cordis.europa.eu/erawatch/index.cfm?fuseaction=org.documentAjax& uuid=632EBBBE-E884-55B1B515AF2384CADD2F
Austrian Science Council (2010). Österreichischer Wissenschaftsrat; *Zugriff am 16.03.2010 von:* http://www.wissenschaftsrat.ac.at/
AWS (2010). Austria Wirtschaftsservice; *Zugriff am 16.03.2010 von:* http://www.awsg.at/portal/
ATIZO (2019). Die größte online Brainstorming Plattform: *Zugriff am 13.03.2010 von:* https://www.atizo.com
BDL (2010). Business Development Laboratory. Turku Scool of Business; *Zugriff am 13.03.2010von:* http://www.tse.fi/EN/units/specialunits/bid/knowhow/bdl/Pages/default.aspx
Brainfloor (2010). Brain Floor. Open Innovation; *Zugriff am 13.03.2010 von:* http://www.brainfloor.com/
Connotea (2010). Connotea. Organize. Share. Discover; *Zugriff am 14.03.2010 von:* http://www.connotea.org/
Exzellenzinitiative (2010). Das DFG Videoportal zur Exzellenzinitiative; *Zugriff am 13.03.2010 von:* http://www.exzellenz-initiative.de/
FFG (2010). Österreichische Forschungsförderungsgesellschaft; *Zugriff am 16.03.2010 von:* http://www.ffg.at/content.php
FSIB (2010). Forschungsservice und internationale Beziehungen der Universität Wien; *Zugriff am 13.03.2010 von:* http://international.univie.ac.at/de/portal/transfer/
FWF (2010). FWF. Der Wissenschaftsfond; *Zugriff am 16.03.2010 von:* http://www.fwf.ac.at/
Hessen(2010). Hessisches Ministerium für Wirtschaft, Verkehr und Landesentwicklung. *Zugriff am 13.03.2010 von:* http://www.wirtschaft.hessen.de/
ICT PSP (2010). Europe´s Information Society. Thematic Portal; *Zugriff am 13.03.2010 von:* http://ec.europa.eu/information_society/activities/ict_psp/index_en.htm
Invent (2010). Invent. Die Zeitschrift für geistiges Eigentum; Technologiegespräche über „Entwurf und Wirklichkeit". Das Europäische Forum Alpbach lädt von 26. bis 28. August zum Wissensaustausch. *Zugriff am 20.11.2010 von:* http://invent.blaugrau.at/uploads/media/Invent_4_2010.pdf
INITS (2010). Inits. Innovation into Business; *Zugriff am 13.03.2010 von:* http://www.inits.at/templates/content.php?pk=11&ber=105

IPAdvocate (2010). Dedicates to assisting academic researchers throughout the development, technology transfer and commercialization of their intellectual property; *Zugriff am 14.03.2010 von:* http://www.ipadvocate.org/

InnovationMarket (2009). Das Netzwerk bundesweit operierender Innovationspartner: Verwertung innovativer Ideen auf höchstem Niveau; *Zugriff am 13.03.2010 von:* http://www.innovationmarket.de

Knol (2010) Geistiges Eigentum. Der Schutz geistigen Eigentums und der unabhängige Handel mit immateriellen Gütern; *Zugriff am 06.10.2010 von:* http://knol.google.com/k/gerd-zeitler/geistiges-eigentum/2otpq9cocx6bo/67#

KTI (2010). Die Förderagentur für Innovation; *Zugriff am 13.03.2010 von:* http://www.bbt.admin.ch/kti/

Lebensmittel Cluster (2010). Der Lebensmittelcluster Oberösterreich. *Zugriff am 13.03.2010 von:* http://www.lebensmittel-cluster.at,

MCGILL (2010). McGill. Research and Innovation. Office of Technology Transfer; *Zugriff am 14.03.2010 von:* http://techtransfer.mcgill.ca/about/services.php

van der Meulen, B. (2010). Prime Workshop Intermediaries Organisation and Processes. Report for PRIME Review 2007. *Zugriff am 20.11.2010 von:*
http://www.prime-noe.org/Local/prime/dir/Projects/WIOP/WIOP_report.pdf

van der Meulen, B.; Nedeva, M.; Braun, D. (2010). Prime Intermediaries Organisation and Processes: theory and research issues. Position Paper for PRIME Workshop, 6-7 October 2005. *Zugriff am 20.11.2010 von:* http://www.prime-noe.org/Local/prime/dir/News/Call%20for%20papers/Position%20Paper%20Workshop%20IntermedOrg.pdf

O´Reilly (2010). What is Web 2.0. Design Patterns and Business Models for the Next Generation of Software. *Zugriff am 14.04.2010 von:*
http://www.oreilly.de/artikel/web20.html

Patentamt (2010). Das österreichische Patentamt. Gedanken gut geschützt. *Zugriff am 14.03.2010 von:* http://www.patentamt.at/Home/Erfindungsschutz/Info/12202.html

Prime (2010). Network of Excellence. *Zugriff am 14.03.2010 von:* http://www.prime-noe.org/index.php?project=prime&locale=en&level1=menu1_prime_1b8057d059a36720_1&level2=1&doc=home

Quotationsbook (2010). Frisch Max. *Zugriff am 01.12.2010 von:* http://quotationsbook.com/quote/38507/

Researchgate (2010). Scientific Network. Researchgate is a professional network for scientists. *Zugriff am 14.03.2010 von:* https://www.researchgate.net/

Sciencefeed (2010). Share and discuss your opinion about research, scientific conferences, and science headlines. *Zugriff am 14.03.2010 von:* http://www.sciencefeed.com/

Scienceblogs (2010). Das zentrale Lemma über die Anwendung neuer Technologien. *Zugriff am 13.03.2010 von:* http://www.scienceblogs.de/astrodicticum-simplex/2008/05/das-zentrale-lemma-uber-die-anwendung-neuer-technologien.php

SIGNO (2010). Schutz von Ideen für die gewerbliche Nutzung. *Zugriff am 13.03.2010 von:* http://www.signo-deutschland.de/content/index_ger.html

SourgeForge (2010). Find and develop open source software. *Zugriff am 14.03.2010 von:* http://sourceforge.net/

TECSCOUT (2010). Innovaro. Innovation front and center. *Zugriff am 14.03.2010 von:* http://www.tekscout.com/Default.aspx

TEKES (2010). Innovate in Finland. *Zugriff am 13.03.2010 von:* http://www.tekes.fi/fi/community/etusivu/307

TIMM (2010). Technologie und Innovation. Medizinregion Mittelhessen. *Zugriff am 13.03.2010 von:* http://www.timm-mittelhessen.de/

TIP (2009). Turku Innovation Platform. *Zugriff am 13.03.2010 von:* http://www.innoturku.com/network.htm

Threadless (2010). Graphic T-Shirt design. *Zugriff am 14.03.2010 von:* http://www.threadless.com/

TransMIT (2010a). Vorträge zum Thema "Beispielhafte Prozesse zur effektiven Vermarktung. Signo, Netzwerktagung 2009. *Zugriff am 14.03.2010 von:* http://www.signo-deutschland.de/hochschulen/content/signo_netzwerktagung_2009

TransMIT (2010b). Markt für Ideen und Innovation. *Zugriff am 14.03.2010 von:* http://www.transmit.de

TUGRAZ (2010). Forschung und Technologiehaus an der technischen Universität Graz; *Zugriff am 13.03.2010 von:* http://portal.tugraz.at/portal/page/portal/FTH/Technologietransfer

Twitter (2010). Der beste Weg zum entdecken was neu ist in deiner Welt; *Zugriff am 14.03.2010 von:* http://twitter.com/

UG (2002). Manz Online. Die einzige umfassende Darstellung des Universitätsrechts; *Zugriff am 14.03.2010 von:* http://ug.manz.at/

UNI Stuttgart (2010). Forschung und Entwicklung. *Zugriff am 13.03.2010 von:* http://www.uni-stuttgart.de/forschung/technologietransfer/patente.html

Universität Wien (2010). Wilkommensseite. *Zugriff am 14.03.2010 von:* http://www.univie.ac.at/

Universität Wien (2010a). Rektorat der Universität Wien. *Zugriff am 14.03.2010 von:* http://public.univie.ac.at/index.php?id=17919

Universitätsranking (2010). Top Universities. The QS World University Rankings 2009. *Zugriff am 14.03.2010 von:* http://www.topuniversities.com/university-rankings/world-university-rankings/2009/results

Vite (2010). Vienna IT Enterprises. *Zugriff am 10.11.2010 von: http://www.vite.at*

Weiler, H. (2002). Wissen und Macht in einer Welt der Konflikte – Zur Politik der Wissensproduktion. Beitrag zum Kongress „Gut zu Wissen", Heinrich Böll-Stiftung; Zugriff am 25.08.2010 von: http://www.wissensgesellschaft.org/themen/orientierung/wissenundmacht.html

Wikipedia (2010). Die freie Enzyklopädie. Interdisziplinarität. *Zugriff am 13.03.2010 von:* http://de.wikipedia.org/wiki/Interdisziplinarit%C3%A4t

ZIM (2010). Zentrales Innovationsprogramm Mittelstand; Deutsches Bundesministerium für Wirtschaft und Technologie. *Zugriff am 14.03.2010 von:* http://www.zim-bmwi.de/

Namensindex

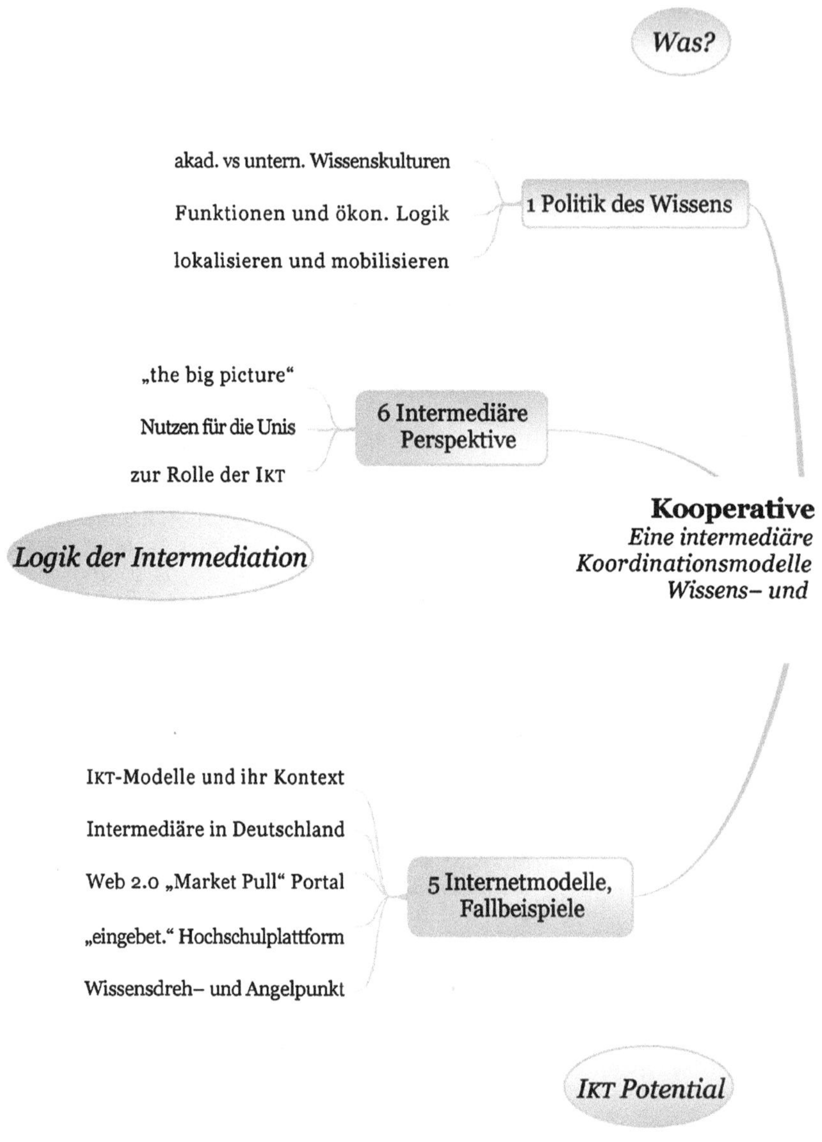
Was?
akad. vs untern. Wissenskulturen
Funktionen und ökon. Logik
lokalisieren und mobilisieren
1 Politik des Wissens
„the big picture"
Nutzen für die Unis
zur Rolle der IKT
6 Intermediäre Perspektive
Logik der Intermediation
Kooperative
Eine intermediäre
Koordinationsmodelle
Wissens- und
IKT-Modelle und ihr Kontext
Intermediäre in Deutschland
Web 2.0 „Market Pull" Portal
„eingebet." Hochschulplattform
Wissensdreh- und Angelpunkt
5 Internetmodelle, Fallbeispiele
IKT Potential

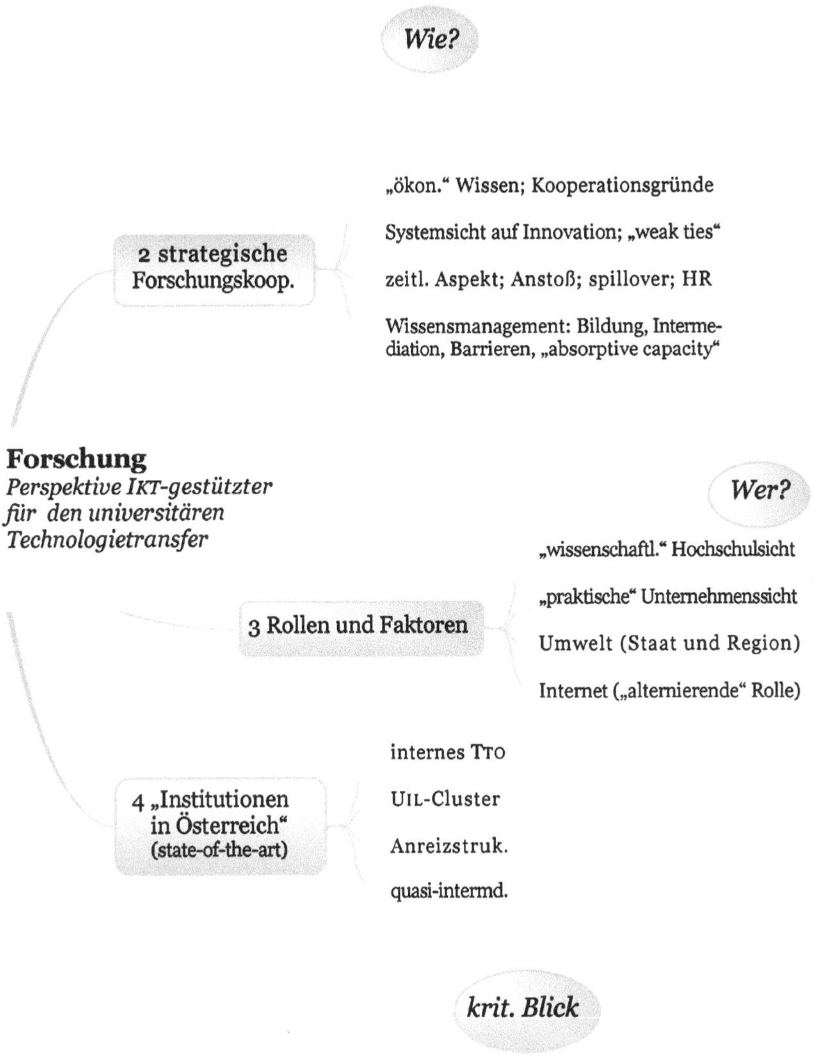
Wie?
„ökon." Wissen; Kooperationsgründe
Systemsicht auf Innovation; „weak ties"
2 strategische Forschungskoop.
zeitl. Aspekt; Anstoß; spillover; HR
Wissensmanagement: Bildung, Intermediation, Barrieren, „absorptive capacity"
Forschung
Perspektive IKT-gestützter für den universitären Technologietransfer
Wer?
„wissenschaftl." Hochschulsicht
„praktische" Unternehmenssicht
3 Rollen und Faktoren
Umwelt (Staat und Region)
Internet („alternierende" Rolle)
internes TTO
4 „Institutionen in Österreich" (state-of-the-art)
UIL-Cluster
Anreizstruk.
quasi-intermd.
krit. Blick

Electronic Business

Herausgegeben von Christine Strauss

Band 1 Rudolf Hartjes: Web Accessibility. Techniken und exemplarische Erfolgsmessung. 2009.

Band 2 Natalia Kryvinska: Converged Network Service Architecture. A Platform for Integrated Services Delivery and Interworking. 2010.

Band 3 Marie-Luise Leitner: Business Impacts of Web Accessibility. A Holistic Approach. 2010.

Band 4 Sonja Höglinger: Barrierefreier Tourismus und die Rolle des Reisemittlers. 2010.

Band 5 Iris C. Rauh: *Online Reputation Mechanisms.* Online-Reputation und deren Management am Beispiel der Hotelindustrie. 2011.

Band 6 Andreas Mladenow / Karl Anton Fröschl: Kooperative Forschung. Eine Intermediäre Perspektive IKT-gestützter Koordinationsmodelle für den universitären Wissens- und Technologietransfer. 2011.